MITTEILUNGEN

der

Geographischen Gesellschaft in Hamburg

Band XXX

Im Auftrage des Vorstandes herausgegeben

von

Prof. Dr. Gerhard Schott,
Mitglied des Vorstandes.

Mit 4 Originalkarten auf 4 Tafeln, 3 Lichtdrucktafeln
und 32 Textfiguren.

Hierzu eine Sonderbeilage: Inhaltsverzeichnis von Band
I—XXX der „Mitteilungen".

HAMBURG
L. Friederichsen & Co.
Land- und Seekartenhandlung
geographischer und nautischer Verlag
1917

Druck von J. J. Augustin in Glückstadt und Hamburg.

Vorwort.

Die Herausgabe dieses Bandes unterlag besonderen Schwierigkeiten nach verschiedenen Richtungen. Durch den am 20. April 1915 erfolgten Tod unseres langjährigen I. Sekretärs, des Herrn Dr. L. Friederichsen, trat eine recht fühlbare Lücke in der ganzen Geschäftsführung der Gesellschaft ein, die sich um so bemerkbarer machte, als zwei weitere Vorstandsmitglieder, die Herren Prof. Dr. Passarge und Prof. Dr. Schlee, durch den Heeresdienst fast jeder Mitwirkung für die Interessen der Gesellschaft entzogen waren. Dazu kam, daß kein Material für einen neuen Band vorlag. Die allgemeinen, bei jeder größeren Drucklegung in diesem Krieg sich ergebenden Mißlichkeiten traten hinzu. Um die zu befürchtende erhebliche Lücke im wissenschaftlichen Leben unserer Gesellschaft tunlichst auszufüllen, erklärte ich mich bereit, allerdings im Hinblick auf meine durch den Krieg vermehrte Amtstätigkeit mit großen Bedenken, vertretungsweise die Herausgabe eines Bandes in Angriff zu nehmen. Als es gelungen war, die Arbeit des Herrn Dr. Brandt uns zu sichern, die gut an frühere morphologische Arbeiten insbesondere von Herrn Prof. Dr. Passarge sich anschließt, sowie mit Herrn Privatdozent Dr. Quelle die Beendigung seiner größeren Arbeit über Bevölkerungsverhältnisse in Spanien für diese „Mitteilungen" zu vereinbaren, war der Band gesichert.

Die dritte rein landeskundliche Studie über Nordost-Arabien wird auch im Hinblick auf weltpolitische Fragen der Gegenwart und Zukunft nicht unwillkommen sein; daß sie als Übersetzung aus einem dänischen Originalwerk von B. Raunkiaer erscheint, nimmt ihr kaum etwas von der Neuheit der Darstellung, zumal es nicht ausgeschlossen ist, daß in einem späteren Bande eine zusammenfassende Abhandlung über die Geographie des Persischen Golfes und seiner Randgebiete gegeben werden kann. Im übrigen vergleiche man zu Raunkiaers Arbeit die dem Aufsatze selbst vorangestellten Bemerkungen des Herausgebers.

Hieran schließt sich, und zwar aus dem Bereiche der allgemeinen Geographie, des Herrn Rektor Barmm's Vortrag über Krieg und Erdkunde. Nachdem Deutschland eine recht umfangreiche Literatur über diesen überaus wichtigen Gegenstand hervorgebracht hat und eine besondere Tagung von Hochschullehrern der Geographie ihm gewidmet gewesen ist, dürfte die Behandlung der Frage gerade von einem Nichthochschulmann und die Hervorkehrung der besonderen Hamburgischen Seiten des Gegenstandes nur erwünscht sein. Diese Arbeit wird als Sonderausgabe einzeln durch den Buchhandel aus dem Verlage von L. Friederichsen & Co. bezogen werden können.

Weggeblieben sind diesmal die Sitzungsberichte der Gesellschaft und die daran sich sonst anschließenden Mitteilungen; dies wird später nachzuholen sein.

Dafür liegt dem Bande XXX ein neu angefertigtes Inhaltsverzeichnis aller bisher erschienenen Bände dieser „Mitteilungen" bei; gerade jetzt, da der Krieg auch im Leben unserer Gesellschaft einen deutlichen Einschnitt bedingt hat, erschien dieser Überblick notwendig, ganz abgesehen von seiner rein bibliographischen Nützlichkeit.

Hamburg, den 1. Mai 1917.

Gerhard Schott.

Inhalt:

Tafeln.

Die tallosen Berge an der Bucht von Rio de Janeiro

von

Dr. **B. Brandt.**

Mit 3 Ansichtstafeln, 1 Karte und 15 Textfiguren.

Vorbemerkungen.

Der folgende Aufsatz beschäftigt sich mit einem beschränkten Gebiete, welches morphologisch vor den benachbarten Gegenden ausgezeichnet ist und von alters her den Ruf einer individuellen Landschaft hat. Seine Eigenart und die Unterschiede gegenüber der Umgebung werden in den ersten drei beschreibenden Abschnitten behandelt. Es sind aber weniger die Formen, welche Veranlassung gegeben haben, die Landschaft am Eingange der Bucht von Rio de Janeiro zu untersuchen, als der Umstand, daß man hier aus Gründen, die sich im Laufe der Untersuchung ergeben werden, besser als irgendwo im Küstengebirge die Wirksamkeit der die Landschaft verändernden zerstörenden Kräfte beobachten kann. Die Tätigkeit der Erosion und der Verwitterung und Abtragung in diesem Randgebiete der Tropenzone verglichen mit der in vergleichbaren Gebirgen unter gemäßigtem Klima wirksamen steht im Mittelpunkte der Betrachtungen. Ihr ist der Hauptteil des Aufsatzes, die Abschnitte 4 bis 6 gewidmet.

Die Ursachen der Besonderheit der Landschaft haben aber auch den zerstörenden Kräften besondere, in benachbarten Gegenden nicht eingeschlagene Wege gewiesen. Das nötigt einerseits, auf diesen Sonderfall der tropischen Erosion und Abtragung näher einzugehen (Abschnitt 7) und zieht andererseits die Besprechung der Entstehung des Landschaftsbildes ganz von selbst nach sich (Abschnitte 8 und 9).

Ein vollständig klares, in allen Punkten genügend begründetes Bild von der allmählichen Entwicklung der Landschaft kann aber noch nicht gegeben werden, weil der Stand der geologischen Kenntnis des weiteren Gebietes noch nicht die Höhe erreicht hat, die wir für morphologische Arbeiten in unserer Heimat erfordern, und weil wichtige Fragen der letzten erdgeschichtlichen Vergangenheit erst im Beginne ihrer Klärung stehen. So die Wirkungen der Erosion und der Abtragung während der Pluvialzeit. Obwohl daher die letzten Fragen nur unvollkommen, lückenhaft und unsicher beantwortet werden können, soll doch nach einem Wege, der Lösung näher zu kommen, gesucht werden, weil die Möglichkeiten der Beantwortung andere morphologische Probleme anschneiden und zur endgültigen Klärung anregen können.

Der durch den Krieg veranlaßte vorzeitige Abschluß der Arbeit, der weitere beabsichtigte Paralleluntersuchungen vereitelte und die Niederschrift des Aufsatzes im Felde, wobei noch ein wichtiger nicht wieder zu ersetzender Teil des Materiales verloren ging, zeitigte weitere Unvollkommenheiten, insbesondere den Mangel eines Literaturverzeichnisses und der genauen Angabe der Zitate. Bezüglich des wesentlichsten Teiles der Abhandlung genüge der Hinweis auf die bekannten neueren Forschungen Götzingers, Sappers, Passarges, Voltz's und ähnlicher Arbeiten, die die Anregung zu vorliegenden Untersuchungen gegeben haben.

Die beste Karte des behandelten Gebietes ist Hungers Planta do Rio de Janeiro, 1 : 20000 mit Höhenlinien im Abstande von 10 Metern. Auf ihr beruht die angefügte Kartenbeilage. Tafel 4.

Die Tafeln 1, 2, 3 sind nach käuflichen Photogrammen angefertigt.

Korelitschi, Gouv. Minsk, im Januar 1916.

Dr. B. Brandt.

Inhaltsverzeichnis.

Textabbildungen.

Tafeln (mit Erläuterungen).

Kartenbeilage.

1. Das Landschaftsbild.

Gliederung, Abgrenzung und Zweiteilung der Landschaft.

Nähert man sich dem Hafen von Rio de Janeiro vom Kap Frio her (Abb. 1), so beginnt das Panorama des Buchteinganges sich zu entwickeln, sobald man in Höhe des sogenannten falschen Zuckerhutes aus der westlichen in die nordwestliche Richtung übergeht. Dieser ungewöhnliche, von den bisher an der Küste sichtbaren Bergformen abweichende Felskegel bildet den rechten Pfeiler des

Abb. 1.

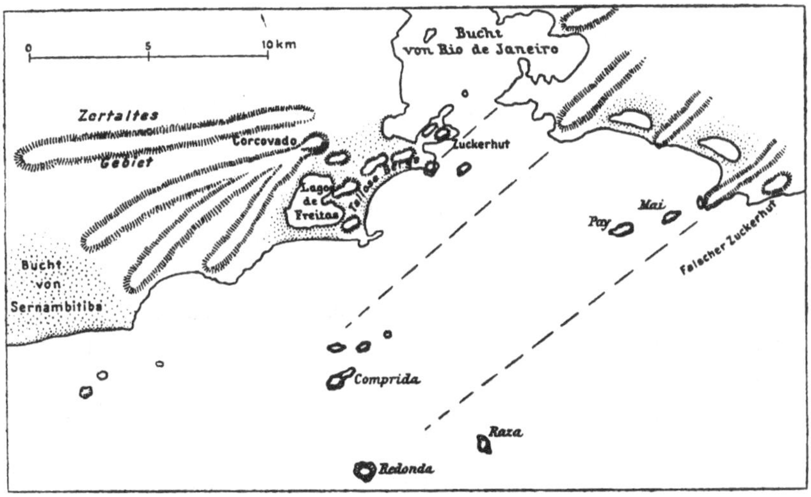

äußersten Einganges zur Bucht, während man als den linken die kleine Insel Raza auffassen kann, die etwa 15 km von der Küste entfernt aus dem Meere auftaucht. Der falsche Zuckerhut gehört einer nordostsüdwestlich streichenden, kettenförmigen Gebirgsmasse an, die mit einem Vorgebirge ins Meer hinausspringt und deren Fortsetzung unter dem Meeresspiegel noch ein paar mal in Gestalt kleiner Inseln auftaucht (Paý, Mai). In der weiteren Verlängerung der Kette liegt der linke Torpfeiler Raza. In geringem Abstande von diesem Gebirgszuge schiebt ein zweiter paralleler die Küstenlinie vor. Seine Verlängerung trifft annähernd eine Inselgruppe (Comprida), sodaß man gewissermaßen ein zweites Tor passiert, das von den Pfeilern des ersten landwärts durch niedriges Lagunengelände, seewärts durch einen inselfreien Raum geschieden ist. Das wiederholt sich noch ein drittes Mal. Wieder schiebt sich rechterhand eine in gleicher Richtung streichende Kette vor, in deren Verlängerung links in einigem Abstande von der Compridagruppe eine Reihe eigenartig geformter, meist kahler Felskegel aufragt, das Ziel und der Mittelpunkt nachfolgender Untersuchungen. Eine gemeinsame Brandungslinie säumt den Fuß der sich bei der Annäherung fortwährend verschiebenden Berge, sodaß man wiederum eine Inselgruppe zur Linken zu haben glaubt, bis die Durchfahrt durch den dritten und letzten Eingang zur Bucht lehrt, daß die Berggruppe durch eine Strandebene landfest gemacht ist. Wie vorher im Osten die Parallelketten durch ebenes Lagunengelände geschieden wurden, so trennt hier im Westen flaches niedriges Land die Bergreihe von einem parallelstreichenden Höhenzug (Corcovado-Carioca), der jenseits der Bucht seine Fortsetzung findet.

Steuert man die Bucht der Küste entlang fahrend von Südwesten her an, bewegt man sich also auf einem Kurse, der annähernd rechtwinklig zu dem vorher benutzten verläuft, so hat man zur linken die seltsame Reihe der steilen kahlen Felskegel, die bei der Annäherung weniger einem Archipel, wie er uns vorher vorgetäuscht wurde, als einem langgestreckten Höhenzuge gleichen, den landeinwärts ein zweiter parallelstreichender wie eine Mauer überragt (Corcovado-Carioca). Zur rechten liegen die Inselgruppen mit ihren Kettenfortsetzungen in zwei Reihen, nahebei die Compridagruppe, weiter ab die Raza-Paý-Mai-Linie. Vor sich sieht man beständig das flache Lagunenland zwischen den Torpfeilern.

Bei der ersten Anfahrt lösten in mehrfachem Wechsel Erhebungen (Ketten, Inseln) und Hohlformen (Strandebenen, inselfreie Räume) einander ab, bei der zweiten bleibt das Bild beständig das gleiche, links zwei Bergzüge, getrennt durch eine Strandebene, rechts zwei Reihen, gebildet aus Inseln und Bergketten. Das einemal bewegt man sich mit, das andere Mal quer zum Streichen der nordost südwestlich gerichteten parallelen Gebirgsglieder, die den

Grundzug der Landschaft am Eingange der Bucht von Rio de Janeiro ausmachen[1]).

Das Bestehen der tief ins Land einspringenden Bucht von Rio de Janeiro bedeutet eine jähe Unterbrechung der klaren Gliederung im Osten unseres Gebietes, ihr entspricht, wie man bei der Anfahrt von Südwesten her bemerkt, eine zweite im Westen. Auch hier wird das Gebirge an der Küste durch eine ins Land einschneidende Bucht unterbrochen, die aber nicht wie die von Rio de Janeiro eine offene Wasserfläche bildet, die vielmehr von Sandstrand, Lagunen und sumpfigen Mangroveflächen erfüllt ist (Campos de Sernambitiba).

Nachdem wir so eine natürliche Abgrenzung des in den Hauptleitlinien erkannten Geländes festgelegt haben, begeben wir uns an den Eingang zur Bucht, wo wir von einem der zahlreichen Gipfel im Rundblick die feineren Züge des Landschaftsbildes zu erkennen streben. Die Zinne des am meisten landeinwärts gelegenen Höhenzuges, des Corcovadorückens eignet sich wegen ihrer beherrschenden Höhe am meisten zu einem Rundblick. (Tafel 1 rechts). Da sie nach Süden in steiler unzugänglicher Wand abstürzt, müssen wir den ganzen Zug umgehen und den Aufstieg von Norden her bewerkstelligen. Diese Wanderung gibt uns einen Einblick in die küstenfernere, landeinwärts gelegene Landschaft, der, wenn man das brasilische Küstengebirge in dieser Breite schon kennt, wenig Neues lehrt. Denn man wandert hier wie an jeder anderen Stelle der Serra do Mar auf einförmigen Waldpfaden in langsamem windungsarmen Aufstiege bis an die Grenze des Waldes empor, wo ein Rückblick sanftgerundete, von Tälern nur mäßig zerschnittene schluchtenarme Bergrücken zeigt, über die eine ununterbrochene Walddecke ausgebreitet ist, typische Mittelgebirgsformen, wie sie auch bei uns verbreitet sind. Selten nur und wie ein Fremdling in der Landschaft durchbricht ein kahler Felskegel das Waldkleid so wie die Corcovadozinne.

Welch ein Gegensatz zu dieser Einförmigkeit, wenn man den Blick meerwärts wendet! (Tafel 2.) In weiter Ferne erblicken wir draußen das vorhin durchfahrene Gelände, die Eingangspforten zur Bucht, die Bergkulissen und ihre Inselfortsetzungen und die sie trennenden Hohlformen, das brandungsumsäumte flache Lagunenland, nur im Dunst verschwommen erkennbar. Klar und zum Greifen

---

[1]) Der Klarheit der Anordnung im Großen tuen lokale Unregelmäßigkeiten des Verlaufes im Westen des Gebietes kaum Abbruch, wo ein Aufzweigen der Ketten stattfindet.

nahe aber liegt die innerste der Hohlformen unter uns, die glatte, den Meeresspiegel nur wenig überragende eng bebaute Botafogoebene mit ihrem Strandsee, der Lagõa de Freitas. (Tafel 1, im Hintergrunde.) Sie trennt uns von der Kette jener seltsamen Kegel und Rücken, die der Riobucht den eigenartigen, individuellen Zug verleihen und denen vorliegende Studien gelten sollen. Die berühmte steile Nadel des Zuckerhutes (395 m) ist der linke Torpfeiler des innersten Einganges der sich im Osten vor unseren Blicken ausdehnenden Bucht. (Tafel 2, Mitte.) Seinem glatten von einer kleinen Waldhaube gekröntem Felskörper legt sich eine schalenfömige Gesteinsmasse an, von ihm durch einen tiefen Kamin getrennt; seine Basis verdeckt eine plumpe Felsmasse, der Penedo da Urca (220 m), dessen gleichfalls bewaldeter Gipfel von steil abstürzenden glatten Felswänden umschlossen wird. Die beiden Berge bilden, durch eine Einsattelung mit sanfteren Böschungen verbunden, eine Einheit und werden durch einen Streifen Sandstrandes mit der zusammenhängenden Reihe der übrigen Rücken und Kegel verbunden, unter denen der nächstgelegene, der Morro da Babylonia (230 m) unsern Blick vor allen anderen fesselt. (Tafel 1, links.) Von steilen, kahlen, wie glattgeschliffenen Felswänden begrenzt, die an die vom Eise denudierten Landschaften Skandinaviens erinnern, erscheint seine waldbestandene, in Rodungen tropischen Lateritboden[1]) zeigende Gipfelfläche fast unzugänglich. Keine Talschlucht furcht die Wände, die durch zahllose, parallel abwärtsziehende flache von Wasseradern berieselte Rinnen eine Streifung erhalten. Weithin sichtbar wird diese Zeichnung durch das Nebeneinander blanker Felsrinnen mit klaren Adern und solcher von einer Haut lehmigen Erdreichs überzogenen, in denen verunreinigtes trübes Wasser abläuft. Der nun westwärts folgende Berg, der Morro de São João (240 m) (Tafel 3) zeigt neben diesem zur Zeit besonders deutlich ein weiteres verbreitetes Merkmal. Seine Felsflächen werden öfter durch festhaftende, formlose grobe Lehmmassen verunreinigt, die sich vom Saume der Waldkrönung wie Ströme abwärts ergießen. Die Felswände dieses Berges ziehen nicht wie meistens bei den bisher betrachteten zum Meere oder zur Strandebene hinunter, sondern gehen in verschiedener Höhe in eine geringer geböschte, waldbestandene, schwach von Rinnen gefurchte Halde über, die aus demselben lockeren lateritischen Boden besteht wie die Gipfelflächen. Alle diese Berge besitzen wieder die Eigentümlichkeit des Aufbaus, die der Zuckerhut zeigte, die Sonderung in einen Felskern und eine jenen z. T. bedeckende

[1]) Hier wie im folgenden stets im weiteren Sinne des Wortes.

Schale, denn sie nehmen in verschiedener Höhe hangabwärts plötzlich an Masse zu, der Hang bildet eine Stufe und wird durch einen mindergeböschten Waldstreifen in zwei parallel fallende Steilwände geschieden. Besser als Worte veranschaulicht das ein Blick auf die Nordhänge des Morro da Babylonia (Tafel 1) und des Morro de São João (Tafel 3). Unter den übrigen Bergen der ganzen Reihe fällt der höhere und massigere Morro dos cabritos (380 m) durch ein Merkmal auf, dem man in anderen Gegenden wenig Beachtung schenken würde, durch das Vorhandensein einiger schwacher Erosionsrinnen, die hier nur noch mehr den vorherrschenden Mangel an Zerschnittenheit betonen, der sich wenn man von der Furchung des lockeren Haldenbodens absieht, für die Felskegel geradezu zur Tallosigkeit steigert. In dieser Eigenschaft erblicken wir das Hauptmerkmal dieser Bergreihe, das uns hinsichtlich der morphologischen Entwicklung des Landschaftsbildes wichtiger erscheint, als die berühmten und bewunderten Formen der meisten Berge, in erster Linie des Zuckerhutes, in dem wir schon jetzt nach kurzem Überblick das Wirken der ein für allemal gegebenen Gebirgsstruktur erblicken möchten.

Die Vertretung der gewöhnlichen, auf wenigen, aber tiefen linienförmigen Wegen erfolgenden Entwässerung durch eine sozusagen flächenhafte, die bei kaum nennenswerter Tiefenwirkung eine insgesamt überaus ausgedehnte Wegbreite einnimmt, dieses Phänomen aufzuklären, sei eine wesentliche Teilaufgabe des letzten Zieles, das wir uns vorsetzen, das Zustandekommen des heutigen Landschaftsbildes zu verstehen. Darin ist eine zweite Hauptfrage enthalten: Warum sind diese ungewöhnlichen Bergformen lokal beschränkt, wodurch wird die Zweiteilung der Landschaft in die Region der tallosen Berge und in das normal zertalte Gebiet hervorgerufen?

2. Die tallosen Berge.

Die Reihe der tallosen Berge erstreckt sich vom Westpfeiler des innersten Buchteinganges, dem Zuckerhute in nordostsüdwestlicher Richtung bis zur Lagõa de Freitas (Abb. 1). Sie wird vom zertalten Gebiete durch die Botafogoebene, vom Meere durch den sichelförmigen Sandstrand von Copacabana geschieden. Sie umfaßt ein Dutzend teils zusammenhängender, teils isolierter Gipfel, deren Höhen zwischen 60 (Morro do Pasmado) und 395 m (Zuckerhut) schwanken. Allen ist eine große Höhe im Vergleiche mit den Durchmessern an der Basis gemessen eigen, sodaß die Berge alle eine mehr oder weniger kegelförmige Gestalt mit steilen Hängen besitzen, die am ausgesprochensten beim Zuckerhute und beim Penedo da Urca ist. Mit wachsender Längsachse nehmen sie Rückenform an (Morro da Babylonia und de São João). Die Gipfel werden von annähernd ebenen bewaldeten Flächen eingenommen, deren Ausdehnung der Längsachse der Berge entspricht, die also beim Zuckerhute klein und kreisförmig, bei

Abb. 2.

der Urca etwas größer und ungleichmäßiger und beim Morro da Babylonia lang und breit ist. Die Gipfelflächen werden von meist steil abfallenden Böschungen begrenzt, die der vollkommen typischen Berge ringsum (Zuckerhut, Urca), die der übrigen wenigsten am größten Teile ihres Umfanges. Die Steilhänge stoßen entweder unmittelbar an das Meer (Zuckerhut im Osten, Urca im Norden und Süden, Morro do Leme im Westen Abb. 2a) oder tauchen unter die Strandebene unter (M. d. Babylonia im Norden, b) oder sie gehen in wechselnder Höhe an die mindergeböschten Halden oder Bänder lockeren Verwitterungsbodens über (M. d. Babylonia im Nordwesten, Tafel 1, Mitte des Bildes), die ihrerseits an die Strandebenen stoßen und diesen offenbar aufgelagert (c) sind oder sich mit der Halde eines benachbarten Berges vereinigen (d). Zuckerhut und Urca sind auf diese Weise zu einer orographischen Einheit verschmolzen.

Das ganze Gebirge im Westen der Bucht besteht aus krystallinischem Gestein meist granitischer Zusammensetzung, das hinsichtlich Korngröße und Krystallgefüge innerhalb der weitesten Grenzen schwankt und sich von typischem richtungslosen gleichkörnigen Granit zu schiefrigem, ja fein lagenförmigen gneisartigen Gestein bewegt oder auch grob porphyrischen Charakter annimmt. Es wird gelegentlich von Klüften und Ruschelzonen durchsetzt. Die überwiegende Kahlheit der Berge gestattet wertvolle Einblicke in ihren

Aufbau. Der Zuckerhut erscheint vom Meere aus gesehen stets als ein sehr steiler, glatter, scheinbar massiger Felskegel. Die Ansicht von der Urca aus beweist jedoch, daß der Kegel keineswegs so homogen ist als er auf den ersten Blick erscheint.

Denn man sieht hier, wie eine tiefe kaminartige Kluft vom Berge eine Randpartie abscheidet, die in der Verlängerung eines Bergdurchmessers als steile, schmale Wand abbricht (Abb. 3a rechte Seite, siehe auch Tafel 2). Dieselbe Erscheinung bemerkt man in sehr abgeschwächtem Maße auf der Gegenseite des Berges, wo eine seichte Furche die Stelle der Kluft vertritt und die Randpartie schwach abgesetzt ist (Abb. 3a links). Der Umriß des Berges hat also nicht die Form eines Kreises, sondern erscheint aus zwei Bogen verschiedenen Halbmessers zusammengesetzt. (Abb. 3b.) Die glatten Wölbungen beider Berghälften, Kluft, Furche und Verteilung der Masse erwecken den Eindruck, als ob der Berg aus einem homogenen Kern und einem schalenartigen ihn zur Hälfte umhüllenden Mantel bestände, und daß die steilen Felswände nicht durch von außen angreifende Kräfte geformt, sondern durch die Struktur bedingte Flächen sind.

Abb. 3.

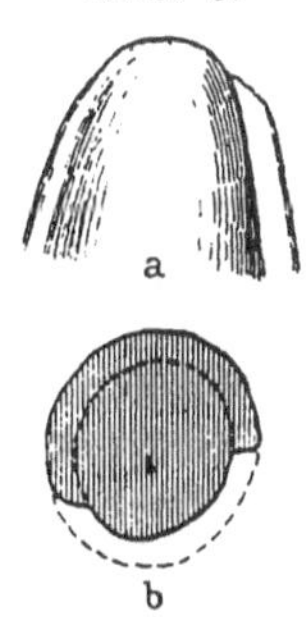

Der Penedo da Urca wird im Gegensatz zum Zuckerhut von einer unterbrochenen glatten, gleichmäßig gewölbten Felsfläche umgrenzt. Der Nordwesthang weist aber kurz unterhalb des Gipfels eine terrassenartige, weniger geböschte Einschaltung auf, er scheidet sich infolgedessen in zwei kahle Steilwände und einen dazwischen liegenden waldbedeckten Hangabschnitt (Abb. 4a, auch Tafel 1, Vordergrund rechts). Die obere Steilwand verläuft parallel der unteren. Es ist unwahrscheinlich, daß die untere eine unmittelbare Fortsetzung der oberen Gesteinsfläche ist, und daß der Verlauf des ganzen Gehänges eine natürliche unregelmäßig gebogene Strukturfläche vorstellt, vielmehr hat es auch hier den Anschein, als ob einem Kern des Berges eine durch zwei parallele Strukturflächen begrenzte mantelförmige Außenschicht aufgelagert sei. (Abb. 4b.) Wie wir den Kamin des Zuckerhutes uns als konzentrische Kluftfläche fortgesetzt denken (Abb. 3b), so stellen wir uns die obere Steilwand an der Urca als die zutagetretende Verlängerung einer der unteren Steilwand parallelen Kluftfläche vor. Die Lückenhaftigkeit des Ge-

Abb. 4.

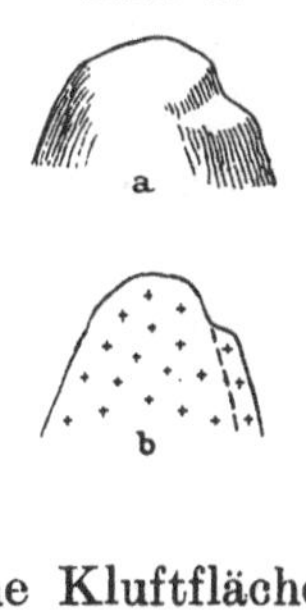

steinsmantels, die die Struktur enthüllt, ist beim Zuckerhut groß und vorwiegend in vertikaler Richtung aus gedehnt, bei der Urca klein und auf den oberen Gehängeabschnitt beschränkt.

Zur Gewißheit wird die Annahme eines Aufbaus aus Kern und Schale vollends durch die Betrachtung des Morro da Babylonia (Tafel 1). Sein Nordhang ist genau in derselben Weise wie bei der Urca durch Böschungsunterbrechung und Einschaltung einer bewaldeten Terrasse zwischen zwei kahle Steilwände ausgezeichnet, die am Fuße des Berges in Meereshöhe beginnt und sich über eine große Strecke des Umfanges bis in halbe Höhe des Gehänges hinaufzieht. Die obere Steilwand zeigt dieselbe Erscheinung noch einmal. An zwei Stellen sind hier fensterblendenähnliche Nischen eingeschnitten, deren Rückwand durch eine weitere den beiden Steilwänden parallele Gesteinsfläche gebildet wird, deren Basisfläche ein schmaler, kurzer, mindergeböschter bewaldeter Gehängestreifen ist. Seitwärts begrenzt werden die Nischen durch rechtwinklig zur Oberfläche und in Richtung eines Bergdurchmessers verlaufende schmale Steilwände (in gleicher Weise wie am Kamin des Zuckerhutes, Abb. 3a rechts) oder durch seichte Furchen bei langsamem Anschwellen der Bergmasse (wie auf der Gegenseite des Kamins beim Zuckerhut; Abb. 3a links). Der durch die erstbesprochene Hauptunterbrechung der Böschung von einem Schalenstück geschiedene Kern erscheint durch die Nischenbildung in weiterer Scheidung. Die Nischen sind Fenster in einem weiteren zentraler gelegenen, vollständiger erhaltenen Gesteinsmantel und legen die Oberfläche eines neuen, weniger enthüllten Kernes frei. Der Begriff Kern wird dadurch relativ, denn nachdem wir erkannt haben, daß zwei der Oberfläche parallele Klüfte den Berg durchsetzen, liegt die Annahme nahe, in dieser Klüftung eine Struktur zu erblicken, die die ganze Gesteinsmasse durchzieht, daß also im Falle des Morro da Babylonia der zweiten, tiefer liegenden, nur wenig enthüllten Kernfläche noch weitere zur Zeit unsichtbare im Innern des Berges entsprechen. So ist der westliche Ausläufer des Berges noch einmal durch eine solche sehr auffallende Klüftung und Schalensonderung gegliedert, die mit einer zentraler als die beobachteten gelegenen Strukturfläche in Zusammenhang gebracht werden muß (Tafel 1, ganz links im Vordergrund). Zahlreiche ähnliche Beobachtungen an diesem und an benachbarten Bergen beweisen, daß die Aufeinanderfolge von Gesteinsschalen getrennt durch parallele Klüfte ein wesentliches Merkmal des Aufbaues der Berge ist.

Überall wurde beobachtet, daß die Gesteinsflächen des Kernes und der Schale einander parallel laufen. Da nun die kahlen Felsflächen entsprechend der kegelförmigen Gestalt alle eine Krümmung besitzen, so folgt, daß die parallelen Strukturflächen konzentrisch angeordnet sein müssen, daß also die Berge einen periklinalen Aufbau besitzen oder kurze Gesteinsfalten vorstellen. Dafür spricht, daß das Streichen der Kluftflächen von Punkt zu Punkt wechselt, wie überall beobachtet werden kann. Beispiele dafür sind u. a. die ununterbrochene Mantelfläche der Urca und die beiden Teilflächen der Zuckerhutoberfläche. Sehr deutlich ist der Wechsel der Streichrichtung an der mehrfach gebogenen Wand des M. da Babylonia, die nach einer Strecke konstanten Streichens (Tafel 1, ganz links) sich zu wölben beginnt und die Hauptmasse des Berges in einer Ellipse umschließt. Entsprechend dem wechselnden Streichen der Kluftflächen wechselt auch die Lage der abgetrennten Gesteinsschalen im Raume. Die des Zuckerhutes deckt z. B. den Osthang, die des M. da Babylonia den Nordhang. Bei den Bergen, wo eine Scheidung in Kern und Mantel nicht nachgewiesen werden kann, in erster Linie bei den Kuppen geringer Ausdehnung (M. Pasmado; Tafel 1, rechter Rand, Mitte), spricht das allseitig gleiche Fallen der Oberfläche für einen symmetrischen inneren Bau. Denn wo Berge einen reichlich unsymmetrischen Aufbau haben, etwa einen isoklinalen, wie es im benachbarten Orgelgebirge bei Petropolis bisweilen zu beobachten ist, spiegelt er sich auch in einer unsymmetrisch verlaufenden Oberfläche wieder. Mit Sicherheit dürfen wir eine typisch periklinale Struktur für die Kegel des Zuckerhutes und der Urca und wohl auch noch für den M. da Babylonia annehmen, obwohl sie hier durch das Auftreten streckenweise unveränderten Streichens schon etwas kompliziert wird. Bei den übrigen symmetrisch geformten, weniger der Beobachtung zugänglichen Bergen, wo aus stärkerer Schuttumhüllung gelegentlich eine Steilwand herausragt und ganz lokal eine der Oberfläche parallele Klüftung sich offenbart, halten wir einen prinzipiell gleichen Bau für wahrscheinlich und nehmen im folgenden an, daß die Ausbildung kurzer Gesteinsfalten überhaupt das Grundprinzip im Aufbau der Gegend ist.

Wir würden keinen so klaren Einblick in den Aufbau der tallosen Berge haben können, wenn sie noch unverletzt in ursprünglicher Gestalt vor unseren Augen lägen. Die Tatsache, daß uns ein Kern unter einem äußeren Gesteinsmantel oder eine Kluftfläche durch ein Fenster der deckenden Schale enthüllt wird, besagt, daß die Ausgangsform zum Teil zerstört ist und heute als Ruine vor uns liegt. Wie bei einer solchen eines Bauwerkes das Bauprinzip sich oft rascher zu erkennen gibt als bei intakter Erhaltung und wie man über das Fehlende hinweg den ursprünglichen Zustand oft leicht ergänzen kann, so auch bei den heute vorliegenden Formen der tallosen Berge. Ihr Aufbau ist in Grundriß und Querschnitt enthüllt und die Reste gestatten die Ergänzung dessen, was heute abgetragen ist und fehlt. Die Gesteinsmassen, die wir bisher schlechthin als Schalen oder Mäntel bezeichnet haben, sind streng genommen nur mehr oder weniger gut erhaltene Reste von solchen. Wir können uns aber jeden Augenblick das ursprüngliche Ausmaß annähernd ergänzen dadurch, daß wir ihre Grenzklüfte bis zum Gipfel verlängert vorstellen (Abb. 5).

Abb. 5.

Die Grenzfläche des erhaltenen Mantelrestes gegen den abschätzbaren Manteldefekt ist der derzeitige schmale bandförmige, mindergeböschte, waldbestandene Hangabschnitt. Da diese Flächen gleichsam die Köpfe der mantelförmigen Gesteinsbänke sind, bezeichnen wir sie weiterhin in Anlehnung an den analogen Ausdruck Schichtkopf als Mantelköpfe. Einen Hinweis über den Verbleib der heute fehlenden, abgetragenen Mantelteile geben uns die am Fuße der Berge angehäuften Massen lockeren Verwitterungsbodens; die wir wegen ihrer Haldenform und bandartigen Verteilung am Hangfuße und wegen ihrer später zu besprechenden petrographischen Natur als Schuttmassen auffassen.

3. Das zertalte Gebiet.

Das Gebirgsglied, dem die tallosen Berge angehören, wird durch die das Meeresniveau nur wenig überragende Botafogoebene mit ihrem Strandsee, der Lagõa de Freitas von einem im ganzen annähernd nordostsüdwestlich streichenden Gebirgszuge getrennt, von dem zwei kettenförmige Abschnitte in unser Gebiet fallen, der Morro do Corcovado (besser würde er als serra bezeichnet werden) und die etwas parallel verschobene Serra da Carioca (Tafel 1, rechts). Beide Züge erscheinen als düster drohende steile Wand, deren Zusammenhang nur durch ein einziges Erosionstal unterbrochen wird. Eine ausgedehnte waldbewachsene Schutthalde mäßigen Böschungswinkels zieht bandförmig am Fuße der steilen, durch Rinnen vertikal gestreiften Felsmauer entlang, deren Krone eine Urwalddecke trägt und die von der kahlen Zinne des Pico do Corcovado überragt wird. Nach dem Besuche der tallosen Kuppen und Rücken bietet der Anblick des Corcovadozuges von Süden her außer seiner Ausdehnung und Höhe (704 m, zunächst nichts wesentlich Neues; die gleiche Struktur mit der eigenartigen Verteilung der Vegetation und der ungewöhnlichen Entwässerung beherrscht auch diesen Landschaftsausschnitt. Nur insofern besteht ein Unterschied, als die Felswand nirgends steil bis zur Ebene abstürzt, sondern in ganzer Ausdehnung von weniger steilen Schutthalden begleitet wird, deren Mächtigkeit im Vergleiche mit denen an den tallosen Bergen erheblich größer ist.

Die nahezu senkrechte Hangneigung des glatten Felses macht den Corcovado von Süden her unzugänglich. Um ihn zu ersteigen, mußten wir den ganzen Zug in Richtung auf die Bucht umgehen, um dann im parallelstreichenden Silvestretale, also vom zertalten Gebiete aus den Gipfel zu gewinnen. Beim Eintritt in dieses Tal ist man überrascht über die vollkommen veränderte Szenerie. Abgesehen von der weithin sichtbaren Zinne des Corcovado sieht man nichts mehr von grotesken ungewöhnlichen Bergformen. Die berieselten, gestreiften Felswände sind fast verschwunden, mäßig fallende Böschungen ziehen von den höchsten Erhebungen herab zur Sohle eines Baches, der mit wechselndem Gefälle gelegentlich Katarakte und Wasserfälle bildend talabwärts eilt, dessen Aufzweigung die Gehänge zerschneidet und dadurch die Gliederung hervorruft, deren Mangel in der tallosen Berglandschaft so auffällig war. Alles ist von Wald bedeckt, das Tal entbehrt aller der eigenartigen Merkmale, die das Bild von Rio de Janeiro merkwürdig gestalten und die ihr den Vorzug vor den benachbarten und vor so vielen Gebirgsküsten der Erde verleihen. Insbesondere hat der Corcovado, von Norden betrachtet, seine markante Gestalt mit einer durchschnittlichen, wenig auffälligen vertauscht.

Das Silvestretal unterscheidet sich nicht von den gewöhnlichen Tälern der Serra do Mar und hat nichts Auszeichnendes. Wenn man nicht auf Schritt und Tritt die Vertreter der tropischen Vegetation vor sich sähe, könnte man, besonders in den höheren Regionen oft sogar meinen, man sei in ein europäisches Mittelgebirgstal versetzt. Indessen weist eine Summe kleiner, weniger augenfälliger Merkmale doch darauf hin, daß man sich in einer Gegend befindet, in der die gestaltenden Kräfte in anderer Arbeitsteilung am Werke sind. Beim Ersteigen der Talflanken dieser regenreichen, dicht bewachsenen Gebirge vermißt man das häufige Rauschen wasserreicher klarer Bäche, die unsere Mittelgebirge zieren, und während man sich bei uns emporsteigend bald vom Bache entfernt und bald sich ihm nähert, um die tief eingerissenen Quelldobel der Zuflüsse zu umgehen, führt hier der Pfad fast immer gleichen Abstand vom Talwege haltend in einförmigem Anstiege empor. Es scheint, als ob die Berge im zertalten Gebiete ärmer an Bächen und weniger von Gehängeschluchten zerschnitten seien als die unserer Mittelgebirge.

Nächst dieser augenscheinlichen Talarmut fällt die vom tallosen Gebiete abweichende Masse, Zusammensetzung und Farbe des Bodens auf. Zahlreiche Aufschlüsse am frisch angelegten Wege lehren, daß kaum irgendwo festes Gestein ansteht. Vielmehr sind die Wege in mächtigen Lehm gelblicher bis tiefroter Farbe eingeschnitten, typische, tropische Verwitterungserde, die homogen ist und nur gelegentlich Brocken minder- oder nahezu unverwitterten Gesteines enthält. Diese scheinen, da sie grob lagenförmig auftreten (Beispiele am neuen Wege auf den Bico do papagaio im Tijucagebiete) nicht in situ zu liegen und nicht Inseln festeren Gesteins in tiefgründigem, vollständig verwitterten Boden zu sein, wie sie häufig im lateritischen Boden des brasilischen Berglandes zu finden sind.

An solchen Fundstellen pflegen übrigens die Inseln festen Gesteins völlig unverwittert im Lehme zu schwimmen, eine mehr oder weniger kugelige Gestalt und eine so bedeutende Größe zu besitzen, daß sie gebrochen werden können. Klassische Vorkommen sind die Steinbrüche bei Riberão Pires im Staate São Paulo, wo große, weiße gesunde Granitkugeln in tiefrotem lateritischen Lehme schwimmen und das Cantareiragebirge nördlich der Stadt São Paulo, aus dessen Verwitterungsboden schwarze basische Gesteinsinseln rundhöckerartig aufragen.

Da der Boden hier dieselbe Beschaffenheit hat wie die am Fuße der tallosen Berge beobachteten Halden, die ihrer Form und Lage nach als Schuttaufhäufungen aufzufassen sind, so bestätigt sich die bei der ersten Betrachtung der Aufschlüsse auftauchende Vermutung, daß das ganze die Hänge des Tales bildende Erdreich nicht anstehend sondern an sekundärer Lagerstätte befindlich ist, daß also die Flanken des Tales aus mächtigen Massen verwitterten Schuttes bestehen. Schuttmassen verhüllen am Nordhang des Corcovado die ursprüngliche Gestalt, die wie sein größtenteils unverhüllter Südhang lehrt, durch die gleiche Struktur bedingt ist, die die tallosen Berge auszeichnet. Ohne die Schutthülle würde der Corcovado auch von Norden her als ein periklinal aufgebauter Felsrücken mit Resten eines äußeren Gesteinsmantels erscheinen, der durch den Ablauf der Niederschläge aus der krönenden Walddecke flächenhaft durch viele Rinnen ohne Zertalung entwässert würde.

Begibt man sich noch weiter nach Norden in die Berglandschaft, die nach ihrer höchsten Erhebung als das Tijucagebiet bezeichnet wird, so bietet sich überall das gleiche Bild wie im Silvestretale, mäßige Böschungen, Aufschlüsse in tiefem roten Schutt, ununterbrochene Urwaldbedeckung, mäßige Bachentwicklung und geringe Taldichte, kurz das allgemein im Küstengebirge verbreitete Landschaftsbild. Gelegentlich ragt aber ein unzertalter steiler Kegel festen Gesteins über die roten, bewaldeten Lehmhänge empor und beweist, daß die Gebirgsstruktur auch hier noch die gleiche ist wie im Bereiche der tallosen Berge und des Corcovado. An der Küste ragen die Berge, weil nur wenig von Schuttmassen bedeckt, in annähernd ursprünglicher Gestalt als bizarre Strukturformen empor. Am Südhang des Corcovado droht die stärkere Schuttanhäufung dem Berge seine Eigenart zu nehmen, doch überwiegt das individualisierende Prinzip des Aufbaues noch über das gleichmachende der Verhüllung, zu dessen Gunsten sich jedoch im Silvestretale und besonders im Tijucagebiete der Sieg endgültig neigt.

Der Gegensatz im Landschaftsbilde — tallose Berge und zertaltes Gebiet — beruht also auf der verschieden mächtigen Schutteinhüllung der ursprünglichen Formen, die landeinwärts zunimmt (Abb. 6).

Abb. 6.

4. Der Boden.

Die Schuttmassen, welche die Täler erfüllen und den Fuß der tallosen Berge zum Teil einhüllen, können natürlich nur von den benachbarten Höhen stammen und müssen von dort gehängeabwärts transportiert worden sein. Zu den Schuttablagerungen gehört ein Ursprungsgebiet, in dem durch die Verwitterung des festen Gesteins transportables Bodenmaterial gebildet wird. Für die Untersuchung der Verwitterungsvorgänge ist der Gegensatz kahler Felsflächen und waldbedeckter Gipfel und Hänge von Wichtigkeit, denn es ist klar, daß in beiden Regionen die Verwitterung und folglich auch die Abtragung ganz verschieden verläuft.

Kahles Gestein bildet die Angriffsfläche für die Verwitterung an einigen Gipfeln, welche die geschlossene Walddecke überragen und an allen Felsflächen unterhalb der Waldgrenze.

Verwitterung an kahlen Gipfeln.

Nur wenige Gipfel erheben sich mit Höhen um rund 1100 m kahl über die Walddecke, die sonst in fast ununterbrochenem Zusammenhang das ganze Küstengebirge bekleidet. Der Bico do papagaio, einer der Gipfel im Tijucagebiete, der eben über die Walddecke emporragt, besteht aus einer kleinen Gipfelfläche, in der harter, sichtbar kaum verwitterter heller Granit aussteht. Das Gestein ist durch tiefe Klüfte gespalten, die wechselnden, aber immer ziemlich großen Abstand halten und annähernd rechtwinklig aufeinander stehen, also eine grobe Struktur hervorrufen, die äußerlich etwas an die des Quadersandsteins erinnert. Die Flächen der handbreiten Klüfte sind entweder von dünnen Lettenbestegen bedeckt oder überhaupt frei von Bodenmaterial. Die Oberflächen der einzelnen Gesteinsmassen sind von einem Haufwerk kleinerer, ebenfalls nahezu unverwitterter, kantiger Granitbrocken bedeckt. Einen ähnlichen Anblick gewährt die groteske Felsbildung der Furnas im Tijucagipfelgebiet, wo gesunde kantengerundete Granitblöcke in einem Verbande aufeinandergetürmt sind, wie ihn in extremer Form die sogenannten Wackelsteinbildungen aufweisen. Die Zerstörung des Gesteins findet hier also in vorwiegend mechanischer Weise statt und nur auf den Klüften geht eine geringe chemische Verwitterung zu lehmigen Massen vor sich. Die Abtragung erfolgt durch Abspülung der lehmigen Massen und durch Abstürzen der Gesteinsbrocken, die man infolgedessen lagenweise im lehmigen Schutt der tieferen Hangabschnitte findet. Verwitterung und Abtragung gehen sehr langsam vor sich und verändern die Form des Berges innerhalb längerer Zeit nur wenig. Eine derartige Form der Zerstörung ist im Küstengebirge Brasiliens auch noch weit in die gemäßigte Zone hinein eine Seltenheit und wird polwärts erst im Gebirge des La Platagebietes und in vertikaler Richtung auf den kahlen Gipfeln des Binnenlandes die Regel (Serra da Mantiqueira). Auf den weit überwiegenden bewaldeten Gipfeln und Höhenrücken unseres Gebietes besteht der Boden dagegen, wie bereits angedeutet wurde, aus tiefgründiger lateritischer Verwitterungserde ohne eine Spur festen Gesteines. Die Grenze der Walddecke ist also auch eine Scheidelinie der Verwitterung und Abtragung.

Ob diese Grenze der Walddecke in rund 1000 m Höhe hier identisch mit der regionalen oberen Waldgrenze ist, ist nicht ohne weiteres zu ersehen, denn da die waldfreien Gipfel steil und von geringer Flächenausdehnung sind und folglich keine Gelegenheit haben, Bodenfeuchtigkeit in größerer Menge aufzuspeichern, sind sie ein ungünstiger Standort für eine geschlossene Walddecke. Die Zusammensetzung des Waldes in vertikaler Richtung läßt schließen, daß die Waldgrenze nicht mehr ferne ist, denn echter tropischer Urwald mit Palmen, einer reichen Epiphytenflora, mit Lianen und Luftwurzeln ist auf die unteren Gehängeabschnitte beschränkt und nimmt von 600 m an langsam an Formenreichtum und Üppigkeit ab. Der obere Abschnitt ist besonders durch das Auftreten nicht mehr rein tropischer Gewächse, vor allem zahlreicher Baumfarne ausgezeichnet, die unten so gut wie garnicht vorkommen. Daß andrerseits die zonale Grenze des tropischen Waldes hier unter dem südlichen Wendekreis auch nicht mehr allzufern ist, beweisen vereinzelte Araukarien, vorgeschobene Posten der südlich angrenzenden suptropischen Vegetationszone.

Da Frost in dieser Breite im Binnenlande selten und an der Küste wohl garnicht vorkommt, ist die allerdings beträchtliche Sonnenstrahlung die herrschende Ursache der vorwiegend mechanischen Aufbereitung des Gesteins.

Verwitterung an kahlen Felsflächen innerhalb der Walddecke.

Der vorwiegend mechanischen Verwitterung sind ferner ausgesetzt die wegen ihrer Steilheit unbewachsenen Flanken der tallosen Berge und die Südwand des Corcovado. Die Wirkung der Insolation ist hier in den tieferen Lagen an sich schon viel geringer als in der Gipfelregion. Dazu kommt, daß die kahlen Flächen hier nur Inseln in der Walddecke bilden, daß infolgedessen zwischen dem rasch sich erwärmenden Felsboden und dem feuchten Verwitterungsboden des Waldes mit seiner großen Wärmekapazität ein Ausgleich der Temperatur durch Leitung stattfindet und damit die Wirkung der Insolation herabgedrückt wird. Endlich wird ein großer Teil der Felsflächen beständig durch das in den Rinnen ablaufende Wasser überspült und damit der Insolation so gut wie ganz entrückt.

Infolge der mangelhaften Bearbeitung des Gesteins durch die Insolation vermag die an sich schwache Erosion nur geringe Wirkungen in Gestalt der seichten Rillen auszuüben. Infolge der dauernden Berieselung der Wände wird die Insolation verhindert anzugreifen. Die Wirkungen der Sonnenstrahlung und des fließenden Wassers bewegen sich also in einem circulus vitiosus und die kahlen Felswände bleiben nahezu unangreifbar.

Verwitterung an waldbedeckten, wenig geneigten Flächen.

Eine weit wesentlichere Bedeutung für unser Gebiet hat die zur Bildung von lehmigem Boden führende Verwitterung der waldbedeckten Flächen. Der Wald verteilt sich auf zwei verschiedene Gebiete. In geringer bis mäßiger Ausdehnung und mit scharfer Umgrenzung bedeckt er die Gipfelflächen der tallosen Berge und die Köpfe ihrer Gesteinsmäntel. In endlosem ununterbrochenem Zusammenhange überzieht er die Hänge des Gebirges. Wir betrachten zunächst die Verwitterung auf den wenig geböschten Gipfelflächen und Schalenköpfen. Der Boden an diesen Stellen besteht aus gelblichen bis roten, in den oberen Lagen durch humöse Beimischungen oft dunkel verfärbten Lehm, der zähe und homogen ist und nicht die Spur einer Struktur aufweist. Er geht nach der Tiefe[1]) zu in eine Bodenzone über, die noch annähernd die Farbe des unveränderten Gesteins und auch den ursprünglichen Krystallverband zeigt. Aber auch hier ist die Zersetzung schon weit fortgeschritten, denn alle Zusammenhänge sind gelöst und man kann größere morsche Feldspatindividuen aus einer halb lehmigen, halb grusigen Grundmasse herauslösen. Der unveränderte gesunde Fels, in den diese Bodenzone übergeht, ist an verschiedenen Stellen in Steinbrüchen zu beobachten. Verglichen mit bewaldeten Granitgipfeln im gemäßigten Klima ist der Boden tief und vorwiegend chemisch zersetzt und weist eine schichtenartige Anordnung der Zonen verschiedenen Verwitterungsgrades auf.

. Alle Gipfelflächen sind mit Urwald bedeckt, aber nicht mit dem hallenförmigen Walde tropischer Ebenen, dessen weit ausladende Kronen ein pflanzenarmes Erdreich zwischen weitgestellten riesigen Säulenstämmen beschatten. Der Wald dieser Berge setzt sich vielmehr aus Bäumen zusammen, die an Umfang und Höhe oft hinter denen außertropischer Wälder zurückbleiben und sie mindestens nicht übertreffen. Dagegen stehen die Stämme ungemein dicht und zahlreiche kleinere Gewächse verschiedener Höhe verdecken etagenartig aufsteigend das Erdreich zwischen den Stämmen. Dazu kommen zahlreiche Schlinggewächse und Epiphyten. Verglichen mit den Wäldern tropischer Ebenen (z. B. dem niemals überschwemmten sog. Étéwäldern am Amazonas) und mit den unsrigen zeichnet sich der brasilische Bergwald durch große Dichte, Mannigfaltigkeit der Form und äußerste

---

[1]) Uber die Mächtigkeit des homogenen Lehms liegen hier zu wenig Beobachtungen vor, um einen Durchschnittswert anzugeben. Es scheint jedoch, daß er auf den ebenen Flächen nirgends so große Mächtigkeit erlangt wie an den Gehängen.

Raumausnützung aus. Der Boden ist daher überall mit abgestorbenen, in Zersetzung befindlichen Pflanzenteilen bedeckt, insbesondere auch mit faulenden Stämmen, die ihrerseits wieder bewachsen sind. Dieser Detritus bedeckt das flach und scheibenförmig in die oberste Schicht des Lehms eingesenkte Wurzelwerk der Bäume.

Durch die Verwitterung hat also der unzerstörte Granit allmählich eine mächtige Decke von Hohlräumen sehr verschiedener Größe durchsetzten lockeren Bodens mineralischer und pflanzlicher Herkunft erhalten, die sich in folgende übereinander liegende Zonen gliedern läßt (Abb. 7a).

Kleine Vegetation	Grobe Hohlräume
Pflanzendetritus	
Wurzelwerk	
Lehm	Feine Hohlräume
Grusiger Lehm	
Granit	

Die drei oberen Bodenzonen unterscheiden sich wesentlich von den beiden unteren durch den Besitz weiter Hohlräume, welche imstande sind, eine große Menge Niederschlagswasser aufzunehmen oder durch eine schwammartige Struktur mit großer benetzbarer Oberfläche. Der darunter lagernde Lehm ist frei oder arm an gröberen Spalten, vermag aber in seinen molekularen Hohlräumen unter Aufquellung gleichsfalls viel Wasser aufzunehmen. Dasselbe gilt in geringerem Maße für die liegende Zone des erst zur Hälfte zersetzten und zu grusigem Lehm verwitterten Granites. Mit Rücksicht auf die a priori anzunehmende Verschiedenheit des Verhaltens beider Bodenarten gegenüber den Niederschlägen seien die drei oberen Bodenzonen als System der groben Hohlräume den beiden unteren als dem System der feinen Hohlräume gegenübergestellt.

Abb. 7.

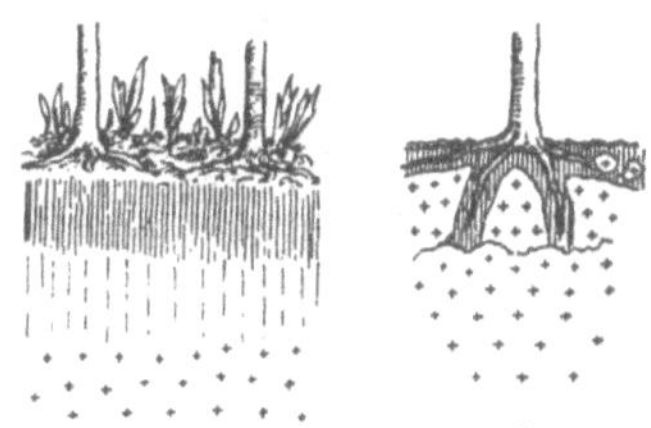

a b

Das Spezifische der so beschaffenen tropischen Verwitterungserde ergibt ein Vergleich mit dem Boden ähnlicher bewaldeter Berge unter gemäßigtem Klima (Abb. 7b). In deutschen krystallinischen Mittelgebirgen ist einmal die Dichte der Stämme und die Entwicklung der kleinen Vegetation, mit einem Wort die Raumausnützung eine wesentlich geringere. Demzufolge und wegen des langsamen Wachstumes unserer Vegetation erreicht auch die Schicht abgestorbener Pflanzenteile eine geringere Mächtigkeit. Das Wurzelwerk unserer Waldbäume liegt nicht scheibenförmig in einer deutlich abgrenzbaren Zone, sondern greift in die Tiefe und umklammert auf Spalten und Klüften schwach angewitterte oder auch nahe zu gesunde Blöcke des Gesteins[1]). Die mechanische Zerstörung überwiegt die chemische, Verwitterungslehm tritt zurück gegenüber Blockhaufwerk und Grus, und der Lehm lagert nicht allein über den Blöcken, sondern greift die Klüfte erfüllend auch tief in den Boden hinab. Die außertropische Verwitterung reicht weniger tief, zerstört mehr mechanisch und entbehrt der schichtweisen Anordnung verschieden weit fortgeschrittener Verwitterungszonen. Das System der groben Hohlräume überwiegt das der feinen, beide liegen bei geringerem Gesamtvolumen nebeneinander.

Der Boden bewaldeter Gehänge.

Sowohl tropische als außertropische Hänge weisen eine größere Mächtigkeit des lockeren Verwitterungsbodens auf. Bei beiden überwiegt auch der feinere Boden. Daher sind die Gehänge in beiden Zonen hinsichtlich ihrer Bodenbeschaffenheit ähnlicher als die ebeneren Flächen. Für die bewaldeten Hänge unseres Gebietes nehmen wir zunächst nun an, daß der Ausgangspunkt der Verwitterung der gleiche gewesen ist wie bei den Gipfeln, und daß in den ersten Stadien sich die Hänge von anderen Angriffsflächen der Verwitterung nicht wesentlich unterschieden haben.

5. Entwässerung und Erosion.

Beobachtungen über Entwässerung und Erosion.

Was Wasserläufe und Täler anlangt, so ist die Gegend um Rio de Janeiro in zwei grundsätzlich verschiedene Gebiete gegliedert, in die Region der tallosen Berge und in das zertalte Gebiet. Die tallosen Berge sind ausgezeichnet durch auffallend wasserreiche Quell-

[1]) Im lockeren Diluvialboden sendet das scheibenförmige Wurzelwerk der Kiefer wenigstens eine Pfahlwurzel in die Tiefe.

gebiete, die Gipfelflächen, an deren Säumen im ganzen Verlaufe dauernd Wasser herniederfließt, durch eine Vielheit der Entwässerungswege, die Rinnen und durch die örtlich geringe zur Furchung normaler Täler nicht ausreichende, insgesamt jedoch auf eine große Fläche ausgeübte Erosionswirkung.

Das zertalte Gebiet ist im Gegensatze hierzu durch Tallinien normalen Aussehens zerschnitten uns zwar von Haupttälern, die parallel zu den Gebirgsgliedern verlaufen und also dem Aufbau entsprechen und von mehr oder weniger rechtwinklig dazu verlaufenden Nebentälern, die den Abdachungen folgen. Die Begehung ließ vermuten, daß von den Bergen des zertalten Gebietes weniger Wasser zutale läuft und daß ihre Gehänge weniger zerschnitten seien, als es bei unseren nach Gestein, Höhen- und Böschungsverhältnissen sowie Niederschlagshöhen ähnlichen Mittelgebirgen der Fall ist. Ein Vergleich der Karte von Rio (1 : 20000) mit einem Blatte der topographischen Karte Badens (1 : 25000) aus dem südlichen Schwarzwald (etwa Blätter Schönau und Zell) lehrt, daß diese Vermutung richtig ist, und daß eine Messung wahrscheinlich einen recht beträchtlichen Unterschied der Taldichte ergeben würde. Im Einzelnen besteht diese geringere Entwicklung der Talnetze in einer Armut an Nebentälern (weshalb Wege annähernd gleichen Anstieges an den Talflanken in einfacher Linie emporführen und nicht so viele Kurven beschreiben wie im südlichen Schwarzwald) und in einer geringeren, höchstens einfach dichotomen Aufzweigung der Talenden. Die Karte lehrt, daß die Höhenlinienabstände auf dem Talwege hier weit gleichmäßiger sind als in gleichlangen Tälern gleichen Gesamtgefälles im Schwarzwalde, daß die Profilkurve der Täler also gleichmäßiger gestreckt ist, und daß die bei uns so charakteristische Sonderung in einen steilfallenden Quellabschnitt und einen mäßiger geneigten Hauptverlauf hier entweder fehlt oder weniger scharf ist. (Vergleiche hierzu die Beobachtung über den Mangel tiefeingerissener Quelldobel). Die auffallend geringe Geröllführung, die auch aus anderen tropischen Gebirgen erwähnt wird (Sapper), beweist, daß die Bäche den unter der Verwitterungsschicht anstehenden festen Boden weniger angreifen, und daß der Transport vergleichsweise geringer ist. Diese beiden Tatsachen lassen auf eine durchschnittlich geringere lebendige Kraft des abfließenden Wassers und insbesondere auf eine geringere Wirkung der Tiefenerosien schließen.

Entwässerungswege: Die auf den Erdboden auffallende Niederschlagsmenge scheidet sich alsbald in zwei Teile, deren weitere Schicksale wesentlich verschieden sind, das in die Hohlräume des Bodens eindringende Wasser, dessen Abwärtsbewegung eine mehr oder weniger bedeutende Verzögerung erleidet und zur Bodenfeuchtigkeit wird und das unverzögert oberflächlich ablaufende Wasser. Beide Anteile, in höherem Maße aber der erstere, erleiden von Beginn an Verluste durch die Verdunstung.

Aufnahme der Bodenfeuchtigkeit. Die Durchfeuchtung des Bodens ist abhängig vom Gesamtlumen der Hohlräume und von der Menge des jeweils eindringenden Regenwassers. Das Verhältnis beider Faktoren gibt den Sättigungsgrad des Bodens an. Dabei ist zu beachten, daß die gröberen, mechanischen Hohlräume starr und von Anfang an vorhanden sind, die feineren, besonders die molekularen Spalträume des Lehmes aber erst durch das Eindringen des Wassers unter Lockerung und Quellung des Bodens geöffnet werden. Die hierzu erforderliche Reibung des Wassers an den Wänden der Hohlräume verzögert das Eindringen. Daraus folgt, daß die Feuchtigkeitsaufnahme überwiegend grobhohlräumigen Bodens sich schneller vollzieht als die vorwiegend feinporiger Erde, und daß der zur Sättigung notwendige Zeitraum mit Abnahme der groben Hohlräume zunimmt. Bei zwei gleichgroßen Räumen vorwiegend grobporiger Erde können nicht nur die einzelnen Hohlräume sehr verschieden groß sein, es können auch die Gesamtlumina infolge Vorhandenseins einiger ganz grober Spalten in dem einen Falle erheblich voneinander abweichen. Infolgedessen kann die Füllung zweier Raumeinheiten grobporigen Bodens verschiedene Zeiten benötigen. Je kleiner die Hohlräume werden, umso gleichmäßiger werden sie und um so gleichmäßiger wird das Gesamtlumen zweier Raumeinheiten. Daher werden auch die zur Sättigung notwendigen Zeiträume nicht nur länger, sondern auch immer gleichmäßiger, derart, daß für die Sättigung feinstporigen Bodens eine konstante Zeit der Benetzung erforderlich ist. Wird diese nicht erreicht, so vermag auch ein noch so starker Niederschlag den Boden nicht völlig zu sättigen. Mäßig kräftige Dauerregen sind also für die Durchfeuchtung tiefgründig verwitterten Bodens wirksamer als kurze heftige Güsse, die spaltenreichen Boden rasch zu sättigen vermögen.

Abgabe der Bodenfeuchtigkeit. Die in die Hohlräume eingedrungene Wassermenge geht dem Boden wieder dadurch verloren, daß der aus den groben Hohlräumen abfließende Inhalt nach Aufhören des Regens nicht wieder ersetzt wird, und weil die Verdunstung eine Bewegung des in den feinen Hohlräumen enthaltenen Wassers nach der Oberfläche hin hervorruft. Die Abgabe der Bodenfeuchtigkeit vollzieht sich entsprechend der Aufnahme. Die groben Hohlräume laufen schneller leer als die feinen. Mit Abnahme des Hohlraumlumens wächst die zur Entleerung notwendige Zeit, wird für die Raumeinheit immer gleichmäßiger und für den Lehmboden endlich konstant. Die Wasseraufnahme des Lehmes war mit einer Volumenzunahme unter Auflockerung seiner Moleküle verbunden, einem labilen Zustande, aus dem der gequollene Lehm ganz langsam der Ruhe zustrebt, indem er zusammensackt und die Feuchtigkeit wieder auspreßt. Tiefgründige Verwitterungsböden geben also die Feuchtigkeit sehr langsam ab und speichern die Niederschläge längere Zeit auf.

Bewegung der Bodenfeuchtigkeit. Das durch Abgabe der Bodenfeuchtigkeit frei werdende Wasser folgt der Schwere und fließt — eine Bodenneigung vorausgesetzt — oberflächlich ab. Da die Abgabe aus grobhohlräumigen Boden sich schnell vollzieht, so ist die Menge des in der Zeiteinheit ablaufenden Wassers verhältnismäßig groß und der durch die Reibung auf der Ablaufbahn verlorengehende Anteil gering. Umgekehrt ist die aus dem austrocknendem Lehmboden langsam austretende Wassermenge jeweils so gering, daß sie nach kurzer Zeit oberflächlichen Ablaufes durch die Reibung mit dem Boden aufgezehrt ist und wiederum zur Bodenfeuchtigkeit wird. Diese sekundäre Durchfeuchtung bedeutet eine Stärkung der Aufspeicherungsfähigkeit tiefgründigen Verwitterungsbodens. Da infolge der Verdunstung die oberflächlichste Bodenschicht austrocknet, so findet das aus dem Inneren ausgepreßte Bodenwasser in dieser Schicht Hohlräume vor, die es erfüllen kann. Es macht also nicht auf der Oberfläche seine Schwere durch Ablaufen geltend, sondern sinkt innerhalb der ausgetrockneten oberflächlichsten Bodenschicht als Bodenfeuchtigkeit solange abwärts, als diese noch Wasser aufzunehmen imstande ist. Die Feuchtigkeit bewegt sich flächenhaft unter der Oberfläche abwärts.

Einfluß des Gehänges auf die Durchfeuchtung des Bodens. Da die auf die Flächeneinheit horizontalen ebenen Bodens fallende Regenmenge größer ist als die auf die gleiche Fläche einer geneigten Ebene kommende (weil deren Projektion auf die Horizontale kleiner ist), sind Gehänge hinsichtlich der Benetzung und Durchfeuchtung durch Regen ungünstiger gestellt als Gipfelflächen. Der Grad dieser Benachteiligung variiert jeweils mit Richtung und Stärke der den Fall des Regens beeinflussenden Winde. Auf annähernd ebener Gipfelfläche sinkt der Regen restlos ein, die Durchfeuchtung des Bodens vollzieht sich rasch. Auf dem Gehänge dringt der auffallende Regen nicht restlos ein, sondern fließt zum Teil ab. Mit steigendem Neigungswinkel wächst der abfließende Anteil des Niederschlages und vergrößert seine Geschwindigkeit, der Boden bleibt kürzere Zeit in Berührung mit dem abrinnenden Wasser. Zunehmende Böschung verzögert also die Bodendurchfeuchtung.

Aus dem Umstande, daß der Verwitterungsboden am Gehänge meist weit größere Mächtigkeit aufweist als auf den Gipfelflächen, folgt, daß zur vollständigen Sättigung auch erheblich größere, beziehungsweise länger andauernde Niederschläge erforderlich sind.

Die Gehänge sind also aus diesen Ursachen bezüglich der Bodendurchfeuchtung allgemein ungünstiger gestellt als die Gipfelflächen, wobei jedoch infolge der flächenhaften Abwärtsbewegung der Bodenfeuchtigkeit diese Ungunst nach den tieferen Gehängeabschnitten zu abnimmt. Diese Tatsachen machen eine getrennte Besprechung der Entwässerungs- und auch der Abtragungsvorgänge der Gipfel einer- und der Gehänge andrerseits notwendig.

Oberflächlicher Ablauf. Der oberflächliche Ablauf des Regenwassers setzt ein, wenn die groben Hohlräume annähernd gefüllt sind. Solange die feineren noch nicht bis zur Sättigung durchfeuchtet sind, dringt ein Teil der Niederschläge auf Kosten des Ablaufes tiefer in den Boden ein. Der Ablauf erreicht sein Maximum, bei dem die in der Zeiteinheit fallende Regenmenge vollständig oberflächlich abfließt, erst nach Sättigung sämtlicher Hohlräume. Es hängt von der Dauer des Regenfalls ab, ob dieses Maximum erreicht wird. Tiefgründiger Verwitterungsboden läßt wegen seines größeren Gesamthohlraumlumens überhaupt einen geringeren Anteil des

Niederschlags oberflächlich ablaufen, von dem ein weiterer Bruchteil wegen der jeweils geringen Menge und größeren Reibung an die Ablaufbahn wieder zur Bodenfeuchtigkeit wird; außerdem tritt das Ablaufmaximum infolge der langsamen Sättigung sehr spät ein. Der oberflächliche Ablauf wird aber wegen der Aufspeicherung und der langsamen Abgabe der Bodenfeuchtigkeit aus den feinen Hohlräumen nach Aufhören des Regens noch lange Zeit gespeist. Bei einem Boden mit überwiegend groben Hohlräumen läuft mehr Wasser oberflächlich ab, setzt der Ablauf sofort stark ein, läßt aber schon verhältnismäßig kurze Zeit nach Aufhören des Regens nach, die Entwässerung erfolgt viel weniger limitiert als bei feinporigem Boden.

Beziehungen zwischen Bodenfeuchtigkeit und oberflächlichem Ablauf. Bodenfeuchtigkeit und oberflächlicher Abfluß stehen außer der in der sekundären Durchfeuchtung enthaltenen in weiteren gegenseitigen Beziehungen. In niederschlagsfreien Zeiten ist die Bodenfeuchtigkeit die einzige Quelle des Ablaufs. Indem dieser ferner durch seine Erosion Bodenfurchen schafft, weist er der von der Schwere beeinflußten flächenhaft hangabwärts sinkenden Bodenfeuchtigkeit neue Bahnen der Bewegung und ermöglicht ihr früher oder später einen endgültigen oberflächlichen Ablauf.

Verwitterungsboden und Niederschläge.

Wie verhält sich der Verwitterungsboden im bewaldeten tropischen Gebirge zu den Niederschlägen verglichen mit dem außertropischen? Stellen wir uns vor, in beiden Fällen würde der Boden nach längerer Austrocknung von ausgiebigen, lang andauernden Niederschlägen benetzt.

Im brasilischen Bergwalde gelangen die Niederschläge zuerst, teils direkt, teils von den Kronen abtropfend in die oberste Schicht des Bodens im weitesten Sinne, in die dichte Decke der niedrigen Vegetation, deren große Gesamtoberfläche mit großen Blattspreiten und wasserfangenden Blattwinkeln viel zurückhält. Dann beginnt das schwammartige Hohlraumsystem des lose aufgehäuften Pflanzendetritus in der zweiten Bodenzone untermischt mit faulenden Stämmen sich vollzusaugen. In den beiden obersten Bodenzonen wird also ein großer Teil der Niederschläge zurückgehalten und geht durch Verdunstung der Entwässerungsmenge verloren oder verlangsamt die Entwässerung durch verzögerten Ablauf.

Im außertropischen Verwitterungsboden, wo die Pflanzendecke weniger dicht, die Blattgröße geringer ist, wasserfangende Blattwinkel fast fehlen, die Detritusschicht zurücktritt, geht viel weniger Wasser verloren und wird weniger zeitweise aufgehalten. Die mit dem Boden im engeren Sinne in Berührung tretende Wassermenge ist bei gleichem Niederschlage größer als in den Tropen und benetzt ihn schneller.

Hierauf dringt das Wasser in die Wurzelzone und die groben Bodenspalten ein und gelangt endlich an die Oberkante des (ausgetrocknet zu denkenden) kompakten Lehmes dessen feine Hohlräume unter Lockerung der Moleküle und unter Volumenzunahme eine beträchtliche Wassermenge binden. Es wird der benetzenden Wassermenge zunächst soviel entzogen, als nötig ist, um die alleroberste Schicht des Lehmes mit Feuchtigkeit zu sättigen, wodurch er für weitere Wassermengen unzugänglich wird. Dem aus den groben Hohlräumen nachströmenden Benetzungswasser ist jetzt der Weg in die Tiefe verschlossen, und es beginnt oberflächlich abzufließen. Aber nur kurze Zeit unvermindert; denn der obersten gesättigten Lehmlage wird durch die darunterlagernde trockene ein Teil ihrer Feuchtigkeit entzogen, den sie wieder von oben, also aus dem ablaufenden Wasser ersetzen muß. Dieser Vorgang wiederholt sich nach der Tiefe zu fortschreitend solange bis die ganze wasseraufnahmefähige Lehmschicht bis auf das feste undurchlässige Gestein hinunter vollkommen gesättigt ist. Er erfordert wegen der längeren Durchfeuchtung feinräumigen Bodens längere Zeit, der maximale Ablauf setzt spät ein, wodurch der Entwässerungsvorgang in die Länge gezogen wird.

Im außertropischen Boden, wo das gesamte Hohlraumvolumen kleiner ist und grobe leicht zu sättigende Hohlräume überwiegen, dauert die Durchfeuchtung kürzere Zeit, der maximale Ablauf setzt früh ein, der Entwässerungsvorgang erfährt keine Verzögerung.

Nun erst fällt die Feuchtigkeitsentziehung aus dem System der groben Hohlräume auf Kosten des oberflächlichen Abflusses weg, dieser erreicht sein Höchstmaß, das solange anhält, als der Niederschlag mit gleicher Stärke fällt. Nach dem Aufhören des Regens laufen zunächst die groben Hohlräume leer, was wegen ihres beträchtlichen Gesamtlumens, besonders der Pflanzenschichten, längere Zeit dauert. Dann gibt infolge der Verdunstung auch der Lehm unter Volumenabnahme die Bodenfeuchtigkeit ab, und diese Abgabe erstreckt sich gemäß dem Überwiegen der feinen Hohlräume über einen langen Zeitraum. Die Schichtung oder zonenartige Anordnung des Bodens wirkt verzögernd auf die Wasserabgabe, da der Lehm nicht durch gröbere Hohlräume durchsetzt wird, die seine wasserabgebende Fläche vergrößern.

Im Gegensatz hierzu entleeren sich die groben Hohlräume des außertropischen Verwitterungsbodens wegen ihres geringeren Gesamtlumens und der geringeren Beimengung feinerer Hohlräume schneller. Das Nebeneinander beider Hohlraumarten, ihr Mangel an Schichtung, das Durchsetzen des Verwitterungslehmes mit Spalten vergrößert die wasserabgebende Oberfläche des Lehmes und beschleunigt die Austrocknung.

Der hier selbständig und abgeschlossen dargestellte Entwässerungsvorgang ist natürlich in Wirklichkeit in dem regenreichen Klima

Rios, das eine vollständige Austrocknung nicht zuläßt, andrerseits aber durchaus nicht immer zur vollständigen Sättigung des Bodens zu führen braucht, nur ein Glied in einer Kette solcher Vorgänge.

Der Gegensatz zwischen tropischem und außertropischem Verwitterungsboden besteht in dem geschilderten Grade zunächst nur an solchen Stellen, wo der Verwitterungsboden in annähernd ursprünglicher Mächtigkeit liegt und wo durch Umlagerungsvorgänge nicht Verschiebungen in der quantitativen Zusammensetzung der grob- und feinporigen Verwitterungsprodukte stattgefunden haben. Vorstehendes gilt also zunächst für die zentralen Teile der Gipfelflächen beziehungsweise für größere Gipfelflächen überhaupt. Die (in einem späteren Abschnitte näher zu besprechenden) Umlagerungen führen im allgemeinen zu einer Bewegung überwiegend feinen Bodenmateriales hangabwärts. Das gilt für beide Gebiete. Aus dem (im vorigen Abschnitt festgestellten) sehr großen Anteil feinporigen Bodens an den Gehängen unter beiden Klimaten darf auf eine Umlagerung vergleichbarer Mengen von feinem Verwitterungsschutte geschlossen werden. Diese Entfernung von feinporigem Erdreich wird auf außertropischen geringer tief und überwiegend grobspaltig verwittertem Gipfelboden an sich schon rascher einen größeren Verlust ausmachen, der noch dadurch verschärft wird, daß die chemische Aufbereitung des Gesteines hier langsamer vor sich geht und die Abspülung durch die größere oberflächlich ablaufende Wassermenge beträchtlicher ist als in den Tropen. Das Endziel ist eine Gipfelfläche, die fast nur aus grobem Blockhaufwerk besteht (in extremer Form Blockmeere der Gipfel). Andrerseits wird die allmähliche Zunahme der Gehänge an umgelagertem feinporigen Boden zu einer immer mehr zunehmenden Angleichung der Gehänge unter beiden Klimaten führen. Der Gegensatz in der Bodenbeschaffenheit verschärft sich also für die Gipfelflächen und mildert sich für die Gehänge.

Gipfel und Niederschläge.

Gleichhohe mittlere Gipfel — von den höchsten sei zunächst abgesehen — im brasilischen Küstengebirge und im südlichen Schwarzwalde sind daher trotz ähnlicher Beschaffenheit des Gesteins und der Niederschläge hinsichtlich ihrer Bodenfeuchtigkeit sehr verschieden gestellt. Im Schwarzwalde sind die Gipfelflächen bald nach dem Regen trocken, die dauernden Quellen setzen am Gehänge erst in einem gewissen Abstande unterhalb der Gipfel an, die Böden sind leicht und steinig, für den Ackerbau gerade noch eben oder schon nicht mehr geeignet und daher von Wald oder Weiden bewachsen und von Siedlungen gemieden. (Beispiele hierfür sind zahlreiche breitere Kuppen unter 800 m Höhe auf Blatt Schönau der badischen topographischen Karte). Gleichhohe Gipfel ähnlicher Ausdehnung im Küstengebirge haben gewöhnlich auch längere Zeit nach dem letzten Regen immer einen größeren Feuchtigkeitsgrad, der sogar die Aushebung dauernd wassererfüllter Teiche gestatten kann (so in der Nähe von Alto da Serra), die Quellen liegen selbst bei kleineren Gipfelflächen schon in geringem Abstande vom Gipfelsaume (Kapellenberg bei Santos), die Flächen werden von Plantagen eingenommen und bieten Wirtschaftssiedlungen Raum.

Die höchsten Gipfel des südlichen Schwarzwaldes stehen zu den meisten mittleren dieses und anderer deutscher Mittelgebirge in einem merkwürdigen Gegensatz und weisen eine Annäherung an tropische Verhältnisse auf. Auf den mittleren trockener Grus, Blöcke, Nadelwald oder dürftige Gras- und Farnvegetation, auf den höheren tiefgründiger feuchter Boden mit saftigen Weiden und Quellen unmittelbar unterhalb des Gipfels, kurz dauernder Wasservorrat im Boden, der auch anspruchsvollere Siedlungen zuläßt. Diese bedeutende und dauernde Bodenfeuchtigkeit, die der tropischer Gipfel nahekommt, setzt voraus, daß das Hohlraumsystem des Bodens umfangreich und überwiegend feinporig ist, und daß die Niederschläge bedeutend sind. Das letztere ist für hohe Gipfel selbstverständlich, wobei noch hinzukommt, daß ein Teil der Niederschläge als Schnee fällt, der lange liegt und zu einer langanhaltenden Quelle der Bodenfeuchtigkeit wird. Daß der Boden in der Lage ist, große Wassermengen lange zu bergen, lehrt seine tiefgründige feinerdige Beschaffenheit.

Die Ähnlichkeit der hohen Gipfel hinsichtlich ihres Wasserhaushaltes mit denen im tropischen Küstengebirge beruht also auf einer Ähnlichkeit der Bodenbeschaffenheit. Der scharfe Gegensatz zwischen mittleren und hohen Gipfeln im südlichen Schwarzwalde aber ist Gegenstand einer Frage, die außerhalb dieser Untersuchungen liegt.

Gehänge und Niederschläge.

Die durch die Auflagerung feinen Bodenmateriales auf den Gehängen bedingte Ähnlichkeit der Grundlagen der Entwässerung in den tropischen und außertropischen Gebirgen hat gewisse Grenzen. Denn einmal ist die Mächtigkeit lockeren Bodens in den Tropen meist doch eine viel größere, dann aber ist wegen des beinahe absoluten Mangels an gröberen Gesteinsbrocken gegenüber dem außertropischen

Gehänge der Anteil an feinen Bodenhohlräumen in der Raumeinheit größer. Das bedingt eine Begünstigung der Bodenfeuchtigkeit gegenüber dem oberflächlichen Ablauf bei sonst ähnlichen Entwässerungsverhältnissen. Die Wege der Entwässerung von Hängen sind neben den Hohlräumen des Bodens die durch die Erosion des oberflächlich ablaufenden Wassers allmählich geschaffenen Tallinien. Infolgedessen besteht für die Bodenfeuchtigkeit nicht nur das Bestreben der Schwere folgend sich in den unteren Hangpartien anzureichern, sondern auch die Neigung, das überschüssige Wasser nach den Erosionslinien hin abzugeben. Die Entwässerung vollzieht sich im außertropischen Gebirge beobachtungsgemäß folgendermaßen: In regenfreien Zeiten erfolgt die Entwässerung nur aus der aufgespeicherten Bodenfeuchtigkeit, die flächenförmig der Hangneigung folgt und sich allmählich in den unteren Hangabschnitten ansammelt, wo sie den tiefstgelegenen Stellen, den unteren Abschnitten der Erosionslinien zustrebt und in ihnen oberflächlich abläuft (Abb. 8a). Je länger die Trockenheit, umso größer der Bodenfeuchtigkeitsverlust, um so kürzer der wasserführende Teil der Erosionsrinne. (Abb. 8b.) Fällt nun ein kräftiger Regen, so sättigen sich die Hohlräume des ganzen Hanges aufs neue, der überschießende Teil des benetzenden Niederschlages fließt oberflächlich ab, in dem er die Erosionsrinne ganz auffüllt (Abb. 8c). Nach Aufhören des Regens beginnt das Spiel von neuem.

Abb. 8.

a b c

Im tropischen Waldgebirge ist der Vorgang im Prinzip der gleiche. Auch hier rückt die obere Grenze der Bodenfeuchtigkeit und Wasserführung der Erosionsrinnen mit zunehmender Dauer der Regenpause abwärts, der langsamen Waserabgabe des tiefgründigen Lehmes wegen aber langsamer, sodaß eine dauernde Füllung der Täler mit Wasser bis zu größeren Höhen des Hanges hinauf gewährleistet wird.

Es lassen sich demnach die Hänge in beiden Fällen folgendermaßen in Entwässerungszonen gliedern:

Außertropisches Gebirge	Tropisches Gebirge
Stark schwankende Bodenfeuchtigkeit und lange unterbrochener Abfluß.	Mäßig schwankende Bodenfeuchtigkeit.
Gering schwankende Bodenfeuchtigkeit und dauernder Abfluß.	Sehr gering schwankende Bodenfeuchtigkeit und dauernder Abfluß.

Entwässerung der tallosen Berge.

Über die Entwässerung der vollkommen waldbedeckten und ununterbrochen von losem Verwitterungsboden überzogenen Berge des zertalten Gebietes ist nach vorgehenden Erörterungen nur noch wenig zu sagen. Bei ihnen summieren sich die Vorgänge an den Gipfeln mit denen am Gehänge, die von der Gipfelfläche abgegebenen Mengen von Bodenfeuchtigkeit und von oberflächlich ablaufendem Wasser treten ohne scharfe Grenze in allmählichem Übergang auf das Gehänge über.

Anders bei den tallosen Bergen. Infolge des hohen, eine Pflanzenbedeckung nicht zulassenden Böschungsgrades tritt hier eine scharfe Sonderung der Entwässerungsvorgänge am Gipfel und am Gehänge ein. Die zahlreichen Wasserfäden, die über die kahlen Felswände dauernd herabrieseln, stellen die oberflächlich ablaufende Entwässerungsmenge und zwar weil auf diesem kurzen Wege über den blanken Fels nicht viel Wasser verloren geht, nahezu unverkürzt vor. Wegen des Fehlens eines aus lockerem Erdreich bestehenden Gehänges ist andrerseits die Bodenfeuchtigkeit allein auf die Gipfelfläche beschränkt. Beide Anteile der Entwässerung treten also räumlich getrennt in ihren einfachsten Beziehungen ohne komplizierende Beeinflussungen auf und können aufs deutlichste getrennt in ihrer Wirksamkeit beobachtet werden.

Die dauernd fließenden Wasserfäden, so gering auch die jeweilige Masse des einzelnen ist, bringen zusammen im Laufe kurzer Zeit schon eine beträchtliche Wassermenge zutale und illustrieren so die starke Aufspeicherung und den beträchtlichen Wasserreichtum des Bodens, der im durchweg bewaldeten Gebiete aus anderen Anzeichen zu ersehen war, (Teiche, Siedlungen, Höhe des Quellhorizontes). Während aber wegen der Kontinuität lockerer Bodenbedeckung dort die Entwässerung dauernd vorwiegend durch unsichtbare Bewegungen der Bodenfeuchtigkeit erfolgt, zwingt hier die scharfe Sonderung der Bodenbedeckung die dem letzten Niederschlage entstammende Bodenfeuchtigkeit dauernd restlos oberflächlich und sichtbar abzufließen. Daß der Abfluß der Bodenfeuchtigkeit zur Ausbildung so zahlreicher gleichwertiger Rinnen führt und rings um den Gipfel gewissermaßen an jedem Punkte des Saumes vor sich geht, ist eine Bestätigung für die Allgemeingültigkeit der Annahme, daß der tropische Verwitterungsboden ganz überwiegend feinräumig ist, daß die Wasserbewegungen darin langsam und diffus verlaufen und andere, die zur raschen Entwässerung der Gipfelfläche führen würden, so gut wie ganz fehlen.

Das Verhältnis der Länge des Gipfelsaumes zur Gipfelfläche oder der Entwässerungslinie zur zu entwässernden Bodenfläche ist bei verschieden großen Gipfelflächen verschieden. Große Gipfelareale haben einen kleinen Umfang im Verhältnis zu kleineren. Längs der Säume kleinerer Gipfelflächen wird daher in der Zeiteinheit eine größere Menge Bodenwasser frei, die Entwässerung geht hier also rascher von statten. Daher ist das Phänomen dauernd rinnender Wasserfäden und folglich auch die Rinnenausbildung am schönsten bei größeren tallosen Bergen ausgeprägt und wird undeutlicher beziehungsweise verschwindet, je kleiner die Gipfelflächen der Berge sind (Morro da Babylonia einer- und Zuckerhut andrerseits).

Erosion an den tallosen Bergen.

Die Hänge der tallosen Berge werden zum größten Teile oder ganz durch die mehrfach erwähnten Rinnen gefurcht und der gewöhnliche Modus der Zertalung mittels einer geringen Anzahl von Tallinien tritt durchaus in den Hintergrund. In dichtem Nebeneinander furchen diese Rinnen die kahlen Wände harten Gesteins. Sie setzen am Saume der bewaldeten Gipfelfläche an und enden an der unteren Grenzlinie der Wände, also am Meeresspiegel oder in geringer Höhe darüber auf den Strandebenen oder am oberen Rande der den Bergen vorgelagerten Schutthalden oder endlich in größerer Höhe an den Schalenköpfen der Gesteinsmäntel. Die Rinnen bilden die kürzesten Wege über die Steilwände, sie sind deshalb gerade. Die Breite einer einzelnen überschreitet wenige Dezimeter nicht. Ebensolche Maße hat ihr gegenseitiger Abstand, die erhabenen Gesteinsleisten zwischen den Rinnen. Sie sind überwiegend unverzweigt und ohne Verbindung miteinander. Die Rinnen sind Strecken ungewöhnlich gestalteter Täler, deren Quellgebiet der Saum der Gipfelfläche und deren Unterlauf auf den Schutthalden als schwache Erosionsrinne, auf den Strandebenen überhaupt nicht nachweisbar ist, da hier der lockere meernahe Boden die geringen Wassermengen, soweit sie nicht verdunsten diffus dem Meere zuführt. Ein Teil dieser Täler ist daher äußerlich mündungslos. Die Masse des durch die Erosion umgelagerten Bodenmaterials ist abschätzbar nach der Tiefe der Rinnen, erhebliche Absatzmassen am Fuße, etwa Schuttkegel sind nicht zu beobachten; im Vergleich zur gewöhnlichen Erosion ist die Umlagerung außerordentlich gering. Kleinere Mengen vom Gipfelsaume entführten oder dort ausgetretenen Verwitterungslehmes trüben gelegentlich das sonst klare Wasser und führen zu einer hellen Verfärbung des Gesteins im Verlaufe der Rinnen, wodurch die unregelmäßige Streifung der Felswand hervorgerufen und von fern so deutlich wird. Das ganz lokale, nicht allgemein verbreitete Auftreten solcher Verunreinigungen läßt schließen, daß diese Vorkommen nicht zur normalen Rinnenerosion gehören und etwa durch Abspülung im Quellgebiet verursacht werden, sondern noch einem besonderen Vorgange ihre Entstehung verdanken, nämlich, wie später zu erörtern sein wird, kleinen Schlipfen vom Boden der Gipfelfläche. Die Erosionsleistung der Wasserfäden schwankt zeitlich mit den Niederschlägen und örtlich mit der Menge der abgegebenen Bodenfeuchtigkeit. Diese ist abhängig von der Flächenausdehnung des Gipfels — kleine Gipfelflächen fassen weniger Niederschläge und liefern daher wenig erodierendes Wasser — und vom Verhältnis des Gipfelumfanges zum Gipfelareal — bei kleineren versiegt die Bodenfeuchtigkeit schneller wegen der verhältnismäßig langen Entwässerungslinie. Demgemäß ist die Erosion der weniger ausgedehnten tallosen Berge auch nicht so fortgeschritten, die Rinnenbildung und Streifung nicht so markant als bei den breiteren, rückenförmigen Bergen (vergleiche Zuckerhut und Morro da Babylonia). Die starke Aufspeicherung der Niederschläge im Verwitterungsboden der Gipfelflächen und die langsame Abgabe jeweilig nur geringer Mengen schwächt die Erosion, die Verteilung des abgegebenen Bodenwassers auf zahlreiche Punkte des ganzen Gipfelumfanges bewirkt, daß die Erosionskraft verzettelt wird und überall nur geringe Wirkungen hervorrufen kann. Dazu kommt, daß die Angriffsfläche, der harte mechanisch wegen der Unwirksamkeit der Insolation und chemisch wegen des durch die Steilheit bedingten Vegetationsmangels unzerstörte krystallinische Fels äußerst widerstandsfähig ist und nur sehr langsam angegriffen werden kann.

Die Eigenartigkeit dieser Form der Erosion besteht aber nicht allein in einer Vielheit embryonaler Talbildung. Jedes einzelne Rinnensystem ist von einem solchen normaler Erosion durch die geradlinige unverzweigte Gestalt unterschieden. Die Ursache hierfür liegt einmal in der Steilheit des Hanges, welche eine große Geschwindigkeit und eine geringe Reibung des ablaufenden Wassers nach sich zieht, die auch der kleinsten Menge ermöglicht, den Fuß des Hanges zu erreichen und ihre Erosionskraft auf der ganzen Strecke zu entfalten. Besonders aber in der glatten Beschaffenheit der Felswand, die der erodierenden Menge nur wenig Wasser durch Aufnahme in den Boden entzieht. Würde eine Wand lockeren Bodens von gleichem Böschungswinkel überrieselt werden, so würde jeder kleinen erodierenden Menge soviel an Masse entzogen werden, daß ihre Erosionskraft schon auf halbem

Wege erlischt und nur die summierten Reste zweier oder mehrerer sich vereinigender gleichgroßer Wassermengen würden auch die unteren Hangabschnitte erodieren können. Diese Form der Talanlage — embryonale, verzweigte, meist leicht gewundene Tälchen — ist charakteristisch für Steilhänge in lockerem Boden, jene — gerade, unverzweigte Rinnen — typisch für Felshänge.

Regenrillen. Durch zahlreiche, parallele Rinnen gestreifte vegetationslose Felswände sind aus verschiedenen, meist tropischen oder subtropischen Gegenden der Erde unter dem Namen Regenrillen beschrieben worden. (Eine kurze Zusammenstellung findet sich in Kaysers Lehrbuch der allgemeinen Geologie). Definiert man diesen Begriff dem Namen gemäß, so kann man unter Regenrillen nichts anderes verstehen als seichte, auf kürzestem Wege eingeschnittene und gerade, nicht oder wenig verzweigte embryonale Täler, die in dichtem Nebeneinander angeordnet einem Regenfall ihre Entstehung verdanken. Diese Bedingungen erfüllen die embryonalen Tälchen, welche auf ganz frisch aufgeschütteten lockeren vulkanischen Auswurfsmassen oder auf einem ganz frischen künstlichen Anschnitt lockeren Bodens nach einem heftigen Regenguß auftreten. Als Regenrillen können aber auch sie nur ganz vorübergehend bezeichnet werden. Denn indem jeder folgende Regen sie nach den Gesetzen weiter ausbildet, die für die Entstehung von Erosionstälern überhaupt gelten, insbesondere sie durch Aufzweigung ihres Rillencharakters beraubt, gehen sie bald in gewöhliche Erosionstäler von Miniaturgröße über. Ihr Ausbildungsstillstand bei mangelndem Regenfall ist gleichfalls kein Stigma für den Begriff mehr, denn in diesem Punkte unterscheiden sie sich nicht von Erosionstälern in regenarmen Gegenden. Daher sind wahre Regenrillen nur momentane Stadien und viel zu vergängliche Erscheinungen im Landschaftsbilde, als daß man sie als Formentypus aufstellen könnte. Es versteht sich von selbst, daß solche Rillen nur in losem Gestein entstehen können, keineswegs aber in festem Granit wie an den tallosen Bergen, wo die Wirkung eines Regenfalls auf das Gestein gleich Null ist. Echte Regenrillen in Granit, aber in morschem, zersetzten waren im Jahre 1911 bei einer frischen Wegeanlage am Löwenkopf bei Kapstadt zu sehen. Wären die Rinnen an den tallosen Bergen Regenrillen, so müßte die Verbreitung dieser Erscheinung eine viel größere sein, denn kahle Granithänge werden unter allen Klimaten vom Regen benetzt.

Der tallose Berg als Glied in einer Formenreihe.

Gutta cavat lapidem. Auf die Dauer müssen die kleinen Rinnsale, so geringfügig auch die Wirkung des einzelnen jeweils ist, doch zu einer merklichen Formveränderung des ganzen Berges führen. Die Rinnen müssen sich vertiefen und indem sie immer weiter einschneiden, herausragende Gesteinsrippen stehen lassen dergestalt, daß der Berg eine Art Kannellierung erhält. Solche Formen treten an der Bucht von Rio nicht auf, werden aber im Innern des brasilischen Hochlandes gelegentlich beobachtet. Es finden sich dort auch Formen, bei denen den tiefen Einschnitten ein Haufwerk aus der Zerstörung der Gesteinsrippen hervorgegangener Blöcke vorgelagert ist. Alle diese Stadien lehren den Entstehungsgang und das Ziel der Rinnenerosion. Die Rinnen projizieren sich, unverzweigt bleibend immer tiefer in den Fels hinein, und buchten die Saumlinie des Verwitterungsbodens ein, was zur Berieselung ihrer seitlichen Teile, zu ihrer Erweiterung und zur schnelleren Entwässerung der Gipfelfläche führt. Im Laufe langer Zeiten werden auch die Gesteinsrippen der Zerstörung nicht mehr standhalten können und brechen ab. Die „Tallosigkeit" der Berge endet mit einer tiefgehenden Zerschneidung, die Ausgangsform der Berge, die im ersten Stadium der Rinnenentwässerung sozusagen konserviert wurde, wird verwischt und unkenntlich.

Es ist bemerkenswert, daß im Gebiete von Rio nur allererste Stadien dieser Formenreihe anzutreffen sind, deren gradueller Unterschied durch die Größe des Quellgebietes und durch das Verhältnis der Entwässerungslinie zum Bodenareal der zu entwässernden Fläche bestimmt wird. Im Ganzen betrachtet, sind die Berge nicht das Ergebnis eines derartigen Zerstörungsvorganges, der die Ausgangsformen verwischende und zerstörende Prozeß der Rinnenerosion gibt der Landschaft nicht das Gepräge.

Erosion im zertalten Gebiete.

Da die Menge des über die bewaldeten Berge des zertalten Gebietes oberflächlich ablaufenden Wassers vergleichsweise gering ist, so ist auch seine Erosionskraft weniger energisch als unter gleichen Verhältnissen außerhalb der Tropen. Infolgedessen erodieren die Gebirgsbäche weniger tief, erreichen das feste Gestein seltener und nur bei besonders günstigen Anlässen (Gesteinsstufen). Sie führen infolgedessen auch seltener Gerölle als unsere Gebirgsbäche (Ausnahmen in den höchsten, regenreichen Teilen der Serra do mar, z. B. beim Pilõesbach oberhalb Santos). Der Ablauf ist ferner geringeren zeitlichen Schwankungen unterworfen, insbesondere sind die oberen meist trockenen nur während oder kurz nach dem Regenfall mit Wasser erfüllten Talstrecken kürzer. Da nun gerade die zeitweise heftige Erosion größere Wirkungen entfaltet als eine dauernde mäßige, so bleibt die Erosion im besonderen in den oberen Talabschnitten zurück. Daher ist die Kurve der Talsohle meist gestreckter und weist nicht einen so scharfen Knick zwischen Quellgebiet und unterem Abschnitt auf. Die für unsere ähnlichen Gebirge so bezeichnenden tiefen Runsen und weiten amphitheaterförmigen Quelldobel fehlen daher ganz oder sind viel geringer ausgebildet. Die gleichmäßige Verteilung und überwiegende Feinheit der Bodenhohlräume bewirkt, daß das den Erosionslinien zustrebende Bodenwasser sich nicht linienförmig sammelt und unter Rinnenbildung zur Aufzweigung des Talsystems führt, sondern gleichmäßig ohne Erosionswirkung und ohne eine Aufzweigung herbeizuführen an jedem Punkte in das Tal austritt. Die Talnetze sind daher einfacher gestaltet, die Dichte der Linien jedes Systemes und die Taldichte der ganzen Landschaft ist gering. Die geringe Erosionskraft erklärt den verhältnismäßig geringen Grad der Zerschneidung des Gebirges und die geringe Einschartung der Kämme. Die schwache Netzentwicklung ruft den wenig wechselvollen, bisweilen eintönigen Landschaftscharakter hervor. Dazu ist noch zu bemerken, daß die Abtragung zur Anhäufung mächtiger Schuttmassen auf dem Gehänge und am Fuße der Berge geführt hat, und also das Bestreben zeigt, die Talsohlen durch Schutt aufzuhöhen und der Tiefenerosion entgegenzuwirken.

Die Lehre vom Cyklus müßte die Täler wegen ihres geringen Erosionsgrades als jugendliche bezeichnen. Weil aber schroffe, steile Formen, abgesehen von den strukturbedingten Steilwänden hier durchaus fehlen, vielmehr mäßiggeböschte und sanftgerundete vorherrschen, würde man zu einer verkehrten Vorstellung der Täler gelangen, wenn man die Beschreibung mit diesem einen Charakteristikum erschöpft. Wegen der veränderten Grundlagen vollzieht sich der Cyklus im tropischen Gebirge unter einem anderen Formenablauf als im gemäßigten Klima.

Anlage des Talnetzes.

Nur Teile des Talnetzes können ohne weiteres als durch Erosion allein geschaffen angenommen werden. Es sind die mehr oder weniger rechtwinklig zu den Bergketten streichenden von der Bodenneigung vorgeschriebenen Nebentäler. Die Haupttäler verlaufen parallel zu den Zügen, deren Anordnung und Struktur beweist, daß das Bergland nicht durch die Erosion herausmodelliert ist, sondern daß die Entwässerungslinien den vom Aufbau vorgeschriebenen Wegen gefolgt sind. Das Entwässerungsnetz ist also dem Aufbau gefalteter Tiefengesteine angepaßt.

6. Abtragung.

Es war mehrmals erwähnt worden, daß die Aufspeicherung der großen Mengen von Bodenfeuchtigkeit durch den Verwitterungslehm Hand in Hand geht mit einer Lockerung der Lehmmoleküle unter Aufquellen und Volumenzunahme des Bodens. Von einem gewissen Grade dieses Vorganges ab wird durch Abnahme der Kohäsion der einzelnen Partikel gegeneinander und der Adhäsion der ganzen Masse an die feste Unterlage der Boden in einen Zustand versetzt, der nur eine Bewegungsmöglichkeit, das Fließen zuläßt. Erreicht die Bodenfeuchtigkeit die hierzu erforderliche Höhe nicht, so sind Bewegungen nur in der bei uns verbreiteteren Form der chronischen Gehängebewegungen durch Kriechen möglich. Die eine Möglichkeit schließt die andere nicht aus, beide Bewegungsarten können jeweilig dieselbe Bodenmasse betreffen. In den feuchten Ländern gemäßigten Klimas überwiegen erfahrungsgemäß Kriechbewegungen und ereignen sich Fließvorgänge nur unter besonders günstigen Umständen, sodaß nach der jetzt herrschenden Auffassung das Erdfließen, wenn es auch als abtragendes Agens bisweilen lokal eine nicht zu unterschätzende Rolle spielt, doch für die Formgestaltung im Vergleiche zu polaren und subpolaren Gegenden nur untergeordnete Bedeutung hat. Bei der Beschaffenheit des Bodens und der Wirksamkeit der Niederschläge im brasilischen Küstengebirge dürfen wir von vornherein ein umgekehrtes Verhältnis, ein Überwiegen der Erdfließbewegungen und ein Zurücktreten der Kriechbewegungen voraussetzen, umsomehr als neuerdings das Erdfließen in den verschiedensten Ländern der feuchten Tropen beobachtet und auf seine Wichtigkeit hingewiesen worden ist. (Voltz, Sapper).

Beobachtungen über Erdfließen im brasilischen Küstengebirge.

Die geringe Festigkeit und der latent fließfähige Zustand des tropischen Verwitterungsbodens erhellt schon aus einem Umstande, den zahlreichen Entwurzelungen im Walde. Die horizontal ausgreifend flachwurzelnden Bäume scheinen auf einer breiigen Unterlage schlecht verankert gleichsam zu schwimmen, sodaß schon geringe Gleichgewichtsstörungen sie zu Falle bringen, sei es eine Bodenverlagerung, sei es der Wind. Den Windbruchschäden der tiefwurzelnden festverankerten Stämme unserer Wälder entspricht hier gleich eine vollständige Entwurzelung.

In dieser Hinsicht ist ein Vergleich ähnlicher Urwälder in den Tropen und in der gemäßigten Zone lehrreich, der Hylaea des Amazonenbeckens und des westrussischen Urwaldgebietes, von dem der Bielowiescher Wald ein Rest ist. Beide Gebiete sind flach, haben lehmigen, feuchten Boden und tragen die gleiche Waldformation, weitgestellte sehr hohe Säulenstämme. In der Hylaea sterben die Bäume verhältnismäßig früh und meist, weil sie von Parasiten und Epiphyten erdrückt und ausgesogen werden. Sie brechen seltener und werden meist entwurzelt, wobei sie große Scheiben Boden emporheben. In dem Bielowiescher Walde sterben sie, soweit Torfmoose sie nicht zum Absterben bringen, in hohem Alter und werden nicht entwurzelt, sondern brechen ab. Die Menge toter gefallener Bäume ist hier geringer als in der Hylaea, wo sie ihrerseits wieder zurücksteht gegen die an den Gehängen des Küstengebirges zu beobachtende Masse entwurzelter Stämme.

Unmittelbar zu beobachten ist die Wirksamkeit des Bodenflusses in den zahlreichen kleinen Schlipfen von Erdreich am Gipfelsaume der tallosen Berge, die erwähntermaßen zu einer Verunreinigung der Ablaufrinnen führen und die Streifung der Felswände betonen oder als stromförmige Masse an den Felswänden haften bleiben. Größere katastrophenartige Fließvorgänge sind in einem bewaldeten Gebiete bei kürzerem Aufenthalt vom Reisenden selten zu beobachten, und es müssen sich schon kurz vorher solche ereignet haben, wenn aus den Folgeerscheinungen mit Sicherheit auf den Vorgang geschlossen werden soll. Soweit größere Ereignisse dieser Artmit den Werken des Menschen zu dessen Schaden in Konflikt geraten,fließt die Quelle der Überlieferung. Für die Stadt Rio de Janeiro ist ein klassisches Zeugnis von v. Tschudi in seinen Reisen in Südamerika aufbewahrt worden. Er berichtet, daß der Morro do Castello, eine etwa 60 m aus der Strandebene aufragende unbebaute Kuppe, die mitten in der Altstadt liegt, zu verschiedenen Zeiten durch Gehängebewegungen die benachbarten Häuser des dicht bebauten Stadtteiles bedroht habe. Die Störung sei so groß gewesen, daß mehrfach der Antrag gestellt worden sei, den ganzen Berg abzutragen. Die Hänge des Morro bestehen wie die aller anderen Berge aus einem Mantelmächtigen Verwitterungslehmes, — daher der Gedanke den Berg abzutragen — der unter Umständen durch Fließen gehängeabwärts wandern und die am Fuße des Berges stehenden Gebäude ernstlich gefährden kann. Daß es sich um größere Bodenversetzungen handelte, muß man aus dem vorgeschlagenen heroischen Abhülfsmittel schließen. Die Tatsache, das Abhülfe zu verschiedenen Zeiten notwendig war, beweist ferner, daß der Bodenfluß nicht ununterbrochen vor sich ging, sondern mehrfach einsetzte. Außer dem Morro do Castello liegt noch eine Anzahl ähnlicher Kuppen in der Stadt, denen die Bebauung aus dem Wege gegangen ist, offenbar mit Rücksicht auf solche Erfahrungen.

Mittelbare Anzeichen für Hangbewegungen.

Das Stadtbild von Rio de Janeiro zeichnet sich durch zwei Eigentümlichkeiten aus. Einmal durch Hereinragen unbesiedelter, urwaldbedeckter Gebirgsausläufer bis mitten in die vom modernen Verkehr belebten Stadtteile, zweitens durch einen langgestreckten im einzelnen sehr unregelmäßig verlaufenden Grundriß, der sich auf die Strandebenen beschränkt und sonst nur auf die flachen Sohlen der untersten Talabschnitte übergreift, in neuester Zeit sogar früher die fieberberüchtigten, jetzt mit Mühe und Kosten trockengelegten Strandsümpfe (Stadtteil Saude, d. h. Gesundheit) einbezogen hat. Der Grundriß ist nicht etwa durch Zusammenwachsen mehrerer Siedlungen, sondern durch planmäßiges Wachstum nach außen entstanden. Man erkennt zwei Tendenzen im Entwicklungsgang des Stadtbildes, die sozusagen krampfhafte Ausnutzung jeder ebenen Fläche und das Meiden der Gehänge. Diese beiden Entwicklungsrichtungen haben zu einem Stadtbilde geführt, das als außerordentlich abwechslungsreich, individuell und anziehend ist, für den Verkehr aber in hohem Grade unpraktisch bezeichnet werden muß. Es ist eine Kette sehr verschieden großer Einzelstädte von mehr als 12 km Länge und einer sehr wechselnden 3 km nirgends überschreitenden Breite.

Vergleichen wir hiermit den Entwicklungsgang einer Stadt mit ähnlichen topographischen Grundlagen auf der Westseite des südamerikanischen Kontinentes, den der Stadt Valparaiso, wo gleichfalls Berghänge zu einer angefügten Strandebene mäßiger Ausdehnung herniederziehen. Wie in Rio de Janeiro ist hier die Altstadt auf ebenem Boden am Strande gegründet, dagegen schieben sich die Ausläufer neben vollständiger Ausnutzung der Ebene nicht die Täler hinauf, sondern steigen Terrassen bildend und im Ganzen amphitheaterförmig die Hänge aufwärts. Es ist klar, daß in beiden Fällen die Bebauung eine Folge der topographischen Grundlagen ist, und daß in der Verschiedenheit des Entwicklungsganges sich ein wichtiger Unterschied ausspricht. In Valparaiso ist die Ursache des Meidens der Täler leicht einzusehen, die jährlich wiederkehrende plötzlich einsetzende starke Wasserführung der sonst meist trockenen Täler, bedingt durch das subtropische Klima, ein Vorgang dem die Täler bei Rio wegen des gleichmäßig feuchten tropischen Klimas nicht unterliegen. Jene verbieten, diese gestatten die Bebauung. Wenn in Rio entgegen Valparaiso die Hänge nicht oder nur ganz gelegentlich bebaut werden, so hat das bei dem großen Ausdehnungsbedürfnis der Stadt natürlich seinen Grund in der Unmöglichkeit oder Schwierigkeit die Hänge zu bebauen, und diese möchten wir nach den früheren Betrachtungen auf Gehängebewegungen, hauptsächlich auf das Fließen zurückführen, das durch das tropische Klima bedingt und in Valparaiso nicht zu fürchten ist. Es ist sicher kein Zufall, daß die amphitheaterförmigen durch unbebaute Täler gegliederten Städte in subtropischen Ländern so häufig sind, in den feuchten Tropen allermindestens selten vorkommen. Dazu kommt noch ein Weiteres. Die Hänge, die in die Stadt hereinragen, sind dicht bewaldet und vom Holzbedürfnis der Großstadt unberührt. Sollte sich in dieser Schonung der Walddecke nicht die Erkenntnis ihres Schutzes vor katastrophalen Hangbewegungen aussprechen?

Die Grundlagen des Erdfließens im brasilischen Küstengebirge.

Erdfließen tritt ein, wenn auf geneigter Bahn lagernder Boden oder die geböschte Oberflächenschicht eines Hanges so beschaffen ist, daß die Schwere des mit Wasser getränkten Bodens die Kohäsion seiner Partikel und die Adhäsion an die Unterlage überwiegt, sodaß Bodenmassen der Schwere folgend abwärtsgleiten. Dazu ist notwendig, daß der Boden bis zu einem gewissen Grade tonhaltig ist, und daß die aufgenommene Wassermenge eine gewisse Zeit im Boden verbleibt. Die Wasseraufnahme und Abgabe reinen Tones vollzieht sich ganz allmählich, das Fließen setzt infolgedessen ganz allmählich ein und klingt langsam ab. Mit der Zunahme sandiger Beimischungen vergrößert sich mit dem Gesamtporenvolumen die Geschwindigkeit der Aufnahme und Abgabe des Wassers und die Fließvorgänge nehmen eine mehr akute Form an. Das Mischungsverhältnis von Ton und Sand bestimmt die Wahrscheinlichkeit mehr chronischer oder mehr akuter Bodenbewegungen. Nehmen wir ganz schätzungsweise an, der aus Granit hervorgehende Verwitterungsboden habe einen Quarzgehalt von einem Drittel des Gesamtvolumens, so ergibt sich, daß der Verwitterungsboden des brasilischen Berglandes zu den schwerer beweglichen, mehr zu chronischen Bodenbewegungen neigenden gehört, daß zum Eintritt des Fließens eine länger anhaltende Benetzung notwendig ist, daß also akute, katastrophale Vorgänge umsoweniger zu erwarten sind, als die dichte Vegetationsdecke dem Fließen sowohl durch Verminderung der Bodenbenetzung als auch durch mechanische Hemmung Widerstand entgegensetzt. Das gilt jedoch nur mit einer gewissen Einschränkung. Auf den Gipfelflächen verursacht die geringe oder fehlende Bodenneigung ein überwiegendes Eindringen und langsames Ablaufen der Niederschläge, die infolgedessen lange Zeit mit dem

Lehm in Berührung bleiben. Aus diesem Grund wird die Möglichkeit, fließfähig zu werden für die Gipfelböden rascher erreicht werden, als für die geneigten Gehänge, deren Benetzungs- und Durchtränkungsmöglichkeit aus den früher erwähnten Ursachen geringer ist. Andrerseits wird aber, wenn das Fließen einmal möglich ist, es auf den Gehängen sofort beginnen, während es auf den Gipfelflächen wegen der geringen oder gar fehlenden Neigung der Fließbahn lange latent bleiben und dann unter Umständen ganz plötzlich in die Erscheinung treten kann. Das macht ein gesondertes Studium der Fließvorgänge auf den Gipfelflächen und der auf den Gehängen vor sich gehenden notwendig, wozu sich noch als dritte Region die Mantelkopfflächen hinzugesellen, die je nach dem Grade ihrer Neigung und dem Zusammenhang mit der allgemeinen Walddecke bald dieser, bald jener Region ähneln.

Abtragung an den Gipfelflächen.

Die Gipfelflächen der tallosen Berge bestehen aus einer scharfumrandeten, mächtigen fließfähigen Bodenschicht, die hinsichtlich ihrer Durchtränkungsmöglichkeit günstiger gestellt ist als der Boden der Gehänge. Ihre feste Unterlage ist die Oberkante des unverwitterten Felses. Da die Gipfelfläche von Haus aus infolge ihrer Struktur ein leises Gefälle randwärts hat, und die Vegetation, soweit es die Böschung überhaupt zuläßt, die Gipfelfläche gleichmäßig besiedelt, und, da die Lockerung des Bodens durch die Pflanzen überall bis in gleichmäßige Tiefe erfolgt, entsteht auch ein Gefäll der festen Unterlage nach den Rändern hin. Eine Gleitbahn für Fließmassen ist also auf die Ränder beschränkt. Dieser folgt das Bodenwasser und ermöglicht an den Rändern einen längeren Bestand der Bodenfeuchtigkeit als auf den zentralen Teilen der Gipfelfläche. Endlich ist der Saum der Gipfelfläche der einzige Ort, wo fließfähiger Boden keinen Widerstand findet. Aus diesen Gründen ist innerhalb der Gipfelfläche wiederum die Randpartie eine Gegend besonders günstiger Fließmöglichkeit. Diesen für den Eintritt des Fließens günstigen Umständen steht die geringe Neigung der Gleitbahn als einigermaßen beschränkendes Moment gegenüber. Demzufolge bleibt die Fließerde lange bewegungslos und es bedarf besonders günstiger Umstände, um einen Fließakt hervorzurufen. Ein solcher kann erfolgen, wenn bei stärkster Bodendurchtränkung der Druck des aufquellenden Lehmes eine gewisse Grenze überschreitet, kann gelegentlich durch Unterspülungen von seiten des beständig am Saume austretenden Ablaufwassers hervorgerufen und durch lokale Unregelmäßigkeiten des Gipfelsaumes befördert oder gehindert werden. Daraus ist die beobachtete lokal unregelmäßige Verteilung der austretenden Bodenmassen zu folgern. Da die begünstigte Randpartie verhältnismäßig schmal ist, kommt nach einem solchen Austritt von Fließerde zentraler gelegenes also minder durchtränktes Bodenmaterial an den Gipfelsaum zu liegen, das erst einige Zeit zur Erlangung des höheren Durchtränkungsgrades benötigt. Daraus folgt, daß jedem Ausbruch eine Pause folgen, jeder einzelne Fließakt also kurz und infolgedessen die jeweilige Bodenumlagerung gering sein muß. Wenn das anstelle des geflossenen Bodens vorgerückte Material die gehörige Feuchtigkeit erlangt hat, so muß sich der Prozeß von neuem wiederholen, solange die Bedingungen der Durchfeuchtung die gleichen sind. Und da, wie die fast ununterbrochene Dauer der ablaufenden Wasserfäden beweist, die Durchfeuchtungsmöglichkeit der Randpartien fast immer günstig ist, so muß angenommen werden, daß sich solche Fließakte dauernd ereignen, der Rand der Gipfelfläche also durch eine Kette einzelner schlipfartiger Ausbrüche Boden abgibt. Die Schwankungen in der Stärke und Häufigkeit dieser Vorgänge wechselt mit der Bodendurchfeuchtung, Regengüsse steigern, trockene Zeiten mindern die Intensität. Das Auftreten vieler lokal ungleichmäßig verteilter, verschieden frischer Schlipfe aus dem Rande der Gipfelfläche ist, wie bereits erwähnt, überall zu sehen. Eine planmäßige längere Beobachtung würde wertvolle Aufschlüsse über Masse, Häufigkeit, Beziehungen zur Benetzung und den Umlagerungsbetrag des Vorganges liefern.

Die Gipfelfläche stößt mehr oder weniger scharf linienförmig an den vegetationslosen Steilhang. Infolgedessen nimmt die Reibung der Fließerde an die Bahn plötzlich stark ab. Es ist die Frage, wieweit die Steilheit der Wände überhaupt einen echten Fließvorgang zulassen und ob die weitere Abwärtsbewegung nicht ein einfaches Gleiten, Rutschen oder Fallen darstellt. Welcher Art diese Bewegung auch sein mag, sie kommt, wie die Beobachtung lehrt, meist nach Zurücklegung einer kurzen Wegstrecke wieder zur Ruhe, weil die Bodenmassen sich über eine größere Fläche des Felsens ausbreiten und infolgedessen die Reibung zunimmt. Nur infolge lokaler Begünstigung besonders starke Ausbrüche vermögen ihr Ziel, den Fuß der Wand zu erreichen. Der Weitertransport der auf halbem Wege liegenbleibenden Bodenmassen erfolgt entweder durch Fließen oder Gleiten nach erneuter Durchfeuchtung beim nächsten Regen und ganz besonders durch die in den Rinnsalen herablaufenden Wasserfäden, wodurch die Rinnen mit einer dünnen Schlammhaut überzogen werden und die erwähnte Streifung der Felswände deutlich gemacht wird. Das Charakteristische der Fließvorgänge am Rande der Giptelflächen liegt in ihrem scharf betonten diskontinuierlichen Ablauf sowohl hinsichtlich der Zeit — durch abgeschlossene Einzelvorgänge — als auch meist des Ortes — indem das umgelagerte Material im Verlaufe oder am Fuße der Wand scharf gegen die Unterlage abgrenzbar ist. Die Fließvorgänge liegen offen zutage und sind ohne weiteres zu beobachten.

Abtragung an den Gehängen.

Rückschlüsse aus der Gehängeform auf den Abtragungsvorgang. Die heute vorliegenden Geländeformen des zertalten Gebietes sind keine ursprünglichen durch den Aufbau bedingten Formen, die etwa nur durch die Erosion geschnitten sind. Denn sie geben nur ein sehr verschleiertes Bild vom ursprünglichen Aufbau, von dem Zeugen in Gestalt der steilen Kuppen und Wände erhalten sind. Im übrigen weisen die durchweg sanften, gerundeten Formen und die Schuttmengen am Gehänge der Täler und im Talgrunde darauf hin, daß neben der Erosion auch ein flächenförmig angreifender Abtragungsprozeß am Werke ist. Wie eingangs bemerkt wurde, kommt nur das Kriechen oder das Fließen für die Formveränderung in Frage. Durch Vorgänge erstgenannter Art hervorgerufen sind, die gelegentlich zu beobachtenden Bänder grobgeschichteten Gesteinsschuttes innerhalb der sonst homogenen Ablagerungen an den Hängen. Derartige Befunde, die in unsern Mittelgebirgen vorherrschen, kommen aber hier nur ganz gelegentlich vor, nämlich dort, wo kahler Fels die Walddecke überragt (z. B. im Tijucagebiet), im übrigen ist der Gehängeschutt durchweg homogener Lehm. Das beweist, daß der vorwiegend chemischen Verwitterung gemäß die Abtragung homogenen Lehm abwärts bewegt. Die typische Bewegungsform des Lehmes von der Beschaffenheit des hier anzutreffenden aber ist das Erdfließen. Wir untersuchen nun die Eigenschaften des Gehänges und versuchen festzustellen, welche Formen ohne weiteres auf Erdfließen zurückgeführt werden können. Andere auffällige Tatsachen stellen wir fest und verwerten sie später bei den Betrachtungen über den Zusammenhang von Form und Vorgang.

Fließformen. Die dichte Walddecke erschwert die Untersuchung der feineren Gehängeskulptur ungemein und verwischt ihre Einzelheiten. Waldfreie Stellen lehmigen Bodens sind selten. Eine der wenigen Stellen findet sich am Nordhang des Morro da Babylonia, dessen mittlerer Teil von einem dreieckigen schwach bewaldeten Geländestück lehmigen Bodens geringeren Böschungsgrades eingenommen wird, das sich deutlich gegen die Umgebung absetzt (Abb. 9). Es beginnt oben schmal und endet unten mit breiter Basis. Die Oberfläche ist nach den Rändern zu sanft geböscht, im Einzelnen leicht unregelmäßig gestaltet und von schwachen Erosionsrinnen gefurcht. Nach unten zu schwillt die Masse leicht an und lagert mit konvex gebogenem Stirnrande und deutlich wulstförmig erhobenen Seitenrändern auf der Unterlage auf. Ein benachbarter Steinbruch lehrt, daß der Lehm mit bedeutender Mächtigkeit dem Felsen aufgelagert ist. Oberhalb der Spitze dieses Gehängeabschnittes weist eine bedeutende Lücke im Gesteinsmantel des tallosen Berges auf das Ursprungsgebiet der Bodenmasse hin. Man sieht auf den ersten Blick, wie sie sich aus einem Wurzelgebiet abwärts bewegt hat. Das Ganze erinnert an kurze, breite Lavaströme oder an deckenförmig ergossenen Schlamm, mit einem Wort an geflossenen Boden. Da auf dem Gipfel beziehungsweise auf den Schalenköpfen jeweilig nur eine verhältnismäßig geringe Decke von Verwitterungsboden lagert, so folgt, daß eine so mächtige Ablagerung nicht auf einmal, etwa durch einen Bergschlipfvorgang hervorgerufen sein kann, daß vielmehr ihr Entstehen eine mindestens so lange Zeit beansprucht hat, als zur Bildung so mächtiger Verwitterungsmassen notwendig war, daß sie also der Erfolg eines sehr chronischen Vorganges ist. Gegen ein allmähliches Anwachsen durch trocken abgelagerten Schutt spricht die Form und die lehmige Natur des Bodens, die geringe Wirksamkeit trockener Verwitterung im ganzen Gebiete und der Mangel einer für diesen Vorgang charakteristischen schnurgeraden Profillinie. Gegen Kriechvorgänge spricht das homogene Material und die Wulstung der Ränder. Dagegen stimmt die Lehmanlagerung in allen Punkten mit den Merkmalen der Decken geflossenen Bodens überein, sodaß wir ihre Entstehung durch eine Summe von Fließvorgängen als gesichert betrachten können.

Abb. 9.

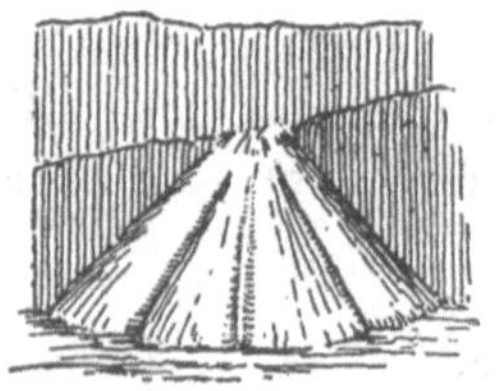

F o r m d e r G e h ä n g e. Wie bereits besprochen, entspricht im großen Ganzen die Form der bewaldeten, landeinwärtsgelegenen Berge bei Rio der unserer krystallinischen Mittelgebirge, abgesehen natürlich vom Auftreten kahler Wände und Kuppen und von der geringeren Erosionsskulptur. Das gilt im besonderen auch für die Böschungswinkel der Gehänge, die durchschnittlich ähnliche Grade aufweisen wie bei uns. Es ist indessen auffällig, daß bei vielen Bergen die Bodenneigung in verschiedener Höhe mehr oder weniger plötzlich zunimmt, gelegentlich mit Einschaltung einer kurzen terrassenartigen Strecke, die geringer geböscht ist als die beiden anderen Hangabschnitte, eine Erscheinung, die schon **Middendorf** aus den tropischen Ostabhängen der bolivianisch-peruanischen Kordillere beschrieben hat. Auch in unsern Mittelgebirgen (z. B. im südlichen Schwarzwald) ist diese Erscheinung zu beobachten und den Forstleuten wohlbekannt, indessen tritt sie nicht mit einer solchen Deutlichkeit auf und ist, wenn man das Gehänge nicht genau beobachtet, leicht zu übersehen. Es sei an dieser Stelle auch an Sappers Beobachtungen über die Zuschärfung der Bergrücken aus anderen Gebieten der regenfeuchten Tropen erinnert, von der er ausdrücklich betont, daß sie sich nur auf den losen Verwitterungsmantel beschränkt, nicht aber das feste Gestein betrifft. Wir müssen nach der Verbreitung dieser Erscheinung annehmen, daß es sich um einen elementaren Prozeß der Gehängeabtragung handelt, der in den tropischen Gebirgen aus weiterhin zu besprechenden Ursachen einen höheren Grad annimmt.

Einfluß der Walddecke auf die Abtragung. Die geschlossene dichte Walddecke, die die Gehänge überzieht, könnte zunächst den Glauben erwecken, daß die Abwärtsbewegung der mächtigen, unter der Wurzelzone anstehenden Schuttmasse mindestens soviel Zeit zurückliegt, als zur Entwicklung des Waldes notwendig war. Mindestens aber scheint sie zu beweisen, daß nach vollendeter Ausbildung des Waldes kein erhebliches Wachstum durch Auflagerung stattgefunden hat, daß also, da das Entstehen einer Walddecke lange Zeit beansprucht, auch seit langer Zeit kein Abwärtsbewegen von Verwitterungsschutt mehr vor sich gegangen und ein Stadium der Ruhe eingetreten ist. Dagegen spricht aber schon die große latente Bewegungsfähigkeit des Verwitterungsbodens, die hier und in anderen tropischen Gebirgen beobachtet wurde. Und wenn wir an den Gipfelflächen der tallosen Berge eine in Summa beträchtliche Bodenumlagerung durch Fließvorgänge feststellten, so müssen wir sie für die Gipfelflächen der bewaldeten Berge gleichfalls annehmen, da Verwitterung und Benetzung hier den gleichen Grad erreichen. Wenn also hier eine Auflagerung durch zahlreiche kleine Schlipfe nicht nachweisbar ist, so kann die Ursache nur darin liegen, daß mangels einer dem Gipfelsaume entsprechenden frei endigenden Linie fehlenden Widerstandes die Fließmassen hier durch die Walddecke zurückgehalten werden, daß also die Abwärtsbewegung unter der Pflanzendecke ablaufen kann und höchstens auf irgendwie bedingten Spalten der Walddecke in Form von Schlammströmen ausbricht. Vorgänge beider Arten sind verschiedentlich in anderen tropischen Gegenden beobachtet worden (subsilviner Bodenfluß Sappers, innere Verlagerung Voltz's).

Die Möglichkeit dauernder, in ihrer Gesamtheit große Umlagerungen vollziehender Fließvorgänge unter einer Walddecke hat nach Studien an den bei uns nach der Schneeschmelze zu beobachtenden kleinen lehmigen Fließdecken nichts Befremdliches, denn diese Untersuchungen hatten den Schluß gerechtfertigt, daß der Fließvorgang sich im wesentlichen dort immer unter der äußeren durch Austrocknung ihrer Fließfähigkeit beraubten Haut vollzieht, also in ähnlicher Weise wie der der Lavaströme innerhalb ihres Schlauches durch Erkalten festgewordenen Magmas. (Vergl. B. Brandt, Über Erdfließen im norddeutschen Flachland, Zeitschrift der Gesellschaft für Erdkunde. Berlin 1914.) Es ist entsprechend vorstellbar, daß hier die mächtige durchtränkte Lehmschicht unter der verhältnismäßig dünnen Bodenzone schlecht verankerten flachen Wurzelwerkes abwärts fließen kann, sobald der Druck vermag, die Wurzelschicht etwas zu heben. Da hierzu eine große Kraft erforderlich ist, so ist anzunehmen, daß jede momentane Fließmasse an sich wirkungslos ist, und erst die Summe mehrerer oder vieler von oben nachdrängender Bodenflüsse hierzu imstande ist. Aus diesem Grunde dürfen auch plötzliche Ergüsse nicht erwartet werden wie bei den entwaldeten tallosen Gipfeln inmitten der Stadt (Morro do Castello), die Abtragung und die Gehängeveränderung ist vielmehr als chronischer Vorgang aufzufassen ähnlich den Gehängebewegungen durch Kriechen.

Tiefenwirkung des Erdfließens. Wie mehrfach erwähnt, sind gelegentlich durch Kriechvorgänge abgelagerte grobgeschichtete Steinschuttlagen im homogenen Lehm zu beobachten. Diese Tatsache lehrt, daß an solchen Stellen die Fließwirkung der hangenden Bodenmassen nicht bis in die Tiefe des groben Schuttes heruntergereicht hat, sonst würden die Gesteinsbrocken durch die aus Unterschieden in der Reibung hervorgehenden komplizierten Bewegungen der Fließerde auseinander gedrückt und mit dem Lehme vermischt seien (vergleiche meinen oben angeführten Aufsatz und die schönen Tafeln in Passarge, Morphologie des Meßtischblattes Stadtremda. Mitt. d. Geogr. Ges. in Hamburg, Bd. XXVIII). Daraus folgt, daß — wie nach den Betrachtungen über die Bodenfeuchtigkeit vorauszusetzen war — nur die jeweils oberen Schichten des Verwitterungsbodens fließen und mit dessen Mächtigkeitszunahme dem Prozesse mehr und mehr entrückt werden (wie ich auch für die kleineren Fließmassen bei uns a. a. O. nachgewiesen habe). Ferner folgt, daß ein appositives, schichtweises Wachsen auch unter der Vegetationsdecke stattfinden kann. (1. Geflossener Boden, 2. gekrochener Boden, 3. geflossener Boden).

Der Vorgang des Erdfließens unter der Walddecke. Hat man sich mit dem Gedanken an die Möglichkeit subsilvinen Bodenflusses vertraut gemacht, so tauchen neue Fragen auf. Wie vollzieht sich dieser Vorgang? Welche unmittelbaren Wirkungen hat er auf die Formen und welche Geländebeobachtungen können als Folgen des Fließens aufgefaßt werden? Welche quantitativen Werte erreichen diese Umlagerungen? Versuchen wir, wieweit wir den Lösungen dieser Fragen näher kommen können.

Die Umlagerung der Fließmassen findet in einem schmalen Hohlraume statt, der außen durch die Vegetationsdecke, innen durch das feste Gestein beziehungsweise durch nicht mehr fließende tiefer liegende Bodenmassen begrenzt wird. In diesem spaltförmigen Hohlraume wandern die Fließmassen gehängeabwärts, im obersten Abschnitt findet eine Wegnahme, im untersten eine Ansammlung von Fließerde statt. In einer mittleren Zone scheinbarer Ruhe wird die abfließende durch nachrückende Fließerde ersetzt. Die Abflußmöglichkeit höher gelegener Fließmassen setzt eine vorherige Entfernung weiter gehängeabwärts lagernden Bodens voraus; die Umlagerung muß also unten am Gehänge begonnen haben, was auch von vornherein wahrscheinlich ist, weil in den untersten Hangabschnitten infolge der flächenhaft abwärtsstrebenden Bodenfeuchtigkeit die Durchtränkung schneller ermöglicht wird als oben. Abb. 10a stellt den

Abb. 10.

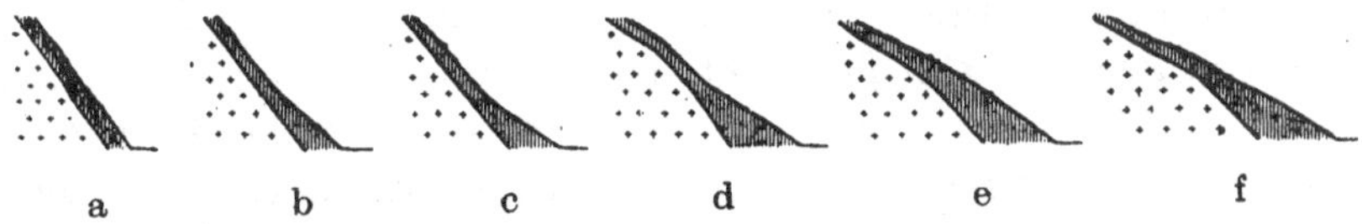

hypothetischen Ausgangspunkt, b das Anfangsstadium der Hangveränderung dar. Durch die Ansammlung von Fließerde am Fuße des Hanges wird dort der Böschungswinkel verringert, mit seiner Abnahme nimmt aber bekanntlich die Benetzung und Durchtränkung des Bodens zu, der hier abgelagerte Boden fließt also in der Folgezeit eher als der oberhalb gelegene und verringert weiter den Böschungswinkel. Nach einiger Zeit scheidet sich infolgedessen der Hang in einen oberen Abschnitt ursprünglicheren Böschungswinkels und ursprünglicher Fließmöglichkeit und in einen unteren verringerten Böschungswinkel und gesteigerter Fließmöglichkeit (c.) Je mehr Boden unten abgelagert wird, umso höher rückt die Grenze zwischen beiden am Hange empor. Es bildet sich eine (relative) Zuschärfung analog Sappers Beobachtungen aus.

Parallel diesen Veränderungen der äußeren sichtbaren Oberfläche des Schuttmantels verändert sich auch seine verdeckte feste Unterlage. Im mittleren Abschnitt, wo Zu- und Abfluß sich das Gleichgewicht halten, schreitet die Verwitterung in demselben Tempo wie zu Beginn, also nur langsam fort. Gehängeaufwärts dagegen verringert sich infolge der Bodenentfernung ohne Nachschub (oder bei nur geringem) der Zwischenraum zwischen Walddecke und unzersetztem Gestein, das dadurch mehr und mehr unter die Einwirkung der Pflanzenwurzeln gerät und fortschreitend tiefer zersetzt wird. Unten hingegen wird der Fels durch die sich anhäufenden Schuttmassen der Verwitterung mehr und mehr entrückt und ist schließlich vollkommen geschützt. (d und folgende Stadien). Indem nun oben die ursprünglich steile Neigung sich verringert, steigt die Durchfeuchtung und tritt das Fließen eher ein, andrerseits vergrößert sich unten durch Abnahme der Bodenneigung auch die äußere Reibung der Fließerde und verlangsamt sich die Veränderung (e). Infolge des Ansammelns immer mächtigerer Schuttmassen, die viel Niederschläge aufnehmen können, nimmt auch die Fließmöglichkeit ab. Der Prozeß strebt unten der Ruhe zu und wird oben lebhafter. Die weitere Entwicklung geht oben in derselben Weise vor sich wie zuerst unten. Schließlich wird ein Zustand erreicht, wo die Böschung oben und unten wieder gleich und viel geringer als ursprünglich ist (f), ein verhältnismäßiges endgültiges Stadium.

Anzeichen einer derartigen Formenreihe. Aus vorstehendem auf allgemeine Beobachtungen über das Fließen gegründeten Formenablauf wird in erster Linie ein wichtiges Merkmal der bewaldeten Berge verständlich, das häufig zu beobachtende gebrochene Hangprofil (d, e). Daß es nicht durchweg vorhanden und nicht immer gleich auffallend ist, läßt auf das Vorhandensein verschieden fortgeschrittener Entstehungsstadien schließen. Die ungebrochenen Hänge sind ganz frühe — wo dieses Merkmal noch nicht — oder ganz späte — wo es nicht mehr in die Erscheinung tritt. Die verschiedene Mächtigkeit der losen Massen und ihre Zunahme gehängeabwärts ist gleichfalls nachweisbar. Der verhältnismäßig geringen Tiefe des losen Bodens in Aufschlüssen an bebauten Gipfelflächen steht die sehr mächtige in Steinbrüchen am Fuße der Berge erschlossene gegenüber.

In die vorstehend angenommene Formenreihe lassen sich alle Gehängeformen unterbringen, und es scheint, daß damit der heutige Formenschatz der bewaldeten Gehänge erschöpft ist. Aus diesem Grunde muß von der für die Formengebung und den morphologischen Wert des Vorganges so überaus interessanten Frage abgesehen werden, ob in dieser Gegend eine Abtragung unter der Walddecke bis zu den vorgerücktesten Stadien und bis zur Peneplain möglich ist, wie Sapper sie für andere tropische Gegenden angenommen hat. Wir begnügen uns mit der Feststellung, daß durch das Erdfließen an den Hängen sehr beträchtliche Umlagerungen hervorgerufen werden.

Die Davissche Anschauungsweise müßte die Bergformen im zertalten Gebiete als reif, z. T. als spätreif bezeichnen, seine Täler indessen erwähntermaßen als jugendlich. Wer in jeder Landschaft einen kurz zu diagnostizierenden Typ sieht, gerät hier in Verlegenheit. Wiederum muß bemerkt werden, daß der Zyklus in seiner heutigen Gestalt für die regenfeuchten Tropen nicht brauchbar ist. In Gegenden, wo ein gestaltendes Moment fast allein herrscht, wie die Erosion in Ländern mit langen Trockenzeiten, oder vorherrscht, wie die Erosion in feuchten Ländern der gemäßigten Zone, ist die Kennzeichnung einer ganzen Landschaft mit einer kurzen Diagnose bis zu einem gewissen Grade möglich. In Gegenden, wo wie hier zwei zerstörende Kräfte verschiedener Intensität einander entgegenarbeiten, ist sie nicht anwendbar. Wir entnehmen hieraus im allgemeinen die Lehre, in solchen Fällen die Landschaft nicht als Stadium eines Vorganges, sondern als Ergebnis einer Summe von Vorgängen aufzufassen, deren Wirkungen zunächst gesondert betrachtet werden müssen.

7. Die Entstehung der Formen.

Die tallosen Berge bestehen heute aus einem Kerne und einem beziehunsweise mehreren schalenartig angeordneten mehr oder weniger lückenhaft erhaltenen Gesteinsmänteln und einer bis zu wechselnder Höhe des Hanges hinaufziehenden Schutthalde (Abb. 5). Der Ausgangspunkt dieser heute vorliegenden Form ist ein von einem vollständigen Mantel umhüllter Kern ohne Schutthalde. Wir können heute, wie bei der Beschreibung der tallosen Berge gezeigt worden war, die Ausgangsform durch Ergänzung des Manteldefekts wiederherstellen (Abb. 5). Der Zerstörungsprozeß, der die ursprüngliche Form in die heutige übergeführt hat, hat hauptsächlich die Gesteinsmäntel oder Schalen, in weit geringerem Maße aber den Kern ergriffen. Er kann deshalb als Abschälungsvorgang bezeichnet werden. Die Kräfte, welche heute an den Bergen ihre zerstörende Wirkung ausüben, sind die Erosion und die Abtragung. Über die Erosion, deren Ziel eine tiefgehende Zerschneidung, nicht aber eine Abschälung des Berges ist, war bereits gesprochen worden. Ihre Wirksamkeit hat überall nur Anfangsstadien aufzuweisen und hat den Bergen nicht ihr Gepräge gegeben. Hinsichtlich der Abtragung waren wir zu dem Ergebnis gekommen, daß sie wesentlich in der Form des Erdfließens abläuft. Die Angriffsflächen der Verwitterung und Abtragung sind die Gipfelflächen und die Mantelköpfe.

Der Abschälungsvorgang.

Da der Mantel ursprünglich den ganzen Berg umhüllte, muß die Abtragung allein von der Gipfelfläche ausgegangen sein. Die geringere Erhaltung des Mantels beweist, daß von einem gewissen Zeitpunkt an die Abtragung des Mantels intensiver vor sich gegangen ist als die der Gipfelfläche, und daß von diesem Zeitpunkte an die Differenzierung in zwei Verwitterungsbezirke datiert. Die Entwicklung von der Ausgangsform (Abb. 11a) zu der heute vorliegenden e muß demnach Stadien wie sie die Abbildungen b und c darstellen, durchlaufen haben. Weiter lehrt die ungleichmäßige Erhaltung des Mantels, seine Lückenhaftigkeit und der wechselnde Abstand des Schalenkopfes und der Gipfelfläche (e), daß der Abschälungsprozeß nicht allein in einer allmählichen Erniedrigung des Mantels besteht, sondern an verschiedenen Punkten des

Abb. 11.

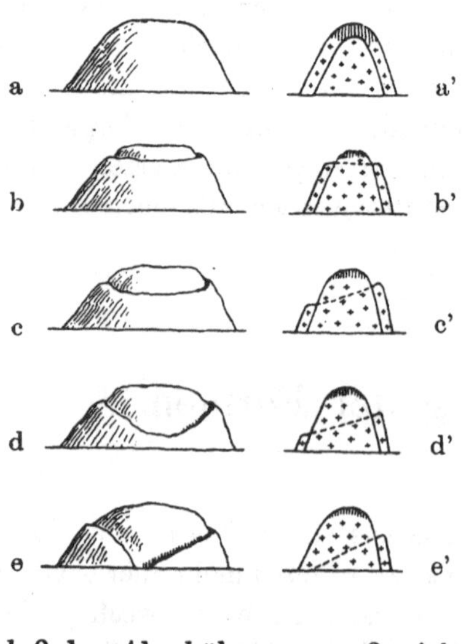

Mantels verschieden intensiv abläuft, daß also zwischen die Stadien c und e eine Zwischenform d einzuschalten ist.

Darnach gliedert sich unser Versuch, die Form der tallosen Berge mittels der Ergebnisse über die Abtragung zu entwickeln in zwei Aufgaben. Es sind zu untersuchen erstens die Ursache des allgemeinen Verlaufes der Abschälung und zweitens die Ursache der Unregelmäßigkeit ihres Ablaufes. Um die Aufgabe einfacher zu gestalten, wird zunächst vom Verbleibe der abgetragenen Bodenmassen, die den Fuß der Berge vielfach verhüllen, abgesehen und dieser späterer Besprechung vorbehalten. Man denke sich also allen abgetragenen Schutt entfernt und betrachte auf den Abbildungen die Grundlinie am Fuße des Berges schlechthin als Denudationsbasis.

Allgemeiner Ablauf der Mantelabschälung. Die das schlipfförmige Erdfließen begünstigenden Säume der Gipfelflächen fallen nach früheren Erörterungen in das Gebiet des Gesteinsmantels (Querschnitt Abb. 11 a'). Deshalb erfährt der Mantel von Anfang an durch Schlipfe eine raschere Erniedrigung als die mehr oder weniger ebene Gipfelfläche über dem Kerne, was schließlich einmal zu einem Stadium führt, wo zwischen Mantelkopf und Gipfelfläche ein sichtbarer Höhenunterschied entsteht, der zu einer Stufung des Gehänges und zur Entblößung der Kernoberfläche führt. (b'). Damit ist die Scheidung in zwei Verwitterungsbezirke vollzogen. Die Gipfelfläche verliert dadurch an Areal und empfängt eine entsprechend dem Arealverlust verringerte Benetzungsmenge bei Niederschlägen. Das würde, da ja die Flächeneinheit immer noch dieselbe Niederschlagsmenge erhält wie vorher, für das Eintreten des Erdfließens ohne Belang sein, wenn nicht mit der Arealabnahme eine relative Verringerung des Umfanges, d. h. eine Verlängerung der entwässernden Saumlinie Hand in Hand ginge. Damit vergrößert sich die Abflußmöglichkeit des Bodenwassers, die Entfeuchtung der Erde geht rascher vor sich, die Dauer der Fließfähigkeit nimmt ab, die Abtragung der Gipfelfläche verlangsamt sich.

Umgekehrt wird der ringförmige Schalenkopf in dem Maße, als er durch schlipfförmige Fließvorgänge abwärts rückt, immer weiter, sein Flächeninhalt wird bei gleichbleibender Breite immer größer und wie bei der verkleinerten Gipfelfläche der Umfang relativ größer wurde, so nimmt er hier bei zunehmender Mantelfläche relativ ab. Infolgedessen verteilt sich die proportional mit der Flächenzunahme wachsende Benetzungsmenge nach Durchtränkung des Bodens auf eine relativ kürzere Entwässerungslinie und es wird mehr Wasser im Boden des

Schalenkopfes zurückgehalten. Dazu kommt eine Zunahme der Benetzung durch die von der Gipfelfläche in Rinnen über die freigelegte Kernoberfläche herablaufenden Wasserfäden. Die Grundlagen der Abtragung durch Erdfließen werden immer günstiger, die Abtragung des Schalenkopfes selbst verläuft immer energischer und rascher.

Die Scheidung in zwei Verwitterungsgebiete zieht eine Verlangsamung der Gipfelabtragung und eine Beschleunigung der Mantelabtragung nach sich und dieser Gegensatz verschärft sich mit der Erniedrigung des Mantels in steigendem Maße (c' d').

Da nun der Mantel (infolge der gleich zu besprechenden Unregelmäßigkeit seiner Abtragung) lückenhaft wird oder gar in einzelne Teilstücke sich auflöst[1]), mindert sich die Abtragungsfläche des Mantelkopfes wieder und es verändert sich das Verhältnis zwischen Areal und Umfang in derselben Weise wie bei der Abnahme der Gipfelfläche, der Umfang wächst relativ, die Abtragung des Mantels verlangsamt sich in diesen späteren Stadien wieder, die Mantelform bleibt jeweils länger erhalten (e').

Die Abtragung der tallosen Berge vollzieht sich also infolge der Differenzierung in zwei Abtragungsangriffsflächen durch einen Abschälungsvorgang des Mantels, der langsam einsetzt, später an Intensität zunimmt und von einem gewissen Zeitpunkte an erlahmt. Die wechselnde Geschwindigkeit des Vorganges erklärt ohne weiteres, warum gerade die Anfangsstadien und die fortgeschrittensten im Landschaftsbilde die mittleren überwiegen. Natürlich kann, während ein Mantel so erniedrigt wird, die Abschälung eines zweiten und dritten einsetzen (Abb. 12e), sodaß der Berg jeweils eine Gipfelfläche und mehrere Mantelköpfe besitzt.

Unregelmäßigkeiten im Ablauf der Mantelabschälung. Der Umstand, daß der Zusammenhang der Mäntel jetzt oft durch Lücken an einer oder mehreren Stellen unterbrochen ist, setzt voraus, daß die am Gipfel ringförmig beginnende Abtragung nicht an allen Punkten gleichmäßig fortschreitet. Wo Lücken zwischen den Mantelresten vorliegen, ist die Abtragung rascher vor sich gegangen. Es muß also innerhalb der ringförmigen Mantelkopffläche im Verlaufe der Abtragung nochmals eine Scheidung in mehr und in minderbegünstigte Angriffsstellen erfolgt sein. Nun ist von vornherein nicht an-

---

[1]) Das Erdfließen kann von diesem Zeitpunkte an außer durch Schlipfe auch kontinuierlich dem Gefälle des lückenhaften Mantelkopfes folgend die Basis erreichen.

zunehmen, daß die Verwitterung des Mantels an allen Punkten gleichmäßig erfolgt. Vielmehr ist das Natürliche, daß Verschiedenheiten der Gesteinszusammensetzung, vielleicht auch Unregelmäßigkeiten der tektonischen Struktur (Kluftlinien, Verrüttungszonen, die öfter beobachtet werden), Unterschiede der Sonnenbestrahlung und der Lage zu den regenbringenden Winden und hieraus folgend der Vegetation die Grundlagen der Verwitterung und Abtragung örtlich in verschiedener Weise beeinflussen. Eine solche beginnende Verschiedenheit der Mantelabtragung ist am Morro da Babylonia zu sehen, wo die Abtragung des zweiten, innern Mantels nur an zwei Stellen sichtbare Wirkungen in Gestalt von Nischen hervorgebracht hat (Taf. 1). Durch solche erste Abtragungsvorgänge erfährt erstens die ringförmige Abtragungsfläche des Mantels (die größtenteils noch in Höhe der Gipfelfläche liegt und daher nicht in die Erscheinung tritt) eine Einbuchtung nach unten, der Mantelkopf nimmt also an Fläche zu (Abb. 12b). Nach den bekannten Beziehungen zwischen Areal und Umfang und ihren Folgen für die Bodenfeuchtigkeit steigert sich die Intensität der Abtragung in noch höherem Maße, als es bei gleichmäßiger Abschälung der Fall ist. Zweitens ist durch diesen Vorgang ein Gefäll von den höher gelegenen Teilen des Ringes nach der Einsenkung entstanden, sodaß ein Teil der Bodenfeuchtigkeit dem Gefälle folgt und den Verwitterungsboden in der Lücke durchtränkt. Diese Stelle wird daher von der Abtragung am meisten begünstigt, solange nicht irgend ein anderer Punkt des Mantelkopfes den Vorsprung einholt. Ist das nicht der Fall, so bleibt die Begünstigung hier, bis die Denudationsbasis erreicht ist. Da an Stelle des in der Lücke in Form von Schlipfen ausgetretenen Bodenmaterials neue Fließmassen von beiden Seiten herantreten, werden die benachbarten Strecken entblößt; der bisher unzersetzte Fels wird von der Verwitterung angegriffen und die Lücke wird erweitert. Dadurch wächst wieder das Areal des Mantelkopfes, die Bodenfeuchtigkeit nimmt allgemein und lokal zu, der Abtragungsvorgang wird beschleunigt. Erst wenn die Lücke die Denudationsbasis erreicht hat und vollständig ist, findet eine Verringerung der Mantelkopffläche und damit eine Verlangsamung des Prozesses statt. Die Lückenbildung, ein Teilprozeß innerhalb des Abschälungsvorganges verläuft also in demselben Tempo wie der Vorgang im Allgemeinen, was wiederum verständlich macht, warum die längere Zeit beanspruchenden ersten und letzten Stadien am häufigsten, die mittleren rascher verlaufenden seltener zu beobachten sind. Es ist klar, daß eine Mehrzahl besonders begünstigter Stellen innerhalb eines ausgedehnten

Mantelringes zu komplizierteren, im Prinzipe aber immer gleichen Abschälungsabläufen führen können.

Der Entwicklungsgang, der im Vorgehenden aus der Beobachtung der Formen und der zerstörenden Vorgänge abgeleitet worden war, bezieht sich zunächst nur auf die verbreitetere Form der tallosen Berge, die nicht allzusteilen Kegel mit einigermaßen ausgedehnter Gipfelfläche. Die extreme Form, der Zuckerhut, hat dagegen eine nur sehr kleine Gipfelfläche. Infolgedessen können Pflanzendecke, Verwitterung, Niederschläge, Bodendurchtränkung und Entwässerung nur ganz geringe Beträge erreichen. Daher wird die Scheidung in die beiden Angriffsflächen der Abtragung längere Zeit beanspruchen. Ist aber dieser Punkt der Entwicklung einmal erreicht, so wird die verkleinerte Gipfelfläche umsomehr in der Abtragung zurückbleiben, der Gegensatz zwischen Kern- und Mantelabtragung noch krasser sein als bei den normalen tallosen Bergen. Der Verwitterungsring des Mantels besitzt wegen des geringeren Bergdurchmessers im Vergleiche mit den typischen Kegeln nur ein kleines Areal, eine von der Abtragung bevorzugte Stelle jedoch von Anfang an denselben Umfang wie bei jenen. Sie nimmt also einen größeren Teil der Gesamtfläche ein. Das verschärft den Gegensatz zwischen dem Mantelabschnitt gesteigerter und dem zurückbleibender Abtragung in derselben Weise wie bei der Abtragung im allgemeinen Kern und Mantel sich gegenüberstanden. Der Gesamtvorgang hat also ein Zurückbleiben vom Kern und der einen Mantelhälfte und eine starke Erniedrigung der anderen zum Ziele und führt zu nur halbseitiger Abschälung. Freilich ist beim Zuckerhute die allein auf eine Hälfte beschränkte Abschälung so kraß und der Mantelkopf so steil und scharf abgeschnitten, daß der angenommene Entwicklungsgang allein nicht zur Erklärung der heute vorliegenden Form ausreicht. Denn in dem Maße, als die Ränder der Mantellücke steiler werden, verringert sich die Bodenfeuchtigkeit zugunsten des oberflächlichen Ablaufes und damit die Abtragung durch Erdfließen. Diese würde schon bei einigermaßen steiler Neigung des Mantelkopfes zum Stillstande kommen. Es wäre aber denkbar, daß die Versteilung zu einer Entblößung des Gesteins führen und dieses, wenn sich Vegetation nicht mehr darauf anzusiedeln vermag, allein durch die Sonnenbestrahlung weiterbearbeitet werden könnte. Denn das hindernde Moment der Berieselung, welches die Insolationswirkung an den steilen Felswänden ausschaltete, fehlt hier und es wäre wohl denkbar, daß allmählich durch trockene Verwitterung die senkrechte, Mantelkopffläche entstanden sein könnte, vielleicht unter Mitwirkung einer Gesteinsklüftung oder Verrüttung.

Ablagerung des abgetragenen Verwitterungsbodens.

Die ersten Bodenumlagerungen sind verursacht durch das Ausbrechen fließfähigen Bodens am Saume der Gipfelfläche. Die Fließerde gleitet dann über den steilen Hang und gelangt schließlich an dessen Fuß, wo sie eine kleine Schutthalde aufbaut, die bei gleichmäßiger Abtragung ringförmig um den Berg läuft (Abb. 12a), bei ungleichmäßiger zu lokaler Schuttanhäufung führt. Wenn eine Strecke des ringförmigen Schalenkopfes von der Abtragung begünstigt wird, setzt eine stärkere Schutthaldenbildung (α) unterhalb des Ortes stärkster Abtragung (a) ein, während sie im übrigen Umkreise des Fußes zurückbleibt, weil die Fließerde des Ringrestes jetzt nur noch gelegentlich am Saume ausbricht, in der Hauptsache aber der Neigung nach dem tiefsten Mantelpunkte zu folgt, um von dort als Schlipf abwärtszugleiten (12b). Im weiteren Verlaufe rückt a tiefer und α höher bis zu einem Zeitpunkte, wo Mantelrand und Schutthalde sich berühren (12c und c'). Von da an hört die Abtragung des Mantels bei a auf, weil die Denudationsbasis für diesen Punkt erreicht ist, ein Anwachsen der Schutthalde findet nur noch durch von den Seiten her fließenden Boden statt, der sich nun in kontinuierlichem Fluß abwärts bewegt.

Abb. 12.

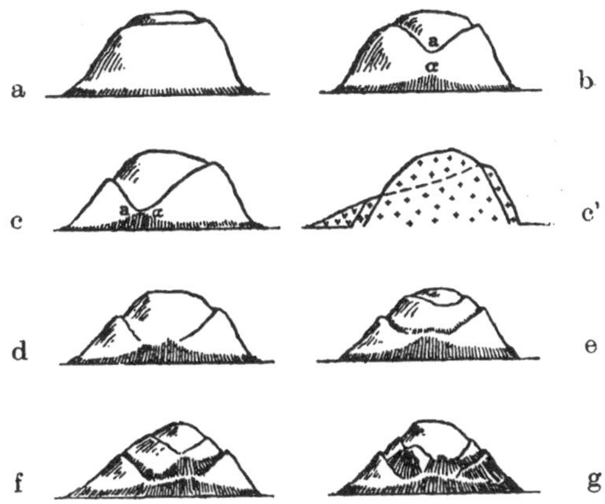

Dabei wird die Mantelkopffläche verkleinert und das Gefäll der geneigten Lückenränder verringert, es tritt ein Stadium verhältnismäßiger Ruhe ein (12d). Der periklinale Aufbau der tallosen Berge bewirkt, daß während des Ablaufes der Abschälung des Mantels I eine neue Scheidung am Gipfel in einen weiteren, kleineren Kern und einen nächsten, konzentrischen Mantel II vor sich gehen kann, der in derselben Weise wie der erste abgetragen wird (12e). Für diesen zweiten Prozeß ist nicht mehr der Fuß des Berges die Denudationsbasis, sondern der Mantelkopf I und die Schutthalde (die ihrerseits wieder gleichzeitig durch Bodenfluß eine Erniedrigung erfahren kann). Daher ist der Zeitpunkt bald erreicht, wo die tiefste Stelle des Mantels II die vereinigten Schuttmassen erreicht, der Fließprozeß kontinuierlich wird, und die Abtragung zum Stehen kommt (12f). Die Erniedrigung jedes Mantels kann an mehreren Punkten gleichzeitig vor sich gehen, von jeder der nunmehr zahlreichen Angriffsflächen der Abtragung können gelegentlich Schlipfe austreten und sich an dem Aufbau einer großen gemeinschaftlichen Schutthalde beteiligen, deren Werdegang schließlich nur noch schwer oder garnicht mehr zu erkennen ist (12g). Insbesondere muß, wenn bei zwei benachbarten Bergen die Schuttmassen sich berühren, die Aufhöhung rasch vor sich gehen und die Umhüllung der unteren Hangpartien bald erreicht sein. Dasselbe gilt für die Aufhöhung des Talbodens zwischenzweibe nach barten Höhenzügen, also für das zertalte Gebiet, wo die Schutteinhüllung der strukturbedingten Ausgangsformen den höchsten Grad erreicht und das Landschaftsbild völlig umgewandelt hat.

---

8. Die Zweiteilung der Landschaft.

Die Verteilung der Schuttmassen.

Die Mantelabschälung der tallosen Berge und ihre Einhüllung durch die abgetragenen Massen ist ein gleichzeitiger Doppelprozeß, der eine Reihe deutlich gekennzeichneter Phasen durchläuft. Geringe Abschälung und geringe Haldenbildung stellen frühe Stadien vor (Abb. 13a), ein stark verschütteter Berg, der nur noch Reste seiner struktur-

Abb. 13.

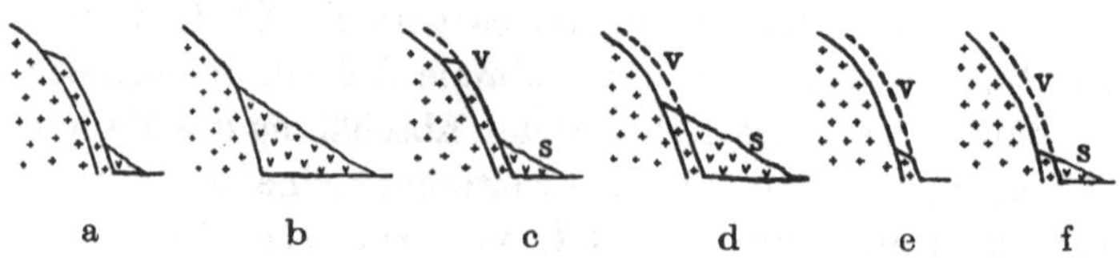

bedingten Steilwände aufweist, ist als spätes Glied der Formenreihe aufzufassen (13b). Im Gebiet der tallosen Berge kommen solche vorgerückten Grade der Schutteinhüllung so gut wie nicht vor, in der zertalten Landschaft dagegen sind fortgeschrittenste Stadien die Regel.

Dem Massenverluste des Mantels durch die Abtragung entspricht ein Anwachsen der Schutthalde um das gleiche Volumen. Die Struktur gestattet, den Manteldefekt ähnlich wie einen Luftsattel einigermaßen zu schätzen und mit dem Volumen der Schuttmasse zu vergleichen. Beide müssen bei regelmäßigem Ablauf des Prozesses annähernd gleich sein, wie es die Abb. 13c und d veranschaulichen sollen, wo V den Massenverlust des Mantels, S die Schutthalde bezeichnet und wo V = S ist. Wir sehen nun aber die Gesteinswände vielfach unverhüllt von Schutt die Strandebene berühren (13e). Hier erreicht V einen sehr hohen oder maximalen Wert, ohne daß ihm eine Spur von S entspricht. In anderen Fällen (13f) ist der Manteldefekt weit umfangreicher als die Halde, V > S. Das heißt, die umgelagerte Verwitterungserde muß ganz oder zum Teil wieder entfernt worden sein.

Der Doppelprozeß kommt zum Stehen, wenn die Denudationsbasis erreicht ist oder wenn der tiefste Punkt der Mantellücke und der höchste des Schuttkegels sich berühren. Die Berührungslinie liegt mehr oder weniger in mittlerer Höhe der Böschung, beziehungsweise mit Berücksichtigung der Fließvorgänge an der Schutthalde etwas tiefer (13d). Bilder wie 13f, wo V > S beweisen, daß nach Erreichung dieser Linie der Prozeß noch bis zu einer zweiten, in einem tieferen Hangabschnitte gelegenen fortgeschritten ist. Das besagt: Infolge der Entfernung einer ersten Schutthalde konnte der Abtragungsprozeß tiefere Hangabschnitte erreichen. Die Schuttentfernung muß also innerhalb des gesamten Abtragungsvorganges, nicht etwa nachträglich erfolgt sein.

Denken wir uns die Berge in ihrem heutigen Zustand von allem Schutt entblößt. Dann würde bei Fortgang der Verwitterung und Abtragung die Abschälung bald wieder eine Haldenbildung nach sich ziehen, die nach einiger Zeit zu erneutem Stehen des Prozesses führen würde, und jeder neuen Entfernung würde nach kurzer Zeit eine neue Haldenbildung folgen. Die Tatsache, daß manche Steilwände das Meeresniveau erreichen, ohne auch nur eine Spur von Schutthalde zu besitzen, beweist, daß die Abräumung innerhalb des Abschälungsvorganges zu verschiedenen Zeiten, also oft oder dauernd vor sich gegangen ist. Wir folgern daraus, daß die Abtragung und die Erosion nicht die einzigen Kräfte waren, die auf der Grundlage des Gebirgsbaues zur Herausbildung der tallosen Berglandschaft geführt haben, sondern daß gleichzeitig ein weiterer Prozeß abgelaufen ist, der den umgelagerten Schutt immer wieder abgeräumt hat.

Im zertalten Gebiete sind trotz des entgegengesetzten Zieles der Erosion große den ursprünglichen Bau fast ganz verhüllende Schuttmassen angesammelt worden. Ein abräumender Prozeß von der Gründlichkeit der im Gebiete der tallosen Berge festgestellten war hier nie im Gange oder ist seit sehr langer Zeit schon zum Stillstande gekommen. Das Vorkommen schuttfreier talloser Berge nahe am Meere besagt, daß der Prozeß entweder noch andauert oder erst vor kurzem aufgehört hat. Die der Küste vorgelagerten Inseln, die denselben Aufbau und die gleiche Gestalt besitzen und den gleichen Verwitterungs- und Abtragungsvorgängen unterliegen wie die tallosen Berge, sind so gut wie frei von Schutthalden und tragen eine Decke von Verwitterungslehm nur auf den Gipfelflächen und den in Verwitterung begriffenen Gehängeteilen. Man trifft hier Lehm nur spärlich, nur am Orte der Entstehung oder höchstens nach ganz kurzer Wanderung an, größere Schuttmassen an sekundärer Lagerstätte aber fehlen. Andere tallose Berge und zwar die dem Meeresstrand etwas entrückteren, dazu die Südwand des Corcovado nehmen eine Mittelstellung ein zwischen den stark verschütteten im zertalten Gebiet und den meernahen unverschütteten. Bei letztgenanntem Berge beweist der die Schutthalde an Masse übertreffende Manteldefekt, daß hier eine Abräumung einmal vor sich gegangen ist, die immerhin beträchtliche Schuttmenge aber besagt, daß entweder auch hier die Abräumung zum Stehen gekommen ist, oder daß die Aufschüttung jetzt größer als die Verminderung durch Abräumung ist. Jedenfalls geht aus dem ungleichen Grade der Schuttumhüllung hervor, daß der abräumende Vorgang örtlich mit verschiedener Intensität wirksam gewesen ist. Die Verteilung der Schuttmassen über das Gelände ist zusammengefaßt folgendermaßen angeordnet:

Inseln Tallose Berge am Meer	kein Schutt
Tallose Berge an der Strandebene, meernah	wenig Schutt
Tallose Berge an der Strandebene, meerfern (Corcovado)	mäßig viel Schutt
Berge im zertalten Gebiete	sehr viel Schutt

Hieraus spricht eine Gesetzmäßigkeit, der Schutt nimmt landeinwärts zu. Die Zunahme der Aufschüttung nach dem Lande zu, kann entweder beruhen auf einer örtlichen Abstufung der Intensität der Abräumung oder auf einem zeitlich abgestuften Zumstehenkommen dieses Prozesses, der in Meernähe noch anhält, in Meerferne vor immer längerer Zeit aufgehört hat, beziehungsweise überhaupt niemals wirksam war. In jedem Falle verursacht eine vom Meere abhängige Kraft die Abräumung. Als solche entfernende Kräfte kommen in Frage die Brandung, welche die Schuttmassen aufarbeitet, und Strömungen, die das aufgearbeitete Material entfernen. Ihrer Einwirkung kann eine Küstenlinie entrückt werden durch Landzunahme auf Kosten des Meeres. Indem bei weiterer Landzunahme auch die folgende die erste ablösende Küstenlinie dem Meere entrückt wird, stufen sich die Anteile der ursprünglichen Bearbeitung durch das Meer und der darauf folgenden durch die Kräfte des Landes ab. Und so fort bei weiterem Landzuwachs. Eine Landzunahme auf Kosten des Meeres in diesem Gebiete würde die abgestufte Schuttverteilung erklären. Im meerfernen zertalten Gebiete, das vielleicht niemals von der Brandung und Strömung erreicht wurde, konnte sich der Schutt schrankenlos ansammeln und zur Verhüllung der ursprünglichen Strukturformen bis auf Spuren führen. Die mäßig meernahe Südwand des Corcovado hat lange aufgehört, Küste zu sein, daher seit langer Zeit ungestörte Ansammlung von Verwitterungsschutt. Die tallosen Berge, die an die Strandebene stoßen und erst später dem Meere entrückt wurden, werden nur in mäßigem Umfange von Schutthalden umhüllt, die an das Meer stoßenden aber und die Inseln unterliegen noch heute der Meeresbearbeitung und sind daher frei von Schutt.

Anzeichen einer negativen Niveauverschiebung. Eine Landzunahme auf Kosten des Meeres wird für eine große Strecke der brasilischen Küste allgemein angenommen (siehe Berghaus Atlas der Geologie) und ist im besonderen im besprochenen Gebiete aus mancherlei Anzeichen zu ersehen. Solche sind die Strandebenen im Meeresniveau, die Lagunen und Nehrungen und die Verlandung von Buchten. Die Landzunahme kann hervorgerufen sein durch Anschwemmung seitens der südwärts gerichteten Küstenströmung allein ohne Lageverschiebung des Meeresspiegels oder auch unterstützt durch eine negative Niveauverschiebung, die sowohl ein direktes Landfestwerden durch Rückzug des Meeres verursachen, als auch mittelbar die Küstensedimente im seichter werdenden Wasser zum Absatz zwingen kann. Die Landzunahme erfolgt eines Teils in Längsausdehnung und Streifenform. Dahin gehören die Nehrungen, die Buchten oder Strandseen abschließen. Lagôa und Restinga sind an dieser Küste ebenso geläufige Begriffe wie Haff und Nehrung an der Ostseeküste. Ferner ausgedehnte Strandebenen, die ein wichtiges Glied der Küstenlandschaft ausmachen, das Beiramar, von dem man zur Serra, dem Gebirgsabfall des Alto, der Hochfläche oder dem Bergland aufsteigt. Zum andern Teile erfolgt die Landzunahme flächenhaft durch Verlandung von Buchten, die in verschiedenen Graden zu beobachten ist. Die Bucht von Rio de Janeiro, deren Grenzen tief in das Land einschneiden, befindet sich erst im Anfangsstadium der Verlandung, die Santosbucht in fortgeschrittenerem, während die der Sernambitibabucht fast abgeschlossen ist. In diesen Buchten ist auch das Landfestwerden von Inseln zu beobachten, deren Mangel an Schuttumhüllung auf eine erst wenig weit zurückliegende Meeresbedeckung hinweist.

Die Bildung von Nehrungen und Lagunen besagt noch nichts über das Vorliegen einer Niveauverschiebung. Wenn aber tiefe Buchten von der Landseite her allmählich ausgefüllt werden, und zwar nicht durch Flüsse, die hier der meernahen Wasserscheide wegen nur unbedeutend sind — dann ist die Wahrscheinlichkeit der Verlandung infolge Küstenhebung größer als die einer Landzunahme durch die Strömung allein. An der Bucht von Sernambitiba kann man den Verlandungsvorgang noch verfolgen, denn in der großen mangrovebedeckten Fläche sind zwei Lagunen und zwei Nehrungen noch deutlich

Abb. 14.

a b c

zu erkennen (halb schematische Abbildung 14). Der heutige Zustand ist folgendermaßen herbeigeführt worden: a) Die Bucht war von Meer erfüllt, enthielt Inseln und war durch eine Nehrung von der offenen See abgeschlossen. b) Das Meer zieht sich infolge negativer Niveauverschiebung zurück, die Nehrung wird dem neuauftauchendem Strande angefügt, die Inseln werden landfest, die Lagune schrumpft zum geschlossenen Strandsee ein, eine neue Nehrung verschließt die Bucht. c) Der weitere Rückzug des Meeres vergrößert die Strandebene, macht die zweite Nehrung landfest und läßt die parallelen Seen weiter einschrumpfen. Eine weitere Nehrungsbildung findet nicht mehr statt.

Auf eine relative Hebung der Küste scheint auch die kleine Insel Lage am innersten Eingange der Bucht hinzuweisen, deren ebene glatte Oberfläche den Eindruck einer Abrasionsfläche macht. Möglicherweise hat auch die Ilha fiscal auf diese Weise ihre Gestalt erhalten.

---

9. Rück- und Ausblick.

Wir haben versucht aufzuhellen, inwieweit die eingangs beschriebenen eigenartigen Formen der Landschaft durch die heute zu beobachtenden zerstörenden Kräfte erklärt werden können und kamen dabei zu dem Ergebnis, daß für die Gestalt der einzelnen Formen hauptsächlich zwei Faktoren wesentlich sind, einmal Verwitterung und Abtragung, dann der ein für allemal gegebene Aufbau und die Struktur der Berge. Die in dieser Gegend herrschende zu tiefgründigem, einer starken Wasseraufnahme fähigen lehmigen Boden führende Verwitterung bewirkt, daß die Abtragung wesentlich unter dem Bilde des Erdfließens abläuft und weist außerdem der Entwässerung einen Weg, auf dem die Bewegung des ablaufenden Wassers vorwiegend auf flächenförmig und innerhalb des Bodens und in geringerem Maße linienhaft oberflächlich erfolgt. Daher geht die Umlagerung des verwitterten Gesteins in erster Linie durch massenförmige flächenhafte Bodenbewegungen vor sich und nur untergeordnet durch fließendes Wasser. So erklärt sich der verhältnismäßig geringe Grad der Zerschnittenheit, die geringe Dichte an Erosionstälern, die schwache Entwicklung der Talnetze und das Vorherrschen massiger, gerundeter Formen. Der zweite Faktor, die Gesteinsstruktur, beeinflußt die Formonveränderung in mehrfacher Weise. Infolge des periklinalen Aufbaus bieten die Berge der Verwitterung an allen Punkten ihres Umfanges eine mehr oder weniger gleich beschaffene Angriffsfläche, sodaß die flächenhafte Abtragung gleichmäßig verteilt wirkt. Daher bleibt trotz erheblicher Massenverringerung die ursprüngliche Gestalt der Berge erhalten, die jeweiligen Stadien der Formenreihe sind immer einander ähnlich. Die Steilheit der Strukturflächen aber bewirkt wegen ihrer Folgen für Pflanzenwelt und Verwitterung, daß die Abtragung der Gesamtoberfläche eine Scheidung erfährt in eine Fläche minimaler Abtragung, die steilen Gehänge und eine solche maximaler, die Gipfelflächen. Darauf gründen sich mehrere Eigenschaften der Berglandschaft. Das nahe Nebeneinander tiefgelockerten, lateritischen, echt tropischen Verwitterungsbodens und nahezu unzerstörten Felses von sozusagen glazialem Habitus und als Folge der Bedingungen für Entwässerung und Erosion die Rinnen der tallosen Berge. Endlich bewirkt in Verbindung mit dem Böschungsgrade die schalige Struktur der Berge, daß die Fläche maximaler Abtragung bald in zwei Bezirke geteilt wird, die Gipfelfläche und die Mantelkopffläche, deren auf Ungleichheiten der Bodenneigung und Durchfeuchtung beruhende ungleiche Verwitterung die äußerliche Scheidung in Kern und Mantel, die Abtragung unter der Form einer Abschälung nach sich zieht. Demnach können die Formen der tallosen Berge mit den wesentlichsten Einzelerscheinungen aus Struktur und den heute wirksamen Vorgängen abgeleitet werden.

Um die ungleichmäßige Anhäufung des Abtragungsschuttes und die daraus folgende Beschränkung des Formentypes der tallosen Berge auf die Küste im Gegensatz zu der küstenferneren zertalten Landschaft zu verstehen, durften wir uns nicht auf die Gegenwart beschränken, sondern mußten eine größere etwas zurückliegende Zeitspanne ins Auge fassen. Indem wir aus den hinterlassenen untrüglichen Zeichen die Wirksamkeit einer Niveauveränderung erschließen konnten, die bis in allerjüngste Zeit angedauert hat, ja wahrscheinlich noch jetzt am Werke ist, wurden uns neue gestaltende Kräfte bekannt, die neben den klimatisch bedingten an der Bearbeitung der Landschaft tätig sind, beziehungsweise waren. Da sie örtlich beschränkt und an den Küstenstrich gebunden sind, summiert sich ihre Wirkung mit denen der allgemein verbreiteten und muß daher hier zu einem anderen Ziele führen als weiter landeinwärts erreicht wird. Die negative Niveauverschiebung ist also der Grund, warum die tallosen Berge keine allgemein im Küstengebirge verbreiteten Formen sind und warum sie nur einem schmalen Küstenstreifen das Gepräge geben. Indem die Verschiebung außerdem zur Entstehung von Strandebenen führt, fügt sie ein drittes Glied zwischen die beiden Hauptglieder der Landschaft. Der Umstand, daß die Küstenveränderung sich nachweislich über einen längeren Zeitraum erstreckt (das beweisen die allmählich verlandenden Buchten), gestattet einen weiteren Einblick in die Entstehung des Landschaftsbildes. Die landeinwärts gerichtete allmähliche Zunahme der Schuttumhüllung der Berge lehrt, wie das Meer allmählich gewichen ist, wie die jeweiligen Küstenstriche sich nach und nach landeinwärts schoben und wie das Land den an das Meer gebundenen abräumenden Kräften mehr und mehr entrückt wurde. Zu einem Zeitpunkte wo die Corcovadosüdwand noch ans Meer stieß und die Botafogoebene Meeresgrund war, muß die Reihe der tallosen Berge nahezu unverhüllt von Schutt als eine brandungsumsäumte Inselkette aufgeragt haben, ähnlich wie heute Comprida und Paý-Mai, und wird die weit draußen liegende Raza wohl noch als Bank unter dem Meeresspiegel gelegen haben (Abb. 15a). Wenn Bänke von geringem Umfange auftauchen und zu Inseln werden, so durchlaufen sie, bevor sie den zerstörenden Kräften des Landes an-

Abb. 15.

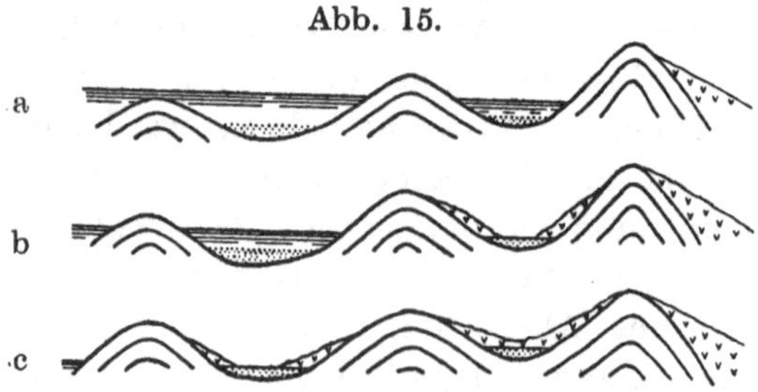

heimfallen eine Phase, wo sie allein durch die Brandung bearbeitet und bei genügend langer Dauer zu Abrasionsflächen abgeschliffen werden. Davon zeugen vermutlich die Inselchen Lage und Ilha fiscal in der Bucht. Umgekehrt gestattet die berechtigte Annahme einer noch andauernden Niveauverschiebung einen Blick in die Zukunft (Abb. 15c, b stellt den heutigen Zustand dar). Die heutigen tallosen Berge sind noch nicht lange dem Meere entrückt und weisen daher noch ihre eigenartige Form auf. Sie grenzen aber zum größten Teil an die Strandebene, auf der sich der abwandernde Verwitterungsschutt unvermindert ablagert und den Aufbau allmählich hoch anwachsender Schutthalden gestattet. Ihre jetzige Gestalt ist daher nur eine vorübergehende und es wird schließlich ein Zeitpunkt kommen, wo sie wie die landeinwärts gelegenen Berge nahezu ganz von Schutt eingehüllt werden, wo mit der Verhüllung der ursprünglichen Form auch die dieser angepaßte Abtragung und Entwässerung sich ändert, und der Anblick der Bergreihe dem des zertalten Gebietes immer ähnlicher wird. Die heute draußen liegenden Inselreihen aber können bei anhaltender Küstenveränderung weiter heraustauchen und durch Strandebenen landfest gemacht denselben Entwicklungsgang durchlaufen wie die heute tallose Reihe vom Zuckerhut bis zum Cabritos, die dann dem zertalten Gebiete völlig angegliedert sein wird.

Wie kommt es nun, daß die einst sedimentbedeckten granitischen Faltenkerne der Ausgangspunkt der zu den tallosen Bergen führenden Abtragung, heute in ihrer ursprünglichen Gestalt gleichsam herauspräpariert zutage liegen? Und wie ist es zu verstehen, daß das Erosionstalnetz in Übereinstimmung und Harmonie mit diesen in der Tiefe der Erdrinde gebildeten Formen steht, die Haupttäler also auf Synklinalen verlaufen, die Nebentäler der Abdachung der Falten folgen? Es ist klar, daß solche grundlegende Fragen endgültig erst erörtert werden können, wenn die morphologischen und geologischen Kenntnisse vom Lande im weiteren Umkreise eine gewisse Vollständigkeit erreicht haben, von der sie jetzt noch weit entfernt sind. Trotzdem sei es gestattet, bei einem allgemeinen Überblick über die Entstehung des Lanschaftsbildes wenigstens nach einem Wege zu suchen, der eine Lösung ermöglicht.

Gehen wir von der Entwicklung des Talnetzes aus und nehmen wir als den nächstliegenden Fall an, die Täler wären auf dem die Granitkerne bedeckenden Sedimentmantel angelegt worden. Da sie der strukturbedingten heutigen Oberfläche genau angepaßt sind, in keiner Weise mit der Struktur in Widerspruch stehen, kurz keinen epigenetischen Charakter aufweisen, so muß gefordert werden, daß die Oberfläche des Sedimentmantels der der Faltenkerne entsprochen und deren Höhen und Tiefen annähernd wiedergegeben habe, sodaß sich das auf der Sedimentdecke angelegte Talnetz auf den Kern projizieren konnte. Das wäre nur bei einer verhältnismäßig wenig mächtigen Sedimentdecke möglich, denn wäre sie sehr mächtig, so würden bei der erforderlichen Tiefenerosionsleistung die Täler auch eine entsprechende Aufzweigung und Rückwärtsverlegung des Quellgebietes aufweisen, die längst zu einer Veränderung der ursprünglichen Wasserscheiden und einer weitgehenden Zerschneidung der Berge geführt hätten, Vorgänge, die auch auf die Faltenkerne projiziert worden wären. Das ist nicht der Fall, folglich können die Täler nicht auf einer übrigens auch aus geologischen Gründen unwahrscheinlichen Sedimentdecke geringer Mächtigkeit angelegt sein. Dazu kommt, daß das Küstengebirge — und folglich mit großer Wahrscheinlichkeit auch die einstige Sedimentdecke — nachweislich von tektonischen Störungen betroffen worden ist, die an der Oberfläche sicher einen Einfluß auf das hydrographische Netz in einer von der einfachen Projektion abweichenden Richtung ausgeübt hätten.

Hätte ursprünglich aber ein mächtiger Sedimentmantel die Falten des Tiefengesteins umhüllt, so wäre es ein unwahrscheinlicher Zufall, wenn die Zerschneidung der vom Kern in diesem Fall viel unabhängigeren Sedimentoberfläche zur Entwicklung von Talnetzen geführt hätte, die mit den Strukturformen der erst spät erreichten Unterlage harmonierten, ja es wäre geradezu unmöglich, daß im Laufe der vorauszusetzenden langen Abtragungsperiode ein so wenig entwickeltes, der Aufzweigung noch „jugendliches" Talnetz entstanden sein sollte.

Es bleibt nun nur noch eine Möglichkeit, die man sofort als nächstliegende heranziehen würde, wenn die Berge nicht eben aus einem eine Sedimentdeckung erfordernden Tiefengestein beständen, nämlich die Annahme, das Talnetz sei unmittelbar auf der krystallinischen Oberfläche angelegt worden. Das setzt voraus, daß das Gestein ohne eine Sedimentdecke an die Oberfläche trat, und dieser Fall ist nur so denkbar, daß submarines Faltenland allmählich in einem solchen Tempo aufstieg, daß die zerstörenden Kräfte an der Küste genügend Zeit hatten, den Sedimentmantel im jeweiligen Küstenstrich restlos zu entfernen. Bei einem einigermaßen bedeutenden Härteunterschied — und einen solchen können wir voraussetzen — wäre es in solchem Falle möglich, daß die Faltenkerne aus der Sedimentdecke herauspräpariert werden könnten. Sie würden dann in ihrer Urform oder wegen der

Struktur in einer dieser immer ähnlichen Form an die Oberfläche gelangen, wo die sofort einsetzende Zertalung sich der Oberfläche anpassen und zur Entwicklung eines Talnetzes führen würde, daß scheinbar paradoxerweise dem Bau eines Tiefengesteins entspricht. Für diese Hypothese spricht, daß das wesentlichste Moment, das langsame Aufsteigen aus dem Meere für eine Spanne der Vergangenheit nachgewiesen ist, und daß andere Tatsachen sich gut mit ihr vereinigen lassen. Das dem Küstenstriche zugehörige weitere Binnenland ist noch zum großen Teil sedimentbedeckt, die Küstenzone krystallinisches der Sedimentdecke beraubtes Faltenland. Wir wissen nun, daß einige der der brasilischen Küste vorgelagerten Korallenriffe auf einer Sedimentunterlage aufgebaut sind (Abrolhos). Stellen wir uns nun vor, sedimentbedecktes krystallinisches Faltenland, das zur Hälfte unter das Meer untertauchte, würde langsam gehoben, wobei in der besprochenen Weise der krystallinische Kern im Küstengebiete freipräpariert würde, dann würde nach einiger Zeit die Gliederung in sedimentbedecktes Binnenland, einen entblößten Küstenstrich und in die noch sedimentbedeckte Fläche unter dem Meeresspiegel sich herausbilden, die an der brasilischen Küste heute vorliegt. Stiegen die Riffe noch weiter empor, so könnte schließlich auch ihr krystallinischer Kern freipräpariert über den Meeresspiegel auftauchen und von Tälern zerschnitten werden, die der Oberfläche des Tiefengesteins angepaßt sind und bei Voraussetzung der gleichen Struktur könnte der sedimentfreie Küstenstrich durch Anfügung einer neuen tallosen Berglandschaft verbreitert werden.

Was die Verbreitung der periklinalen Struktur im brasilischen Berglande und im Zusammenhange damit des Typus der tallosen Berge als Stadium einer Entwicklungsreihe anlangt, so sei an einige andere Bergformen erinnert, die den von uns besprochenen äußerlich ähneln. Dahin gehört der sogenannte falsche Zuckerhut am äußersten Eingange der Bucht von Rio, ferner die so sonderbaren Felsformen des Orgelgebirges und die erwähnten rinnenzerschnittenen Felsen im Innern des Hochlandes, deren Untersuchung und Vergleichung mit unseren tallosen Bergen noch aussteht. Sollte sich eine Verwandtschaft herausstellen, so würde diese Tatsache neues Licht auf die Entstehung des Küstengebirges im Sinne der vorherigen Hypothese werfen. Die landeinwärts gelegenen wären dann letzte Zeugen einer ehemals ausgebreiteten Landschaft, die aus tallosen Bergen hervorgehend in den Zustand der Zertalung allmählich übergeführt worden ist, so wie es im zertalten Abschnitte unser enger begrenzten Gegend die Corcovadospitze ist.

Neben der angenommenen submarinen Sedimententblößung des krystallinischen Gebirges an der Küste geht eine solche durch die zerstörenden Kräfte des Landes einher. Bei jener wird das krystallinische Gebirge der Struktur und dem Aufbau entsprechend herauspräpariert, bei dieser nimmt die linienförmig wirksame Erosion nur geringe Rücksicht auf den Bau des Kernes, die Täler werden epigenetisch. Das ermöglicht auch in später Abtragungsphase den Ausgangspunkt — ob submarin, ob subaërisch — unter Umständen noch festzustellen, insbesondere würde die genaue Aufnahme und ein eingehendes Studium ermöglichen können, die Grenze zwischen dem von alters landfesten Binnenlande und dem erst spät aufgetauchten Küstenstreifen, das heißt die älteste Küstenlinie wieder aufzufinden.

Erläuterung zu Tafel 1.

Blick vom Zuckerhut (395 m) nach Westen bis Südwesten.

Im Vordergrunde und links die Reihe der tallosen Berge, getrennt vom Meere durch die sichelförmige Strandebene von Copacabana und vom zertalten Gebiete (rechts) durch die Botafogoebene mit der Freitaslagune (im Hintergrunde eben sichtbar). Vorn der Penedo da Urca (220 m), links der Morro da Babylonia (230 m), dahinter der Morro de São João (240 m), ganz rechts die Zinne des Corcovado (704 m), und die steile Südwand dieses Bergzuges. Urca und Babylonia zeigen die schalenförmige Struktur, die Scheidung der Oberfläche in Gipfelfläche, Mantelkopf und kahle Steilwand, die Tallosigkeit und die Streifung der Felswände durch zahlreiche Entwässerungsrinnen.

Am Morro da Babylonia im Vordergrunde kein Schutt, am Nordhange (etwa Mitte des Bildes) schwach ausgebildete Schutthalde. Der Morro de São João ist etwas, die Südwand des Corcovado erheblich stärker von Schutt eingehüllt.

Auf den Ebenen die entlegenen Stadtteile Botafogo und Copacabana.

Erläuterung zu Tafel 2.

Blick von der Corcovadozinne (704 m) nach Osten bis Südosten.

In der Mitte der innerste Eingang zur Bucht mit dem Zuckerhute (395 m), rechts davon das offene Meer, links die Bucht von Rio de Janeiro, im Vordergrund die Botafogoebene.

Parallele nordostsüdwestlich streichende Gebirgszüge, in deren Verlängerung Inseln liegen (die Linie Falscher Zuckerhut-Raza ist bis zu den Inseln Paý-Mai ganz draußen sichtbar). Zwischen den Zügen Strandebenen und Lagunengelände.

Die nördlichste Kette, deren Südhang links sichtbar ist, ist der Corcovado-Cariocazug, ihm gegenüber ist jenseits der Botafogoebene ein Teil der tallosen Berge sichtbar: Zuckerhut, breit davorliegend Penedo da Urca (220 m), rechts davon Morro da Babylonia (230 m), und Morro do São João (240 m).

Im Buchteingange die flache Klippe Lage.

Deutlich zu erkennen ist die Scheidung des Zuckerhutes in Kern und unvollständig erhaltenen Mantel, ferner die Schuttfreiheit der meernahen tallosen Berge und die beginnende Schutteinhüllung der meerferneren.

Blick vom Zuckerhut (395 m) nach Westen bis Südwesten.

Verlag: L. Friederichsen & Co., Hamburg. Lichtdruck von Knackstedt & Co., Hamburg.

Blick von der Corcovadozinne (704 m) nach Osten bis Südosten.

Verlag: L. Friederichsen & Co., Hamburg. Lichtdruck von Knackstedt & Co., Hamburg.

Nordabhang des Morro de São João (240 m)
von der Botafogoebene aus gesehen.
Scheidung des Berges in Kern und zwei verschieden weit abgetragene Mäntel.
Bewaldete Gipfelfläche und Mantelköpfe,
kahle, durch Rinnen gestreifte Steilhänge.
Bodenschlipfe am Rande der Verwitterungsflächen,
Verhüllung des Fußes durch Abtragungsschutt.

Verlag: L. Friederichsen & Co., Hamburg. Lichtdruck von Knackstedt & Co., Hamburg.

Brandt: Die tallosen Berge in der Bucht von Rio de Janeiro

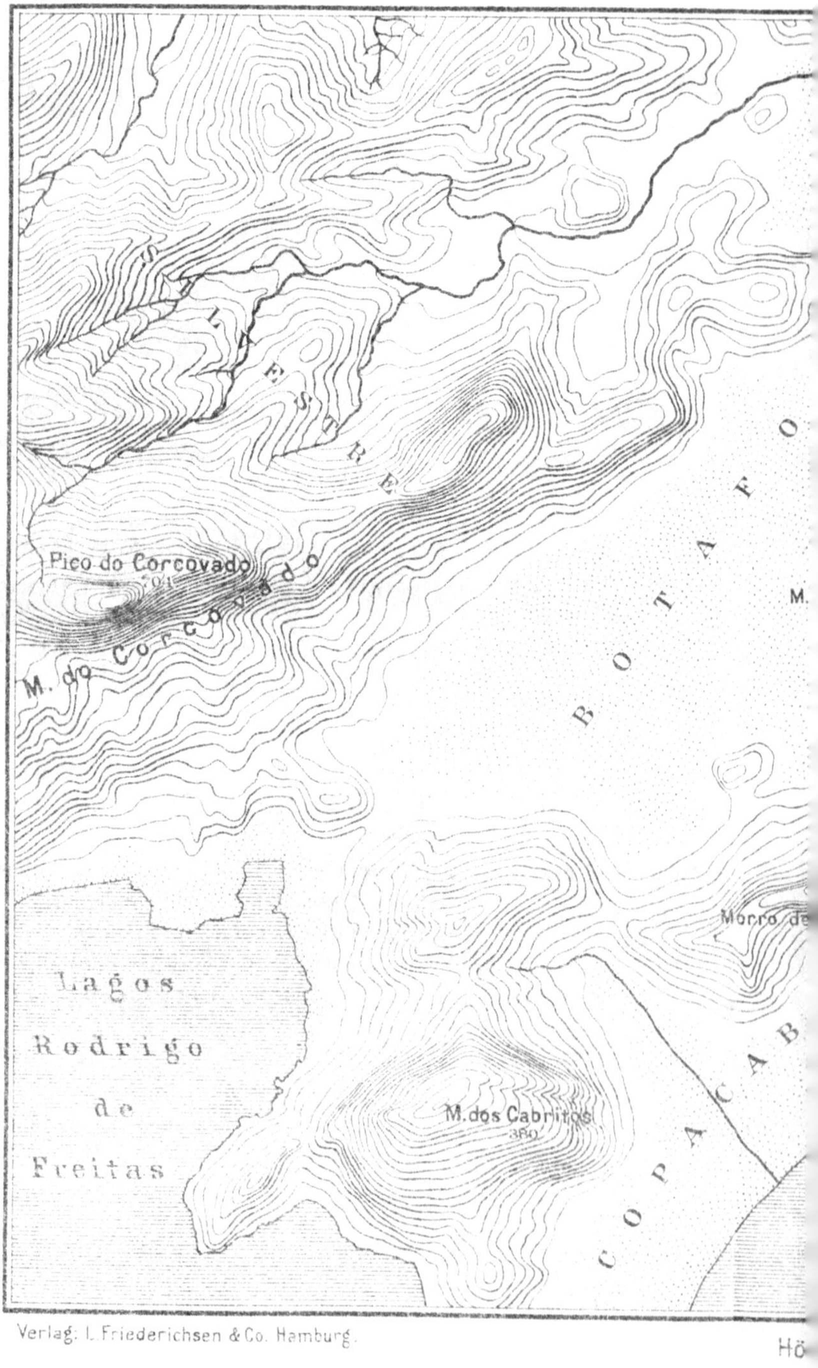

Verlag: L. Friederichsen & Co. Hamburg.

Hö

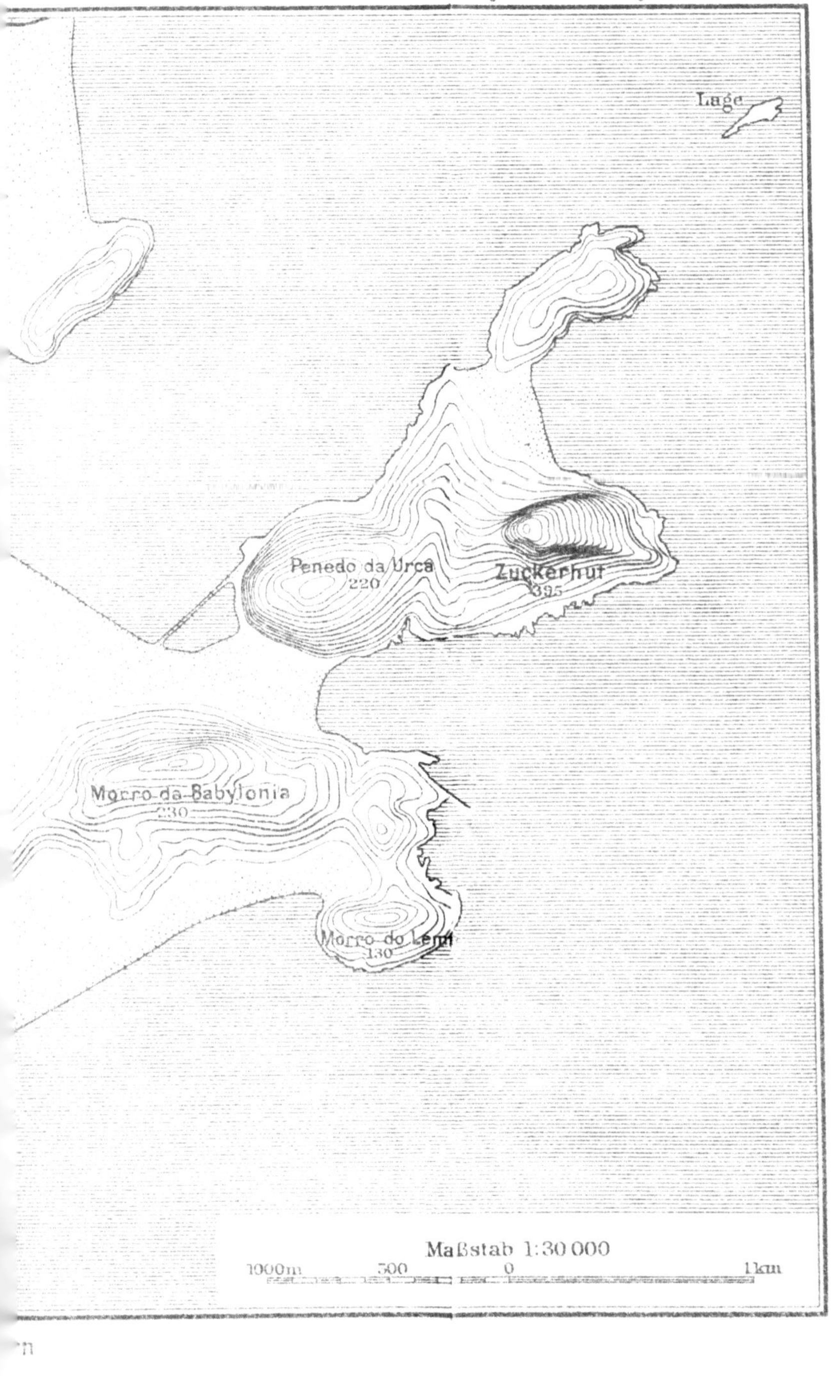
Lage
Penedo da Urca
220
Zuckerhut
395
Morro da Babylonia
230
Morro do Leme
130
Maßstab 1:30 000
1000m
500
0
1km

Anthropogeographische Studien aus Spanien.

Von **Dr. O. Quelle,**
Privatdozent der Geographie.

Mit 3 Textfiguren und 3 Tafeln.

Inhaltsverzeichnis.

Einführung.

Niemand, der die Entwicklung der Wissenschaften in Spanien im letzten Jahrzehnt verfolgt hat, wird bestreiten können, daß sie in allen ihren Einzeldisziplinen erstaunliche Fortschritte gemacht hat. Man werfe nur einen Blick in das Boletin de la R. Academia de la Historia oder die starken Hefte der Revista de Archivos oder die mächtigen Bände der vom Institut d'Estudis Catalans herausgegebenen Jahrbücher, um sich von der fortschreitenden Entwickelung der Geisteswissenschaften zu überzeugen. Aber auch die Naturwissenschaften sind in ungeahntem Maße gefördert worden. Überall wachsen neue naturwissenschaftliche Vereinigungen empor und die schon bestehenden wetteifern in der naturwissenschaftlichen Erforschung des Mutterlandes und der afrikanischen Kolonien. Spanische Naturwissenschaftler begeben sich in steigender Zahl nach dem Ausland, um an fremden Hochschulen neue Arbeitsmethoden kennen zu lernen.

Auch in der Geographie macht sich große Regsamkeit bemerkbar. Ein Odon de Buen untersucht die hydrographischen Verhältnisse der spanischen Küstengewässer, E. Hernández-Pacheco erweitert durch seine geologischen Aufnahmen in den Provinzen Palencia und Toledo unsere Kenntnisse der Morphologie der spanischen Meseta ganz wesentlich, J. Almera arbeitet unverdrossen weiter an der geologischen Spezialkartierung Kataloniens, ein Jiménez de Cisneros und Darder Pericás bringen eine Fülle neuer geologischer Beobachtungen aus dem Süden der Halbinsel und den Balearen. Auf dem Gebiete der historischen Geographie liefert A. Blázquez weitere wertvolle Beiträge und wirken A. Schultens Arbeiten über Numantia, Anregungen ausstreuend, weiter.

Nur die Anthropogeographie wird weiter stiefmütterlich behandelt. Seitdem Th. Fischer in seiner Pyrenäenhalbinsel als erster hier die Grundlage schuf, hat auf diesem Gebiete fast niemand weiter gearbeitet. Seit 1893 sind nur zwei wirklich wertvolle anthropogeographische Arbeiten in Spanien herausgekommen, aber keine der beiden ist, soviel ich sehe, außerhalb Spaniens bekannt geworden. 1899 veröffentlichte J. Balari y Jovany sein preisgekröntes Werk „Orígines históricos de Cataluña", das auf Grund der Ortsnamenforschung Beiträge zu einer Art Siedelungsgeschichte Kataloniens zu geben versucht. Einen Nachfolger für andere Gebiete hat Balari y Jovany leider nicht gefunden. Das zweite anthropogeographisch bedeutsame Werk ist die Veröffentlichung über die Katastervermessung der Provinz Albacete, ein Werk von fundamentaler Bedeutung, das uns an der Hand sorgfältigst bearbeiteter Statistiken — die aber auch zuverlässig sind — und Kartogrammen einen genauen Einblick in das Wirtschaftsleben und die Bevölkerungsverhältnisse der Provinz gewährt; für keinen anderen Teil Spaniens liegen Veröffentlichungen ähnlicher Art vor.

Alle neueren Darstellungen der Geographie Spaniens im allgemeinen und seiner Anthropogeographie im besonderen gehen immer wieder auf Th. Fischer zurück. Daher schien es mir eine lohnende Aufgabe zu sein, auf Grund der Kleinarbeit von über 25 Jahren sowie auf Grund eigener Studien im Lande sowie über das Land den Versuch zu machen, eine Reihe von anthropogeographischen Fragen ihrer Lösung näher zu bringen und neue Probleme anzuschneiden.

Der so oft hervorgehobene Gegensatz zwischen den zentralen und den peripherischen Gebieten der Halbinsel, der auch in der Verschiedenheit der Bevölkerungs- und Siedelungsverteilung zum Ausdruck kommen sollte, gab eine erwünschte Veranlassung, für das peripherisch gelegene Murcia und das zentrale Toledo eine Volksdichtekarte zu entwerfen und den Ursachen der Verteilung der Bevölkerung nachzugehen. Wurden diese beiden Provinzen mehr extensiv behandelt, so bot das westliche Guadalajara uns Gelegenheit zur intensiven Darstellung eines räumlich eng umgrenzten Gebietes. Gleichzeitig gestatteten uns hier neuere Veröffentlichungen, einen Schritt in die Vergangenheit zu tun, und nachzuforschen, ob etwa das Siedelungsbild im Laufe der Geschichte eine Änderung erfahren hat.

Die in drei räumlich getrennten Gebieten gewonnenen Anschauungen erhalten aber erst Wert, wenn man versucht, Vergleiche zu ziehen zwischen diesen Gebieten und anderen Landschaften Spaniens. Daher wurde im vierten Teil der Versuch unternommen, auf Grund neuerer Forschungen in großen Zügen die Verteilung der Bevölkerung und der Siedelungen der übrigen Landschaften Spaniens klarzulegen und alle Anhaltspunkte hervorzuheben, die für die Veränderungen der Volksdichte und Siedelungen in Betracht kommen.

In einem Schlußkapitel haben wir endlich einen Ausblick auf die großen Fragen getan, die die anthropogeographiche Forschung in Spanien noch zu lösen hat.

Die vorliegenden Studien können nicht mit denen ähnlicher Art verglichen werden, die in den letzten Jahrzehnten tüchtige Anthropogeographen über einzelne Teile Deutschlands, Oesterreich-Ungarns und der Schweiz geschrieben haben. Gute Karten, vorzügliche Statistiken und reiche Bücherschätze haben diesen die Arbeit immer wesentlich erleichtert. Für Spanien lagen die Verhältnisse weniger günstig. Mit Mühe und unter durch den Krieg erschwerten Umständen mußte manches Werk, manche Karte erst aus Spanien beschafft werden; dem benutzten statistischen Material haften alle die Ungenauigkeiten und Fehler der meisten spanischen statistischen Veröffentlichungen an, und das zu Rate gezogene historische Material wies oft an den Stellen, aus denen wir für unsere Arbeit Anregungen und Hinweise erwarteten, schmerzliche Lücken auf. Vieles war in deutschen Bibliotheken überhaupt nicht zu bekommen.

Sollten die vorliegenden Studien dennoch als eine willkommene Bereicherung unserer anthropogeographischen Kenntnisse Spaniens angesehen werden und andere zur Mit- und Weiterarbeit anregen, so würde dies dem Verfasser ein neuer Ansporn sein, unentwegt auf den bisher eingeschlagenen Wegen über das schöne Land weiterzuarbeiten.

I.
Wirtschaftskunde, Volksdichte und Siedelungen der Provinz Murcia.

Oberflächengestaltung und geologischer Bau.

Ohne Unterbrechung durchziehen von Westen her kommend, die Ketten der bätischen Kordillere in rostförmiger Anordnung die Provinz Murcia. Im Raume der westlichen Nachbarprovinz Almeria läßt sich eine deutliche Zweiteilung des Gebirgslandes feststellen. Die Gebirge südlich des Almonzoragrabens streichen in West-Ostrichtung; nördlich des Grabens verlaufen die Ketten der Sierra de las Estancias und der Sierra de Maria von SSW nach ONO. Mit Ausnahme des Küstengebirges der Sierra de Cartagena behalten innerhalb der Provinz Murcia alle anderen Gebirgszüge diese SSW—ONO Streichrichtung der Gebirge des nördlichen Almeria bei. Alle diese Züge gehören der mesozoischen Außenzone der bätischen Kordillere an, die neuerdings als subbätische Zone von der palaeozoischen bätischen getrennt wird.

Innerhalb der Provinz Murcia nimmt das Gebirgsland an Höhe von Westen nach Osten und gleichzeitig auch von Norden nach Süden hin ab. Im Nordwesten erreicht es im Revolcadores in der Sierra Seca mit 2001 m seine höchste Erhebung; die Sierra del Buitre südlich von Moratalla hat noch 1426 m, der Carche südöstlich von Jumilla 1371 m Höhe. Nach Süden hin senkt sich das Gebirge und steigt nur noch in der Sierra de Espuña zu 1584 m empor. Zwischen die rostförmig angeordneten Gebirgsglieder schalten sich Täler und Ebenen ein, die in ihrer Längserstreckung parallel zu den Gebirgen verlaufen und an einzelnen Stellen wie im Nordzipfel der Provinz größere Breite gewinnen.

Eine Zweigliederung des ganzen Gebirgslandes wird durch das tiefe Durchbruchstal des Segura hervorgerufen. Von Cieza bis Alcantarilla durchquert es die Gebirge senkrecht zu ihrer Streichrichtung. Offenbar liegt hier ein antezedentes Durchbruchstal vor, das noch sehr jungen Alters ist und es ist sehr wahrscheinlich, daß auch tektonische Störungen bei der Bildung dieses Tales eine Rolle gespielt haben. Wird doch auch heute noch die Gegend von Ceutí und Lorquí des öfteren von Erdbeben heimgesucht.

Eine tiefe Senke, die von Alicante über Orihuela—Murcia—Lorca verläuft, grenzt das nordmurcianische Gebirgsland nach S. hin ab.

Dieses Gebirgsland ist fast ganz aus Schichten der Trias-, Jura- und Tertiärformation aufgebaut; die Schichten sind am Ende des Tertiärs stark gefaltet, zum Teil überschoben und dann stellenweise zu einer Rumpffläche abgetragen. Intensive Bruchbildung am Ende des Pliocän scheint dann das heutige wechselvolle Relief geschaffen zu haben.

Einem großen Längsbruch entspricht diese Senke Alicante—Murica—Lorca; sie setzt sich über den Paß von Almendricos ohne Unterbrechung in den Almanzoragraben hin fort und die steilgestellten tief eingesunkenen Pliocänschichten an der Südseite der Sierra Enmedio beweisen das sehr jugendliche Alter dieses größten Längsbruches der ganzen bätischen Kordillere.

Südlich dieser großen Furche ändert sich der Charakter des murcianischen Gebirgslandes. Die Sierra Almagrera setzt sich aus der Provinz Almeria nach Ostnordosten hin in die Provinz Murcia fort und erreicht hier in der Sierra Almenara mit 880 m ihre größte Erhebung. Alte Schiefer und Triaskalke nehmen am Aufbau dieses Gebirges teil, das an der Straße von Totana nach Mazarrón endet[1]).

Südlich von Murcia verläuft der kleine isolierte Gebirgsstock der Sierra de Carrascoy parallel dem Segura.

Dann breitet sich südlich der Sierra de Carrascoy eine weite Ebene aus, das Campo de Cartagena, das, nach Osten hin sich senkend, im Süden von der Sierra de Cartagena begrenzt wird. Durch den Querbruch von Mazarrón von der Sierra Almenara getrennt, erhebt sich die Sierra de Cartagena im Westen im Algarrobo zu einer Höhe von 713 m und verliert dann nach Osten hin wesentlich an Höhe.

Dieses Küstengebirge ist aus alten Schiefern, triadischen Kalken und Dolomiten und Tertiärablagerungen aufgebaut; die mit in die Faltung einbezogenen oben auf dem Kamme des Gebirges liegenden

---

[1]) Unsere Karten, z. B. die im Stieler und anderen Atlanten, geben eine völlig verkehrte Darstellung des murcianischen Gebirgslandes.

Miocänschichten beweisen, daß die Faltung dieses kleinen erzreichen Gebirges erst in jüngsttertiärer Zeit erfolgt ist. An ganz jungtertiären Brüchen (oberpliocän ?) ist dann die Ebene nördlich des Gebirges in die Tiefe gesunken und gleichzeitig das Gebirge, besonders im Westen zu seiner heutigen Höhe gehoben. Zahlreiche Brüche durchsetzen das Gebirge, so besonders in der Umgebung von Cartagena und haben hier wohl auch den Anlaß zur Ausbildung der Bucht von Cartagena gegeben[1]).

Das Klima.

Die Provinz Murcia gehört zu dem südostspanischen Klimabezirk, dessen Klima gekennzeichnet wird durch sehr hohe Sommertemperaturen mit einem Temperatur-Maximum im Juli bzw. August, durch sehr trockene Sommer und zwei Regenmaxima, von denen das Hauptmaximum auf die Herbstmonate September/Oktober, das Frühlingsmaximum in den April und Mai fällt.

Die Temperatur. Nur von wenigen Stationen aus der Provinz liegen zuverlässige Temperaturbeobachtungen vor. Wir geben in der folgenden Tabelle einen Überblick über die zwanzigjährigen Monats- und Jahresmittel der Stationen Murcia und Cartagena und fügen zum Vergleich die Messungen der Stationen Almeria im Westen und Alicante im Osten hinzu[2]).

	Jan.	Febr.	März	April	Mai	Juni	Juli	Aug.	Sept.	Okt.	Nov.	Dez.	Jahr
Almeria	**13.1°**	13.7°	14.7°	16.8°	19.1°	22.5°	25.3°	**25.8°**	23.7°	19.9°	16.9°	14.0°	18.8°
Cartagena	**10.3°**	11.3°	12.9°	15.2°	17.5°	21.2°	24.1°	**24.4°**	22.3°	18.3°	14.9°	11.4°	17.0°
Murcia	**10.1°**	11.8°	13.5°	16.0°	19.0°	22.8°	**26.0°**	**26.0°**	23.4°	18.9°	14.6°	10.9°	17.7°
Alicante	**10.7°**	12.0°	13.5°	15.9°	18.6°	22.0°	**25.1°**	**25.3°**	23.4°	19.2°	15.4°	12.1°	17.8°

Vergleicht man den Verlauf der Temperatur der vier Orte miteinander, so fällt die Gleichmäßigkeit des Temperaturverlaufes zunächst auf; das Temperaturminimum im Januar, das Maximum im August. Die kontinentalere Lage Murcias kommt in dem raschen Ansteigen der Temperaturen im April und Mai deutlich zum Ausdruck. Die einzigen Stationen aus der Provinz, von denen weitere Temperatur-

---

[1]) Ich hoffe in Kürze an anderer Stelle die gesamten neueren Fortschritte über den Bau und das Alter der bätischen Kordillere ausführlicher darstellen zu können.

[2]) A. B. Rosenstein: Die Temperaturverhältnisse von Mittel- und Südspanien. Hamburg 1911. S. 12.

beobachtungen vorliegen, Totana und Lorca, haben ebenfalls das Temperaturmaximum im August; die mittlere Jahrestemperatur von Totana beträgt 16.9°, von Lorca 17°)[1]. In Yecla soll sich nach 10-jährigen Beobachtungen die mittlere Jahrestemperatur auf 17.8° belaufen.

Von größter Bedeutung für das Wirtschaftsleben ist die Kenntnis der mittleren Monatsminima. Diese betragen für Murcia im Januar: — 0.3°, für Lorca: Januar: — 2.8°, Februar: — 1.1°, März: — 1.7°, Dezember: — 0.6°; für Totana: Januar: — 3°, Februar: — 5°. Unter den häufig auftretenden Frösten im Januar und Februar leiden häufig die Mandel- und Orangenkulturen und die Folgen machen sich dann regelmäßig in einer geringeren Ausfuhr bemerkbar.

Die Niederschläge. Wie überall in den Mittelmeerländern, so ist auch im Südosten Spaniens die jährliche Regenmenge und ihre monatliche Verteilung von entscheidendem Einfluß auf die Landwirtschaft. Leider ist die Verteilung der Regenstationen eine sehr ungleichmäßige und eine Reduktion auch der kürzeren Beobachtungsreihen ist infolge des Fehlens der Angaben über die monatliche Regenverteilung nicht möglich.

Die Verteilung der monatlichen und jährlichen Regenmengen veranschaulicht für eine Reihe von Orten folgende Tabelle:

Mittlere monatliche Regenmenge in mm

Station	Beobachtungsjahre	Jan.	Febr.	März	April	Mai	Juni	Juli	Aug.	Sept.	Okt.	Nov.	Dez.	Jahr
Murcia	30	31	27	32	**41**	38	19	8	5	**48**	47	37	47	380
Alhama	12	37.0	19.6	**47.9**	14.2	24.1	23.1	4.0	3.7	29.9	35.9	**42.9**	**42.9**	391.4
Totana	5	31.6	16.6	**37.8**	21.8	34	15.2	5.6	6	40.2	**62.8**	37.8	31.4	339.8
Lorca	6	29.2	23.3	47.2	32.2	**49.5**	7.2	0.3	9.3	17.5	32.5	**46.5**	25.2	319.8

Da Cartagena nach 19jährigen Messungen eine mittlere Niederschlagsmenge von 392,6 mm besitzt, so dürfte im ganzen Süden der Provinz eine mittlere jährliche Regenmenge von 400 mm nirgends überschritten werden. Gehen wir weiter nach Osten, so hat Alicante eine mittlere Regenmenge von 446 mm, im Westen in der Provinz Almeria Garrucha nach 7jährigen Beobachtungen 359 mm Jahresniederschlag. Es dürfte also der ganze Südosten der Provinz Murcia zu den regenärmsten Gebieten Südspaniens gehören. Für die Kennt-

[1]) Met. Zeitschr. 1916, S. 34.

nis der Regenverteilung dieser Gegend wären Regenstationen in Aguilas, Huercal-Overa und Vera von größter Bedeutung.

Verfolgt man die monatliche Verteilung der Niederschläge, so tritt ein Frühjahrs- und Herbstmaximum des Niederschlages deutlich hervor. Murcia und Totana haben das Maximum im Herbst, Lorca und Alhama im Frühjahr.

Nördlich der Linie Murcia—Lorca haben wir nur von der Sierra Espuña ausführliche Niederschlagsbeobachtungen:

	Jan.	Febr.	März	April	Mai	Juni	Juli	Aug.	Sept.	Okt.	Nov.	Dez.	**Jahr**
Huerta (760 m)	55.8	**34.2**	**69.8**	24.5	53.8	51.5	4.1	7.2	45.9	**69.1**	67.7	67.7	508.7
Labores (1133 m)	67.2	34.8	**80.5**	29.4	57.5	41.4	11.3	9.2	42.1	**79.7**	74.3	74.3	553.5
Cojos (854 m)	54.9	27.4	**65.4**	17.5	47.0	35.9	3.8	4.3	33.0	48.5	**59.9**	**59.9**	417.4
Carrasca (1040 m)	55.3	32.7	**80.7**	26.3	55.1	37.1	5.4	4.3	36.0	66.4	**68.0**	**68.0**	485.8
Morrón (1580 m)	34.0	19.7	**57.8**	23.1	43.0	32.2	0.6	2,3	37.8	**66.9**	48.5	48.5	384.4

Im allgemeinen sehen wir eine nicht unerhebliche Steigerung der mittleren Regenmenge im Gebirge, die auf der Ostseite in Huerta und Labores ihre höchsten Werte mit über 500 mm im Jahre erreicht. Das Hauptregenmaximum fällt mit Ausnahme von Morrón auf das Frühjahr. Die jährliche Niederschlagsmenge scheint nach Norden und Nordosten hin wieder abzunehmen, da Cehegin nur ein Jahresmittel von 343.2 (6 Jahre) und Ricote ein solches von 353.9 mm (3 Jahre) aufweist. Höhere Niederschlagsmengen möchte ich erst wieder in den Gebirgen im Nordosten vermuten, da hier ein stellenweise nicht unerheblicher Waldbestand noch vorhanden ist.

Faßt man die Beziehungen der Vegetation zu den Gebieten mit geringen Niederschlagsmengen ins Auge, so dürfte die mittlere Niederschlagsmenge der Provinz kaum 400 mm betragen; als Feuchtigkeitsinseln mit über 400—600 mm dürften die höheren Gebirgszüge im Segurabogen und am oberen Segura über das weite Trockengebiet emporragen.

Charakteristisch für das Klima Südostspaniens sind die enormen Schwankungen der jährlichen Niederschlagsmengen; wir geben einige Jahre, in denen diese Schwankungen besonders groß sind:

	Cartagena	Murcia	Alicante
1883....	333	297	273
1884....	**647**	**765**	**936**
1885....	315	353	444

Die Gegenüberstellung der größten und geringsten jährlichen Regenmengen der einzelnen Beobachtungsstationen zeigt folgende gewaltige Unterschiede, die besonders im Verhältnis der Minima zu den Maxima zum Ausdruck kommen[1]):

	Maximum	Minimum	Differenz	Verhältnis
Cartagena..	(1884) 647 mm	(1897) 191 mm	456 mm	1:3.4
Murcia.....	(1884) 765 „	(1879) 175.2 „	589.2 „	1:4.4
Alicante ...	(1884) 936 „	(1892) 155 „	781 „	1:6

Genau die gleichen Verhältnisse zeigen auch weitere Stationen, deren Ergebnisse erst kürzlich bekannt wurden[2]):

	Maximum	Minimum	Differenz	Verhältnis
Huerta	794.9 mm	213.1 mm	581.8 mm	1:3.7
Alhama....	452.2 „	111.5 „	340.7 „	1:4
Carrasca ...	706.2 „	111.7 „	594.5 „	1:6.3

Sehr oft überschreiten auch die monatlichen Maxima die in trockenen Jahren beobachteten Gesamtregenmengen erheblich. So fielen im September 1888 in Murcia 216 mm Regen, im ganzen Jahr 1879 dagen nur 175.2 mm. Die Niederschläge im Herbst erfolgen meist im Form von Platzregen. Der infolge der andauernden Trockenheit steinharte Boden vermag die Wassermassen nicht aufzunehmen, sie fließen rasch ab. Dann treten die Flüsse über die Ufer und richten, große Schlamm- und Schuttmassen mit sich führend, in dem Kulturland schlimme Verheerungen an. Besonders berüchtigt ist in dieser Hinsicht der Mulafluß. Diese Überschwemmungen sind gleichfalls für den ganzen Südosten charakteristisch, treten aber in gleicher Regelmäßigkeit und Stärke in den westlichen andalusischen Provinzen nicht auf. Was für Regenmengen an einem Tage zu Beginn dieser Herbstregen herunterstürzen, zeigt folgende Zusammenstellung der größten täglichen Regenmengen:

Labores......	160 mm	Huerta.......	138.9 mm
Alguerias.....	142.5 „	Murcia.......	130 „
Carrasca	139.2 „	Alhama	106.2 „

Daß diese gewaltigen Regengüsse in hohem Grade die mittleren monatlichen, ja sogar die jährlichen Regenmengen beeinflussen, dafür gibt Rikli ein Beispiel an. Im Juli 1869 brachte in Murcia ein heftiger Gewitterregen an einem Tag 71 mm Regen; da das Julimittel für Murcia 8 mm beträgt, so ist an diesem einzigen Tage so-

[1]) Rikli: Botanische Reisestudien von der spanischen Mittelmeerküste. Zürich 1907, S. 89.

[2]) Met. Z. 1916, S. 34.

viel Regen gefallen, wie normalerweise erst die Juliniederschläge von etwa 9 Jahren ergeben.

Der Einfluß von Temperatur und Niederschlag macht sich im Wirtschaftsleben Murcias in einschneidender Weise bemerkbar. Das warme Klima, besonders die hohen Sommertemperaturen, begünstigt das. Gedeihen zahlreicher subtropischer Kulturpflanzen. Die lange sommerliche Trockenheit zwingt zur Einführung künstlicher Bewässerung und zur Anlage von Staudämmen (Lorca). Da indessen der größte Teil der Provinz zu trocken ist, ist auch die bewässerbare Fläche verhältnismäßig gering.

Einen überaus schädlichen Einfluß haben die durch die plötzlich einsetzenden Herbstregen hervorgerufenen Überschwemmungen. Sind die Herbstregen von normaler Stärke, so bestehen die Schäden gewöhnlich darin, daß der Verkehr auf den Landstraßen infolge Unter- oder Überspülung unterbrochen wird und daß Schuttmassen an nicht genügend geschützten Stellen auf das Kulturland geschwemmt werden. Überschreiten die Herbstregen das normale Maß, dann treten zumeist Katastrophen ein. Die Bahndämme werden wegschwemmt, Brücken und Häuser fortgerissen und Menschen und Vieh kommen in den Fluten um. Im September 1906 mußte ich im Huercal-Overa die Fahrt nach Lorca aufgeben, da infolge sündflutartiger Regen der Verkehr auf der Landstraße und Eisenbahn völlig lahmgelegt war.

Es ist klar, daß solche Wasserkatastrophen auf den leicht erregbaren Südspanier einen gewaltigen Eindruck machen und daß daher zahlreiche Schilderungen uns von diesen Naturereignissen im Flußgebiet des Segura und Guadalentin berichten[1]). Überblickt man die an dieser Stelle mitgeteilten Berichte, so ergibt sich zunächst keine Gesetzmäßigkeit in der Wiederkehr dieser Überschwemmungen; irgend welche bestimmte Perioden, in denen sie sich wiederholen, zeigen sich nicht. Fast alle Überschwemmungen entfallen auf die Herbstmonate, doch ist der Oktober der bevorzugte Monat. Weitaus die schlimmste Überschwemmung scheint die vom 14. Oktober 1879 gewesen zu sein, also dem Jahr mit der niedrigsten überhaupt in Murcia beobachten Jahresregenmenge. Nach einem sehr trockenen Sommer setzten um die Mitte des Oktober die Herbstregen ein; der Segura stieg in kurzer Zeit und überschwemmte die Vega, schüttete riesige Schuttmassen über die Fluren, riß Häuser und Brücken weg und vernichtete zahlreiche Menschenleben. Etwa

---

[1]) Bol. Com. Mapa Geol. Esp. 25, 1900, S. 10ff.; 29, 1909, S. 60ff.

68% der gesamten Vega von Murcia wurden überschwemmt; 178 Menschen und 13769 Stück Vieh kamen in den Fluten um; zerstört wurden ferner 2611 Wohnhäuser und 1407 Wirtschaftsgebäude aller Art. Der Gesamtschaden in Murcia wurde von amtlicher Seite zu rund 9 Mill. Pesetas angegeben. Gleichzeitig richtete die Überschwemmung auch an anderen Stellen großes Unheil an, besonders in Lorca, wo der verursachte Schaden auf 1.7 Millionen Pesetas geschätzt wird.

Zur Verhütung dieser Überschwemmungen sind in der Neuzeit mancherlei Maßregeln ergriffen. Bei Lorca hat der 1802 geborstene später aber wieder aufgebaute Staudamm des Pantano de Lorca schon viel zur Verminderung der Hochwassergefahr beigetragen. Um die Wende des 19. Jahrhunderts brach sich dann aber die Überzeugung Bahn, daß, wollte man die Überschwemmungen wirksam bekämpfen, man zunächst einmal erst die Niederschlagsverteilung in der Provinz studieren müßte. Man begann 1896 mit der Einrichtung eines Netzes von Regenstationen in der Sierra Espuña, um hier später systematische Aufforstungen vorzunehmen und beabsichtigt, diese Untersuchungen auch auf andere Teile der Provinz auszudehnen.

Die wirtschaftlichen Verhältnisse.

Die Landwirtschaft.

Landwirtschaft und Bergbau sind von jeher die Grundpfeiler der Wirtschaft der Provinz Murcia gewesen, doch hat sich der Bergbau, namentlich auf Eisen erst in den letzten Jahrzehnten zu seiner heutigen Bedeutung emporgeschwungen. Die Kultur des Ölbaums und Weinstocks erwähnen schon die römischen Schriftsteller, dagegen fehlten die heute so wichtigen Aurantiaceen damals völlig. Die reichen Kornernten des Hinterlandes von Neukarthago bezeugt Livius, die wertvolle Artischokenkultur der gleichen Gegend und ihre Trüffeln rühmt Plinius. Espartogras lieferte der weite „Campus Spartarius“ und der ein feines Gespinst liefernde Baum bei Neukarthago, den Strabo erwähnt, dürfte die Baumwollstaude gewesen sein. Kurz, das Land, in dem den ganzen Winter über wie Plinius erzählt, die Rosen blühten, spielte schon damals für die Nahrungsmittelversorgung eine nicht unwichtige Rolle, wenn auch die Wasserarmut (Mela II, 86) ein schwer zu bekämpfendes Hindernis war.

Trotz der großen Rolle, die die Landwirtschaft in der Provinz

Murcia spielt, fehlt es noch immer an zuverlässigen Angaben über die Verteilung der einzelnen Kulturen. Dagegen hat der Reichtum landwirtschaftlicher Erzeugnisse in zwei wichtigen Werken eine willkommene Grundlage für die weiteren Darlegungen geschaffen[1]).

Nach einer rohen und durchaus nicht zuverlässigen Statistik[2]) gliedert sich das Areal der Provinz in folgende vier Gruppen:

Wald und Weiden	311 390 ha
Getreideland	550 056 ,,
Gartenland	126 478 ,,
Unproduktiv	165 746 ,,
	1 153 670 ha

Viel wichtiger als diese Statistik ist aber für die Betrachtung der Landwirtschaft die Gliederung des Landes in die Zone des Trockenlandes, des Campo Secano, und die des bewässerten Landes, des Campo Regadio. Von größter Bedeutung ist nun die geographische Verbreitung dieser beiden Zonen. Soweit Schätzungen vorliegen, umfaßt die bewässerte Zone der Provinz nach Salazar ein Areal von 56029 ha, wovon der größte Teil auf das Seguraflußgebiet entfällt. Hier verteilt sich das Campo Regadio auf die einzelnen Gemeinden wie folgt:

Moratalla	330 ha	Blanca	168 ha
Calasparra	427 ,,	Ojos	48 ,,
Cieza	666 ,,	Villanueva	59 ,,
Abarán	185 ,,	Ulea	53 ,,
Archena	178 ,,	Molina	894 ,,
Lorquí	117 ,,	Huerta de Murcia .	10769 ,,
Ceutí	246 ,,	Huerta de Lorca .	11700 ,,
Alguazas	447 ,,	Huerta de Caravaca	5200 ,,

Es entfallen also auf diese 16 Gemeinden 31487 ha, d. h. mehr als die Hälfte des bewässerten Landes; die restlichen 24542 ha sind oasenartig über die ganze Provinz zerstreut. So finden sich zahllose solcher kleinen Bewässerungsoasen auf dem Campo de Cartagena, wo das Wasser durch Norias und kleine Windmotoren gehoben und auf die Felder verteilt wird; ferner in den Gemeinden Abanilla,

[1]) Z. Salazar: La agricultura en la provincia de Murcia. Madrid 1911. 245 S.

J. M. Escribano y Pérez: Pomona de la Provincia de Murcia. Mem. R. Acad. Cienc. Exact., Fis. y Nat., Madrid X, 1884, 224 S.

[2]) Prados y Pastos, 2. Ed., Madrid 1908, S. 266.

Fortuna u. a. Am spärlichsten treten sie auf in den nördlichen Bezirken von Yecla-Jumilla sowie in Westmurcia in den Gemeinden Aguilas und dem westlichen Lorca. Als fast ununterbrochener Streifen zieht sich das bewässerte Land von Cieza aus am Segura abwärts; bei der Vereinigung des Sangonera mit dem Segura gewinnt es an Breite und setzt sich über Murcia und Beniel nach der Provinz Alicante fort. Ein zweites großes bewässertes Gebiet beginnt mit stattlicher Breite bei Lorca, um sich in der Richtung auf Librilla zusehends zu verschmälern und dann mit dem von Murcia sich zu vereinigen. Die Bewässerung in diesen beiden Gebieten erfolgt zum größten Teile durch Flußwasser, das in zahllosen Kanälen über die Felder geleitet wird. Es würde also das ganze Gebiet, das vom Sangonera-Segura bewässert wird, eine typische Flußwasservega darstellen[1]). Quellwasservegas treten dem gegenüber an Flächenausdehnung weit zurück; in ihrer Verbreitung sind sie vor allem an den Saum der Gebirgszüge gebunden, wo zahllose z. T. starke Quellen kleinere geschlossene Flächen bewässern. Wo das Campo regadio fehlt, da herrscht das Trockenland vor, das stets flächenhaft auftritt, wie in den Bezirken von Yecla, Jumilla, Lorca, Caravaca, Mula, Totana, Aguilas, Mazarrón. Es sind also die nördlichen und der überwiegende Teil des Westens und Südens die Gebiete, in denen die Landwirtschaft ohne künstliche Bewässerung betrieben wird.

Der landwirtschaftliche Betrieb der Provinz selbst — sieht man von der Kultur des bewässerten Landes ab — steht im wesentlichen auf der gleichen niedrigen Stufe wie in der Nachbarprovinz Almeria. Zwar fehlt der Großgrundbesitz, aber die Einschaltung weiter Strecken Ödlandes erschwert die Bewirtschaftung des Bodens ungemein. Die Dreifelderwirtschaft herrscht vor; Düngung ist zumeist unbekannt; vielfach werden auch in den westlichen gebirgigeren Teilen Flächen bestellt, deren Böden auch den genügsamsten Kulturpflanzen kaum noch zusagen. Der Anbau von Getreide — mit Ausnahme des Reis — und Hülsenfrüchten steht auf dem Trockenland obenan. Hauptweizengebiete sind die Gemeinden Lorca, Mula und Caravaca. Die Aussaat des Weizens erfolgt im Oktober; die Ernte wird von Scharen von Schnittern besorgt, die vielfach aus den Nachbarprovinzen kommen und dann im Akkord arbeiten. Die Weizenproduktion auf unbewässertem Land beträgt im Mittel 6—8 hl

[1]) Vgl. Quelle, a. a. O., S. 34.

pro ha; an den wenigen Stellen, wo die Weizenfelder bewässert werden, steigert sich der Ertrag auf 25—30 hl pro ha. Gerste wird besonders in der Gemeinde Totana angebaut, wo sie von größerer Bedeutung ist, als der Weizenanbau; der Roggen gedeiht am besten um Caravaca; Hafer wird überall angebaut. Die mittleren Erträge pro ha belaufen sich bei der Gerste auf 15, Hafer auf 20 und Roggen auf 7 hl. Auch hier ruft künstliche Bewässerung eine erhebliche Produktionssteigerung hervor, die Salazar für die Gerste auf 400 hl angibt. Als tägliches Nahrungsmittel sind die Hülsenfrüchte von Bedeutung, deren Anbau, soweit er die Kichererbse betrifft, in keiner Gemeinde fehlt; doch werden auch die Kichererbsenfelder zumeist nicht bewässert.

Machen sich bei den Erträgnissen des Zerealien- und Leguminosenanbaues, soweit dieser auf unbewässertem Lande erfolgt, die Ungunst des Bodens und klimatische Einflüsse gar oft in einschneidender Weise bemerkbar, so gilt dies in noch höherem Maße von einer Reihe anderer Kulturpflanzen. So liegen nach Salazar von den 58500 ha Weinland nicht weniger als 54000 auf unbewässertem Boden; da ist es selbstverständlich, daß bei dem häufigen Ausbleiben des Regens oder bei zu großer Hitze die Ernte mißrät. Das Hauptweinbaugebiet der Provinz liegt im Bezirk Jumilla im Norden, wo der Weinstock fast ausschließlich auf Trockenland angebaut wird; darum schwanken auch die Ernteerträge hier von 1500—3000 kg pro ha.

Ein kleiner wichtiger Weinbaubezirk lag früher in der Gemeinde Bullas; doch ist hier infolge der „Nachlässigkeit und Trägheit“ der Bewohner der Weinbau, die Hauptquelle des Reichtums, zurückgegangen. Der starke Bevölkerungsrückgang dieser Gemeinde von 7722 im Jahre 1900 auf 4414 in 1910 veranschaulicht deutlich die Wirkungen dieser Vernachlässigung. Trotzdem viele Gemeinden mit der Einführung amerikanischer Weinstöcke einen Erfolg zu verzeichnen gehabt haben, sind doch weite Strecken Weinlandes, in denen die Phylloxera seit Jahren aufgetreten ist, verödet. In den Trockengebieten des Westens ist in neuerer Zeit aus der Provinz Almeria die Kultur der Versandtraube eingeführt, die namentlich bei Alhama gute Existenzbedingungen findet und auch in Lorca und Totana nicht fehlt. Im Bezirke von Aguilas sah ich sie an mehreren Stellen angebaut, wenn auch nirgends in so ausgedehnten Flächen, wie in der westlichen Nachbarprovinz.

Günstige Anbaubedingungen finden auf dem Trockenland der

Ölbaum, Feigenbaum, die Mandel- und Johannisbrotkultur. Während aber die Produkte des Ölbaums und Johannisbrotbaumes lediglich in der Provinz verbraucht werden, ist der Export von Feigen und Mandeln erheblich.

Der Ölbaum findet sich überall in der Provinz, da Oliven und Olivenöl zu den wichtigsten Bestandteilen der täglichen Nahrung gehören. Der Johannisbrotbaum wird nur in kleinen Beständen hier und da kultiviert; seine Früchte dienen fast ausschließlich als Futter für Pferde, Maultiere und Schweine.

Überall verbreitet, doch im Westen des Seguratales vorherrschend, liefert der Feigenbaum in seinen Früchten ein treffliches Nahrungsmittel und einen wichtigen Ausfuhrartikel; für den Tisch der ärmeren Bevölkerung ist die Feige ganz unentbehrlich. Die Zahl der Spielarten ist überaus groß, wie in allen spanischen Provinzen des Südens.

Dem Mandelbaum, ebenfalls in vielen Varietäten angebaut, sagen die trockenen lockeren Böden der westlichen Hälfte der Provinz am meisten zu; er geht in den Gebirgen bis zu 700 und 800 m Höhe empor, doch findet er sich hier nur in Lagen, wo er vor den kalten Nordwinden geschützt ist. Insektenplagen und häufige Fröste im Januar beeinflussen die Ernteerträgnisse mancher Jahre. In der Ausfuhr spielen die Mandeln — es werden nur süße Mandeln gewonnen — eine wichtige Rolle.

Der Safran, der in der Provinz Albacete an vielen Stellen angebaut wird, greift von dieser Provinz auf die nördlichen Trockengebiete Murcias in der Gemeinde Jumilla über, wo er vielfach kultiviert wird; sonst findet er sich noch im Norden der Gemeinde Lorca.

Ein Fremdling auf dem murcianischen Trockenland ist die Opuntie, deren Früchte, die süßlichen Chumbos, der ärmeren Bevölkerung als Nahrung dienen. Der Süden und Südwesten der Provinz sind seine Hauptverbreitungsgebiete. Die Opuntien treten hier oft in großen Beständen auf; ich sah einzelne Exemplare von über 2 m Höhe. Wo man ihnen etwas Pflege angedeihen läßt, verdrei- und vervierfacht sich der Ertrag, der in schlechten Jahren von 1 ha etwa 1500 kg Chumbos ergibt.

Im allgemeinen überwiegt also im Nordzipfel der Provinz sowie in ihrer ganzen Westhälfte die auf unbewässertem Boden betriebene Landwirtschaft. Geringere Erträge, starke Schwankungen des Ernteertrages und nur eine Ernte im Jahre sind das Hauptkennzeichen des Ackerbaues auf dem Campo secano. Dazu kommt, daß die meisten Fruchtbäume des Campo secano niedrigen Wuchses sind.

Die geringe Ertragsfähigkeit des unbewässerten Landes spiegelt nun die Volksdichtekarte überaus deutlich wieder. Der Boden kann hier eben nur wenige Menschen ernähren; darum erreicht die Volksdichte aller dieser Gebiete sehr niedrige Werte; sie bleibt weit unter dem Mittel zurück und geht auf 1 bis 10 Einwohner pro qkm herunter. Desgleichen fehlen diesen Gebieten größere Wohnplätze und auch die Zahl der Kleinsiedelungen ist gering.

Vollkommen verschieden von der Landwirtschaft des Campo secano ist die des Campo regadio. Der Ackerbau auf bewässertem Lande wird gekennzeichnet durch höhere Sorgfalt, die man ihm hier angedeihen läßt, durch eine größere Zahl von Kulturpflanzen, die auf ihm gedeihen, durch häufigere und durch klimatische Ursachen weniger stark beeinträchtigte Ernten.

Nach den ausführlichen Beschreibungen des Vegas von Lorca und Murcia, die J. Brunhes[1]) gegeben hat, genügen hier nur wenige kurze allgemeinere Bemerkungen.

Die Kosten der künstlichen Bewässerung sind nach Jahreszeiten und Lage der zu bewässernden Gebiete verschieden hoch. So beträgt in Lorca der Preis für einen Faden (hila) Wasser = 11,50 *l* in der Sekunde vom Oktober-März 2 Pesetas, im Frühjahr 10 und im Sommer 5 Pesetas. In Mula ist das gesamte zur Bewässerung zur Verfügung stehende Wasser Privatbesitz und wird zum Preise von 1.50—15 Pesetas für einen Faden abgegeben; in Trockenjahren sind die Preise oft noch wesentlich höher. In Caravaca gehört das Wasser der Gemeinde, und jeder Landwirt hat für eine bestimmte Fläche zu berieselnden Landes eine Abgabe zu leisten.

In Betreff der Verteilung der Kulturen ist zu bemerken, daß die Mannigfaltigkeit des Anbaues am größten in den bewässerten Gebieten des Seguratales ist; in allen übrigen Gebieten mit künstlicher Bewässerung beschränkt sich infolge der geringeren zur Verfügung stehenden Wassermenge der Anbau auf Weizen, Kartoffeln, Gemüse und einige Fruchtbäume.

Neben der künstlichen Bewässerung erfolgt fast überall künstliche Düngung, und es ist kein Wunder, wenn die Ernteerträge

[1]) L'Irrigation dans la Péninsule Ibérique et dans l'Afrique du Nord. Paris 1904. S. 86ff.

dank der großen Sorgfalt, mit der der Anbau der Pflanzen betrieben wird, recht hohe sind.

Der Weizen- bzw. Maisanbau und die Orangenkultur spielen im Campo regadio die wichtigste Rolle. Während aber Mais und Weizen lediglich für den Eigenbedarf angebaut wird, erfolgt die Orangenkultur nur zu Ausfuhrzwecken. Die Orangenanbauflächen sind in ständigem Wachsen begriffen und die Zahl der Varietäten recht groß. Die Vega von Murcia und Totana liefert die meisten Orangen, doch stehen die Gebiete zwischen Cieza und Alcantarilla nur wenig hinter der Produktion des unteren Seguratales zurück. Aus den Blüten von Citrus aurantium wird durch Destillation eine für medizinische und kosmetische Zwecke vielbenutzte Essenz gewonnen.

Neben dem Orangenbaum genießen noch eine Reihe anderer Fruchtbäume, die alle in zahlreichen Spielarten angebaut werden, hohe Bedeutung. So der Aprikosenbaum, dessen Früchte roh oder konserviert zur Ausfuhr gelangen, der Pfirsichbaum, die Quitten, deren Früchte in Konditoreien sehr geschätzt sind, Apfel- und Birnbäume und der für die Zucht der Seidenraupe wichtige Maulbeerbaum. Im Haushalte der Bevölkerung spielen die zahllosen Gemüsearten: Tomaten, Kohl, Zwiebeln usw. eine ebenso große Rolle wie Melonen und Kürbisse, die auf gut bewässertem Gebiet hohe Erträge abwerfen. Ein Melonenfeld von 1 ha gibt bei sorgsamer Pflege 1000 Pesetas Ertrag.

Eine Besonderheit der murcianischen Landwirtschaft ist der Reisbau. Früher im mittleren Seguratale heimisch, wo die Reisfelder das Auftreten der Malaria verursachten, wird heute Reis nur noch in Calasparra und Moratalla angebaut. Wie der Reisbau so ist auch der Hanfbau immer mehr zurückgegangen, und nur im Bezirk von Caravaca findet man ihn noch.

Die Forstwirtschaft hat im Wirtschaftsleben der Provinz Murcia nicht die ihr zukommende Bedeutung. In früheren Zeiten waren die Gebirge der Provinz in dem vom Segura und Sangonera eingschlossenen Teile Murcias mit lichten Kiefernwäldern bedeckt. Der starke Bedarf an Grubenholz und an Brennholz für die Hütten bewirkte eine bedauerliche Vernichtung des Waldbestandes, ohne daß man im 19. Jahrhundert daran dachte, an Stelle der niedergehauenen Bäume auch nur einen neuen zu pflanzen. Infolge dieser rücksichtslosen Waldvernichtung finden wir heute den Wald in die höheren Teile der Gebirge östlich von Caravaca und nördlich von Moratalla zurückgedrängt. Erst in der Neuzeit hat man in der Sierra Espuña nördlich von Totana systematisch mit Aufforstungen begonnen. Der Niederwald, monte bajo, die Gebüschformation, nimmt nach der Statistik noch ansehnliche Flächen ein und gewinnt, da er Brennmaterial in Menge liefert, hohe wirtschaftliche Bedeutung. An der Zusammensetzung des monte bajo haben die Cistusarten hervorragenden Anteil. Über und über mit getrockneten Ginsterbüscheln bedeckte Esel und Maultiere begegneten mir gar oft auf den einsamen Pfaden im Westen der Provinz.

Das wichtigste Produkt der murcianischen Forstwirtschaft ist das Espartogras, das in den trockenen niederschlagarmen Strichen der Provinz seine günstigsten Existenzbedingungen findet. Hauptespartograsgebiete sind der ganze Norden nördlich von Cieza, der trockene Westen, besonders in den Gemeinden Lorca und Aguilas, und schließlich das Campo de Cartagena. Die größte Espartograsausfuhr hat Aguilas, da hierher die großen Mengen der bei Lorca geernteten Halfa mit der Bahn auf kürzerem Wege befördert werden. Anthropogeographisch von Interesse ist die Tatsache, daß die Halfagrassammler, die Esparteros, auch heute noch zur Halfaeinsammlung nach Algier hinübergehen und nach beendigter Ernte zum Teil in die Heimat zurückkehren[1]). Da sie kräftigere und gewandtere Arbeiter sind als die ansässige Bevölkerung, so sind sie hier ganz besonders geschätzt.

Die Viehzucht ist aus natürlichen Gründen nur wenig entwickelt. Es fehlt vor allem an dem notwendigen Futter zur Haltung von Großvieh, und wo es, wie bei Lorca, auf dem bewässerten Land angebaut wird, da sind die Produktionskosten zu hoch. Der Viehbestand weist folgende Zusammensetzung auf[2]):

Pferde	11054	Schafe	225730
Maultiere ...	34718	Ziegen	89757
Rinder	8828	Schweine ...	44275
Esel	42626		

Es herrscht also, wie in den Nachbarprovinzen, die Kleinviehzucht durchaus vor; aus natürlichen Gründen; finden doch Schafe und Ziegen, die in den einsamen Gebirgen weiden, im Buschwald genügend Futter. Maultiere und Esel werden als Zug- und Lasttiere

[1]) Wallraff: Geogr. Verbreitung, Geschichte etc. der Halfa. Diss. Bonn 1890. S. 31/32.

[2]) Salazar, a. a. O., S. 229.

überall gehalten, und die Schweinezucht ist in jedem Dorf zu Hause. Viehzuchtprodukte wie Milch und Käse werden an Ort und Stelle verbraucht oder kommen nach Murcia, Cartagena und Lorca auf den Markt. Der überall verbreiteten Hühnerzucht widmet man keine Sorgfalt, und das gleiche gilt leider für die Bienenzucht, obwohl die Provinz mit ihrer Fülle aromatischer Pflanzen die denkbar günstigsten Vorbedingungen bietet. Die Zucht der Seidenraupe ernährt in der Vega von Murcia zahlreiche Familien.

Die Fischerei, die noch vor vielen Jahrzehnten auch im Segura Erträge abwarf, hat heute nur noch Bedeutung für die kleinsten Dörfer am Mar Menor: Roda, Algar, S. Javier und S. Pedro del Pinatar; hier liegen gleichzeitig auch eine Reihe von Salzgärten, aus denen die Bewohner des Campo de Cartagena mit Salz versorgt werden.

Der Bergbau.

Die grundlegenden Untersuchungen der Gebrüder Siret haben zu dem Ergebnis geführt, daß der Südosten Spaniens eines der ältesten Bergbaugebiete Spaniens ist. Die zahlreichen Funde von Kupfer-, Bronze-, Gold- und Silbergeräten, die man z. B. in Gräbern zwischen Lorca und Totana fand, beweisen, daß schon in prähistorischer Zeit hier Erze aus den Tiefen der Erde geholt und verarbeitet wurden.

Bis zur Eroberung Spaniens durch die Römer haben wohl alle Völkerstämme, die den Boden der Provinz Murcia betraten, hier den Bergbau zu einer gewissen Blüte gebracht, allen voran die Karthager. Aber erst zur Römerzeit entwickelte sich hier der Bergbau zu ungeahnter Höhe. Besonders auf Eisen- und Bleiförderung ging der römische Bergbau um und mit großer Sachkenntnis wurden Schächte und Stollen angelegt und zum Teil großartige Entwässerungsanlagen in den Gruben geschaffen. Im Gebiet von Mazarrón gingen die Römer mit dem Abbau bis zu 360 m Tiefe herunter und ein 2 km langer Entwässerungsstollen wurde in der Neuzeit hier entdeckt[1]); bei La Union folgten sie mit dem Abbau eines silberhaltigen Bleiganges bis in Tiefen von 280 m, d. h. bis zu 84 m unter dem Meeresspiegel[2]). Nicht alle Erze wurden von ihnen gefördert, sondern nur die reinsten; die ärmeren Erze wurden vorher entweder in den Gruben selbst angereichert oder aber sie wurden zur Ausfüllung der durch

[1]) R. Pilz: Die Bleiglanzlagerstätten von Mazarrón in Spanien. Diss. Freiberg i. Sa. 1907. S. 46.

[2]) Criaderos de hierro de la Provincia de Murcia. Madrid 1913. S. 155.

den Abbau entstandenen Hohlräume verwendet. Über die in jenen Zeiten geförderten Erzmengen besitzen wir leider keine zuverlässigen Daten.

In den der Römerherrschaft folgenden Jahrhunderten und den Zeiten der Mauren scheint der murcianische Bergbau völlig geruht zu haben. Die Mauren legten eben das Hauptgewicht auf die Hebung der Landwirtschaft. Auch in den folgenden Jahrhunderten sehen wir keine Fortschritte in der Bergbautätigkeit. Die neue Welt mit ihren Schätzen lenkte aller Blicke nach drüben und man vergaß die heimischen Bodenschätze fast ganz.

Eine Änderung in dieser Beziehung trat erst um die Mitte des 19. Jahrhunderts ein. 1850 förderten schon 750 Arbeiter etwa $^1/_4$ Mill. Metertonnen Bleierze; Scharen von Arbeitern wenden sich nach dem Süden der Provinz und 1851 wurde bereits in 200 Gruben gearbeitet und in 45 Hütten Bleierze verarbeitet. Etwa 6000 Menschen waren in diesem Jahre im Bergbau- und Hüttenbetriebe tätig und die Produktion betrug 326471 Metertonnen Blei und 20892 Mark Silber. Von 1856 an erscheinen dann auch in der Bergbaustatistik Murcias Eisenerze mit 9500 Metertonnen und binnen vier Jahren stieg die Eisenerzförderung auf 104812 Metertonnen an, von denen rund 70000 t zur Verschiffung kamen.

Von dieser Zeit an geht die Entwicklung des Bergbaues ununterbrochen vor sich, unterbrochen nur durch Einzeljahre mit verminderter Förderung infolge Stillegung einzelner Gruben, oder wegen zu niedriger Preise der Erze auf dem Weltmarkt. Zu Beginn des 20. Jahrhunderts erreicht die Förderung ihr Maximum und etwa seit 1910 mehren sich die Stimmen, die eine schwere Krise für den gesamten Bergbau prophezeien. Die Produktion vieler Gruben ging zurück, zahlreiche Arbeiter wanderten aus den Grubenbezirken ab und in dem Wachstum einzelner Siedelungen, wie in La Unión, trat ein Stillstand ein.

Die geographische Verbreitung der Erzlager beschränkt sich im wesentlichen auf drei Gebiete. Am reichsten an Erzen ist das Küstengebirge: die Sierra Almenara und Sierra de Cartagena; hier sind die Blei-, Silber- und Eisenerze mit den palaeozoischen Schiefern und triadischen Kalken sowie den jungtertiären Eruptivgesteinen vergesellschaftet. Die reichen Eisenerzlager von Cehegin liegen ebenfalls in triadischen Kalken im Nordwesten der Provinz; kleinere Vorkommnisse von Eisen sind an die Triaskalke der Sierra de Carrascoy südöstlich von Librilla und der Sierra de Enmedio geknüpft.

In den jurassischen Kalken finden sich keine Montanprodukte; im Tertiär nördlich von Lorca liegen kleine Schwefellager. Braunkohlen fehlen in der Provinz.

Weitaus am bedeutendsten ist die Gewinnung von Eisenerzen, die eine lange Geschichte der Entwicklung hinter sich hat. Da Kohlen und Wasserkräfte fehlen, so gelangten zu allen Zeiten sämtliche Eisenerze zur Ausfuhr. Infolge der zunehmenden Entwickelung der Eisenerzförderung ist das Netz der Industrie- und Drahtseilbahnen wesentlich erweitert, um einen raschen Transport der Erze nach den Verschiffungshäfen der Küste zu ermöglichen.

Die Eisenerzförderung bewegte sich von 1856—1911 (neuere Zahlen waren nicht zu erhalten) in folgenden Ziffern:

Eisengewinnung in der Provinz Murcia.

Jahr	Tonnen	Jahr	Tonnen	Jahr	Tonnen	Jahr	Tonnen
1856..	399	1873..	118018	1886..	541763	1899..	668497
1861..	3070	1874..	110836	1887..	404901	1900..	980533
1862..	3540	1875..	190626	1888..	416901	1901..	636266
1863..	2790	1876..	208686	1889..	658303	1902..	629421
1864..	2720	1877..	24600	1890..	707784	1903..	731281
1865..	9400	1878..	17298	1891..	367201	1904..	681829
1866..	5400	1879..	29024	1892..	318549	1905..	808850
1867..	10745	1880..	59933	1893..	318549	1906..	898956
1868..	12270	1881..	473773	1894..	162198	1907..	1033022
1869..	13550	1882..	545516	1895..	164453	1908..	536000
1870..	15753	1883..	599203	1896..	287760	1909..	529000
1871..	29353	1884..	422539	1897..	426400	1910..	692049
1872..	65000	1885..	363786	1898..	371391	1911..	810685

Bis zum Jahre 1891 stand Murcia in der Eisenerzförderung an 2. Stelle unmittelbar hinter Vizcaya; dann aber wurde es von Santander und seit 1909 von der Nachbarprovinz Almeria überflügelt. Die Gesamtförderung an Eisenerzen von 1856—1911 beläuft sich auf 18.1 Millionen Tonnen.

Den größten Teil der Eisenerze liefern die Gruben der Sierra Cartagena. Die Eisenerze der Sierra de Carrascoy kommen nur in geringen Mengen nach Cartagena, da der Transport auf der 40 km langen Landstraße zu hohe Kosten verursacht (7.50—8 Pesatas für die Tonne). Besonders geschätzt ist das Hämatiteisen von Cehegin; die hier noch abbaufähigen Lager werden auf mehr als 5 Millionen Tonnen veranschlagt.

Alle anderen Erze als Eisen, also silberhaltiges Blei, Eisenkies, Zink, Kupfer und Zinn treten lediglich in dem Küstengebirge auf, doch ist es nicht möglich, die Einzelfundstätten zu lokalisieren und die dort abgebauten Erzmengen zahlenmäßig zu ermitteln. Schwefel kommt nur aus dem Bezirk von Lorca.

Die Erz- und Schwefelförderung der Provinz in den letzten Jahren[1]) veranschaulicht folgende Übersicht:

	Silberhaltiges Blei	Eisen	Eisenkies	Zink	Kupfer	Zinn	Schwefel
	Tonnen	Tonnen	Tonnen	Tonnen	Tonnen	Tonnen	Tonnen
1906	106150	898956	3805	91813	1136	10	3639
1907	90057	1033022	2010	115787	798	190	7947
1908	115279	536000	3759	86584	1058	640	7158
1909	115764	529000	2803	97711	804	1150	2647
1910	101798	692049	4132	82471	1471	—	4060

Von anderen Bodenschätzen sind zu nennen die Salzförderung aus den Salinen von Mazarrón und am Mar Menor. Gute Bausteine liefern an vielen Stellen die triadischen und jurassischen Kalke; an verschiedenen Punkten werden auch Marmorlager abgebaut.

Im Anschluß an den Bergbau sei auch der Mineralquellen und Thermen gedacht. Salzsohlbäder hat Fortuna (42°), vielbesuchte Schwefelbäder Archena und Alhama, Eisenquellen Mula.

Industrie, Handel und Verkehr.

Die Provinz Murcia gehört zu den an industriellen Betrieben armen Provinzen Spaniens. Mannigfache Ursachen sind für die geringe Entwickelung der Industrie schuld: der Mangel an Kapital, der schlechte Zustand der Verkehrseinrichtungen, der Mangel an Schulbildung und nicht zuletzt der völlige Mangel an Brennstoffen oder für industrielle Anlagen auszunützenden Wasserkräften.

Mit Ausnahme der Hüttenindustrie sind alle sonstigen industriellen Anlagen nur Klein- oder Hausbetriebe. An die Landwirtschaft sind eine Reihe Industrien geknüpft, die jedoch nirgends eine besondere Bedeutung gewinnen oder etwa gar für den Export arbeiten. Ölmühlen und Getreidemühlen sind überall verbreitet; die Gemeinden mit starkem Espartograsanbau produzieren eine Fülle der verschieden-

[1]) Criaderos de hierro de la Provincia de Murcia. Madrid 1913. S. 190. — Neuere Zahlen waren wegen des Krieges trotz aller Bemühungen nicht zu erlangen.

artigsten im Haushalt der Bewohner gebrauchten Gegenstände aus Espartogras wie Matten, Körbe, Seile, Decken u. a. m. Der Wein wird an vielen Stellen gekeltert, doch ist der erzeugte Wein kein Handelsartikel. Mehrere Landstädte haben kleine Brennereien, in denen vor allem Anisschnaps hergestellt wird; andere Kleinbetriebe für die Seifenfabrikation.

Die Kultur des Maulbeerbaumes hat die Seidenindustrie begünstigt, die schon seit Jahrhunderten in Murcia heimisch ist[1]). Mehr als 100000 Menschen lebten früher hier von der Seidenindustrie und an 6000 Webstühle waren hier tätig; der Seidenhandel stand in Murcias Wirtschaftsleben an erster Stelle. Heute ist die Seidenindustrie ansässig in Murcia, Alcantarilla, Calasparra, Molina und Totana, doch gewinnt sie nur in Murcia größere Bedeutung. Darum ist auch hier eine „Estación sericícola" zur Förderung der Seidenindustrie gegründet. Über die Coconproduktion liegen nur spärliche Angaben vor; 1909 und 1910 sollen Murcia und Orihuela, die beiden Hauptgebiete mit Seidenraupenzucht in Südostspanien, 730000 bezw. 749000 kg Kokons geliefert haben[2]). Über den Export von Seidenwaren und die Zahl der Spinnereien waren keine Angaben zu erlangen.

Als Hausindustrien sind viel verbreitet die Leinen- und Wollindustrie; aber alle Betriebe arbeiten lediglich für den örtlichen Bedarf. Diese Textilindustrien sind heimisch in Murcia, Lorca (Wolle), Jumilla (Leinen), Cieza (Leinen), Caravaca (Leinen), Abanilla (Leinen). Hergestellt werden zumeist grobe Stoffe, die daher für den Export auch nicht in Frage kommen.

Die Verarbeitung von Holz ist belanglos; nur Cieza hat einige Sägewerke. Die Gewinnung von Salz in kleinen Salzgärten am Ma Menor leitet zu den Industrien über, die an die Gewinnung von nutzbaren Bodenschätzen geknüpft sind.

Obwohl Eisen, Silber, Blei und Kupfer, wie wir gesehen haben, in erheblicher Menge abgebaut werden, hat sich doch eine Metallindustrie in der Provinz nicht entwickeln können. Es fehlt vor allem an den notwendigen Arbeitskräften, dem erforderlichen Betriebskapital und an Brennstoffen. Nur die Hüttenindustrie verdient Erwähnung mit den Hauptsitzen in Mazarrón, bei Cartagena und La Unión. Die wichtigsten Hüttenerzeugnisse sind Blei in Barren und Silber und Kupfer in Barren. Die Hütten von Cartagena und La

[1]) Mem. R. Acad. Cienc. y Artes, Barcelona X, 1913, Nro 21, S. 34ff.
[2]) Ebda., S. 61.

Unión verarbeiten nur heimische Erze, nach Mazarrón kommen auch Bleierze aus den Nachbarprovinzen zur Verhüttung. Sämtliche Hüttenprodukte kommen zum Versand, vor allem nach England, Deutschland und Frankreich.

Das Verkehrswesen der Provinz ist noch wenig entwickelt. Zwei große Eisenbahnlinien durchziehen die Provinz in nordsüdlicher und westöstlicher Richtung und verbinden fast alle wichtigeren Siedelungen miteinander. Die wichtigste Linie ist die nordsüdliche, die von Madrid über Albacete und Murcia nach Cartagena läuft und hier an die direkte Schiffahrtsverbindung von Cartagena nach Oran anschließt. Darum hat auch diese Linie direkten Schnellzugverkehr zwischen Cartagena und Madrid. Die Zahl der Eil- bzw. der Personenzüge auf dieser Strecke ist gering; ebenso die Fahrgeschwindigkeit. Dies gilt auch für die ostwestliche Bahnlinie, die von Alicante über Murcia—Lorca nach Granada führt. Auf dieser ebenfalls eingleisigen Strecke verkehren nur Personenzüge, Schnellzüge fehlen. Über den Güterverkehr auf diesen beiden Linien liegen keine Zahlenangaben vor. Klagen über hohe Tarife, Beschädigungen der Güter und zu langsame Beförderung füllen mitunter Spalten in der lokalen Presse.

Neben diesen beiden Hauptlinien führen Zweigbahnen von Lorca über Almendricos nach Aguilas und eine zweite Linie von Villena (Prov. Alicante) nach Yecla. Wichtig als Industriebahn ist die von Cartagena nach La Unión führende Linie mit mehreren kurzen Stichbahnen und die Strecke von Mazarrón nach dem Puerto de Mazarrón. Grubenbahnen und Drahtseilbahnen sind auf die Bergbaugebiete beschränkt.

Von großer Bedeutung sind bei der geringen Ausdehnung des Bahnnetzes die Landstraßen, die fast alle größeren Siedelungen mit den Eisenbahnstationen verbinden. Eine Reihe von Siedelungen verdanken hier ihre hohe Einwohnerzahl zum Teile dem Umstande, daß sie wichtige Straßenknotenpunkte sind, so Caravaca, Cieza, Mula und Alcantarilla. Die Hauptlandstraßen sind fast ausnahmslos in gutem Zustand; nur im September und Oktober, wenn die Herbstregen mit oft unerhörter Heftigkeit einsetzen, ist der Verkehr auf ihnen infolge Wegführung von Brücken oder Überspülung mit Geröll oder Unterwaschung oft auf Tage unterbrochen. Diese Herbstregen rufen auch im Eisenbahnverkehr fast alljährlich empfindliche Störungen hervor. Infolge der weiten Entfernung der Siedelungen von einander, besonders im Norden und Nordwesten der Provinz, gewinnen im

Landstraßenverkehr die „Ventas" (Wirtshäuser) hohe Bedeutung. Sie sind zumeist Anziehungspunkte für eine bescheidene Bevölkerung von oft 30—50 Einwohnern. In dem geräumigen Wirtshaus, das auch überall Unterkunft für die Nacht gewährt, finden sich genügend Räume zur Unterbringung der Zugtiere; vielfach sind kleine Kramladen in ihnen vorhanden, in denen außer Nahrungsmitteln auch kleine Gebrauchsgegenstände des täglichen Lebens zu kaufen sind. Zur Instandhaltung der Landstraßen sind die Gemeinden verpflichtet. Infolge der großen Entfernungen zwischen den Siedelungen wohnen die Straßenarbeiter in kleinen Häusern an der Landstraße, den „casas de peones", deren blendend weiße Farbe oft nur wenig von dem blendend weißen Staub der Straßen absticht. Verkehrsmittel der Landstraßen sind der große zweirädrige Lastwagen für den Güterverkehr, die zweirädrige Tartana für den Personenverkehr zumeist in den größeren Städten, und der Postwagen, der noch Mula, Caravaca, Moratalla, Jumilla, Fortuna und Mazarrón mit der nächsten Bahnstation verbindet.

Überall ist noch verbreitet und stellenweise vorherrschend der typische Saumverkehr mit Eseln und Mauleseln auf zumeist furchtbaren Wegen. Alle Siedelungen, die nicht an der Bahn liegen, bringen wohl an 90% aller Waren, die von ihnen exportiert werden, auf den Rücken der Grautiere zur nächsten Bahnstation. Die ganz in Espartogras- oder Ginsterbüschelballen gehüllten Eselchen gehören direkt zum Landschaftsbild vieler Teile der Provinz. Nur die schweren und zugleich viel Raum einnehmenden Güter werden auf Lastwagen befördert.

Vermitteln die Landstraßen und Saumpfade noch immer einen sehr erheblichen Teil des Personen- und Güterverkehrs im Binnenlande, so stehen der Provinz Murcia zur Verbindung mit den spanischen Küstenprovinzen und dem Auslande vier Häfen zur Verfügung: Aguilas, Puerto de Mazarrón, Cartagena und Porman. Der Hafen von Aguilas muß allerdings an dieser Stelle ausscheiden, da er vor allem für den Verkehr mit der Osthälfte der Provinz Almeria in Frage kommt.

Eine Sonderstellung nehmen im Seeverkehr der Puerto de Mazarrón und Porman ein. Der Schiffsverkehr dieser beiden Häfen in Ein- und Ausfuhr betrug 1912:

Puerto de Mazarrón ..	145 Schiffe mit	141317 R.T.
Porman	86 Schiffe mit	126630 R.T.

Beide Häfen haben nur einen bescheidenen Schiffahrtsverkehr, und die Schiffe dienen ausschließlich dem Export der Erze und Hüttenerzeugnisse und der Zufuhr von Kohlen und Koks. Im Schiffsverkehr beider Häfen überwiegt die britische Flagge, da die Kohlen aus England kommen und die Erze zumeist nach England gehen. Der Schiffsverkehr dieser beiden Häfen mit anderen spanischen Häfen oder Auslandshäfen ist gänzlich belanglos.

Völlig andere Verhältnisse zeigt Cartagena. Der Schiffsverkehr weist für 1912 folgende Ziffern auf:

Angekommen	391 Schiffe mit	479485	R.T.
Abgefahren..........	493 Schiffe mit	576592	R.T.
Zusammen	884 Schiffe mit	1056077	R.T.

Trotz des überaus günstigen Hafens steht der Schiffsverkehr Cartagenas erheblich hinter dem von Malaga, Valencia oder Barcelona zurück; hat doch auch nur eine der vielen spanischen Schiffahrtsgesellschaften hier ihren Sitz. Beherrschen Schiffe unter britischer Flagge den Seeverkehr von Puerto de Mazarrón und Porman, so tritt im Verkehr Cartagenas die spanische Flagge fast gleichberechtigt auf, und auch die Schiffe anderer Nationen haben am Seeverkehr einen nicht unerheblichen Anteil; es entfielen 1912 auf die

	Ankunft		Abfahrt	
	Zahl der Schiffe	R.Tonnen	Zahl der Schiffe	R.Tonnen
Britische Flagge	92	133 070	105	146 779
Spanische Flagge	84	117 565	107	138 084
Französische Flagge ..	50	43 771	49	32 244
Norwegische Flagge ..	42	38 426	45	40 657
Holländische Flagge...	36	38 714	32	37 118
Dänische Flagge	23	21 460	43	34 545
Deutsche Flagge	20	25 571	55	62 594

Der starke Anteil der spanischen Flagge am Schiffsverkehr Cartagenas erklärt sich daraus, daß dieser Hafen regelmäßig von den Dampfern verschiedener spanischer Gesellschaften im Küstenverkehr zwischen Barcelona—Sevilla angelaufen wird. Nicht ganz so scharf ausgeprägt wie in Almeria ist das starke Anschwellen des Seeverkehrs in den Zeiten der Getreide- bzw. Fruchternte, da der Warenverkehr Cartagenas eine größere Mannigfaltigkeit aufweist als der Almerias.

Der Handel der Provinz Murcia ist in seiner Gesamtheit zahlenmäßig nicht zu ermitteln, da ein Teil der Waren auf den Bahnen nach der Provinz kommt bzw. in die Nachbarprovinzen, besonders nach Alicante, abfließt. Der Warenaustausch zu Lande ist mit den Nachbarprovinzen Almeria und Albacete gering. Nach der Provinz Almeria hin beherrscht den Handel mit der relativ dichten Bevölkerung des Almanzoratales die Stadt Lorca. Sehr bedeutend ist der Handel mit Alicante infolge des bequemen Anschlusses, den die nach der Provinz Alicante sich fortsetzende Vega von Murcia an den Hafen von Alicante besitzt. Weitaus der größte Teil des Handels der Provinz Murcia geht über Cartagena.

Puerto de Mazarrón und Porman haben einen durchaus einförmigen Warenhandel. Kohlen, Koks und Erze stehen allein in der Einfuhrliste und zur Ausfuhr gelangen aus beiden Häfen nur Bergbauerzeugnisse. Ein- und Ausfuhr stellen sich in allen Artikeln in den letzten Jahren folgendermaßen dar:

Puerto de Mazarrón

Einfuhr	1910	1911	1912
Kohlen	13191 t	14389 t	15711 t
Koks	7046 t	8221 t	8968 t
Bleierze	5331 t	6862 t	6527 t
Ausfuhr	1910	1911	1912
Silber und Weichblei	14406 t	17416 t	18450 t
Salz	—	185 t	4545 t
Gyps	—	500 t	550 t
Zink	552 t	390 t	600 t
Schwefelkies	400 t	—	—

Noch bescheidener ist der Handel von Porman; über diesen Hafen wurden eingeführt 1912: 11328 t Kohlen und Koks, ausgeführt: 221225 t Eisen- und 7170 t Zinkerze. Irgendwelche andere Landeserzeugnisse können über diese Häfen auch nicht ausgeführt werden, da sie mit ihrem weiten Hinterlande keine Eisenbahnverbindungen aufweisen. Überaus mannigfaltig ist dagegen der Warenhandel Cartagenas. Brennmaterialien, Chemikalien aller Art, phosphorsaurer Kalk und Stockfische kommen zur Einfuhr, zur Ausfuhr neben Bergbauerzeugnissen auch solche der Landwirtschaft in immer steigender Menge.

Der Warenhandel Cartagenas bewegte sich in den letzten Jahren in folgenden Zahlen:

Einfuhr	1910	1911	1912
Kohlen und Koks .	108850 t	95456 t	111858 t
Holz	3412 t	2896 t	1557 t
Phosphorsaurer Kalk	7770 t	6932 t	11901 t
Chemikalien	4498 t	5254 t	6120 t
Stockfisch	2349 t	1591 t	1651 t

Irgendwelche Änderungen in den am Einfuhrhandel beteiligten Waren sind in den letzten Jahrzehnten nicht erfolgt; in den Jahren mit großer Trockenheit muß dagegen der Ausfall in der Getreideernte durch eine oft nicht unerhebliche Zufuhr von Mais oder Weizen ausgeglichen werden.

Mannigfaltig sind die Güter, die über Cartagena zur Ausfuhr gelangen. Obenan stehen natürlich die Erzeugnisse des Bergbaus, unter denen die Eisenerze die erste Stelle einnehmen. Die Ausfuhr an Bergbauerzeugnissen bewegte sich in den letzten Jahren in folgenden Zahlen:

	1910	1911	1912
Eisenerze	380136 t	312484 t	451624 t
Silberhaltiges Blei .	20778 t	20619 t	21895 t
Werkblei	18775 t	17946 t	34939 t
Silber	17073 kg	15697 kg	28842 kg
Zinkblende	65191 t	76191 t	75079 t
Galmei	14580 t	7605 t	4892 t
Kupfer	440 t	2541 t	1282 t
Ocker	884 t	77 t	379 t

Verfolgt man die Ausfuhr von Bergbauerzeugnissen für eine größere Reihe von Jahren zurück, so ergibt sich im allgemeinen ein beständiges Ansteigen der Ausfuhr aller Erze, die in einzelnen Jahren allerdings einen starken Rückgang erfährt. Solche Schwankungen sind zurückzuführen entweder auf eine Betriebseinschränkung mancher Gruben infolge der niedrigen Preise der Erzeugnisse auf dem Weltmarkt oder auf Streikbewegungen. Andererseits schnellt auch bisweilen der Export von einem Jahre zum andern sehr stark an. So stieg die Ausfuhr von Eisenerzen von 1904 auf 1906 von 315000 t auf 697000 t an, weil im Jahre 1903 der Abbau der reichen Hämatiteisenlager von Cehegin begann, die zum größten Teil nach Deutschland verschifft wurden.

Der Handel mit landwirtschaftlichen Erzeugnissen ist seit Jahren in beständigem Ansteigen begriffen. Es kamen zum Versand:

	1910	1911	1912
Espartogras	939 t	—	930 t
Apfelsinen und Zitronen	19176 t	19233 t	27014 t
Weintrauben	346 t	491 t	392 t
Andere frische Früchte	742 t	870 t	451 t
Aprikosen (eingekochte)	1727 t	1935 t	2210 t
Mandeln	319 t	787 t	253 t
Pfeffer	252 t	174 t	206 t

Die Ursachen für Schwankungen in der Ausfuhr der landwirtschaftlichen Erzeugnisse liegen fast ausnahmslos in den eigenartigen klimatischen Verhältnissen begründet. Bemerkenswert ist hier, daß es weniger die hohen Sommertemperaturen oder die starken Herbstregen sind, die die Ernte und damit den Export beeinträchtigen, als vielmehr die häufigen Januarfröste. So stand die Apfelsinenausfuhr 1905 um ein Sechstel hinter der des vorhergehenden Jahres zurück. Ebenso beeinflussen auch den Mandel- und Traubenexport diese Januarfröste des öfteren.

Zahlenmäßig nicht faßbar ist der Binnenhandel Murcias. Ihm dienen vor allem die Märkte, die regelmäßig wöchentlich in den größeren Siedelungen abgehalten werden, sowie die großen Herbstmärkte, die vom August bis Anfang Oktober in allen Städten und Dörfern stattfinden. Da diese Herbstmärkte, die „Ferias", in den größeren Städten zumeist mit Stierkämpfen verbunden sind, so ist der Zuzug der Landbevölkerung ein sehr starker. Dann werden in den Städten, wenn die Ernte glücklich eingebracht ist, große Einkäufe gemacht und bis zum nächsten Herbstmarkt alle wichtigen Haushaltungsgegenstände, Kleidung usw. eingekauft. Die „Ferias" von Murcia und Lorca erfreuen sich ganz besonderer Beliebtheit und eines in manchen Jahren überaus regen Besuches; doch haben auch die Herbstmessen von Caravaca, Cieza, Mula und Cartagena für die Landbevölkerung der Umgebung große Bedeutung. Für den Volkskundler dürfte ein Besuch dieser Herbstmessen, die gleichzeitig überall mit großen Kirchenfesten verbunden sind, angesichts der Fülle von Trachten, die bei dieser Gelegenheit zu beobachten sind, von höchstem Interesse sein. Dem Wirtschaftsgeographen dagegen bietet die Mannigfaltigkeit der in den Verkaufsbuden und Läden ausgestellten Landeserzeugnisse eine willkommene Gelegenheit, sich mühelos über die vielseitige Produktion des Landes zu unterrichten.

Bevölkerungsverhältnisse.

(Hierzu Tafel 5).

Die heutige Verteilung der Bevölkerung.

Volkszählungen haben in Spanien zu wiederholten Malen stattgefunden, aber der Auswertung ihrer Ergebnisse für die Bearbeitung von Volksdichtekarten standen bisher mannigfache Schwierigkeiten entgegen. Diese liegen einmal in der Organisation der Volkszählung überhaupt, da die Einwohnerzahlen stets nur nach Gemeinden, nicht nach Wohnplätzen veröffentlicht werden. Eine zweite Schwierigkeit lag in dem Fehlen von guten Karten, die die Grenzen der Gemeinden, der Ajuntamientos, der kleinsten Verwaltungseinheiten, enthalten. Erst die Volkszählung vom 31. Dezember 1900 und neuere Karten einzelner Provinzen setzen uns in den Stand, an die Bearbeitung von Volksdichtekarten heranzugehen.

Wir haben die Ergebnisse dieser Volkszählung unseren folgenden Betrachtungen zugrunde gelegt und sie zur Bearbeitung der Karte benutzt. Auch wenn die Ergebnisse der Volkszählung von 1910 in gleicher Weise veröffentlicht werden sollten, so dürften sich doch keine wesentlichen Verschiebungen des Gesamtbildes ergeben. Noch immer hat der Satz Geltung, daß „in einem Lande wie Spanien Bevölkerungsangaben ja doch länger einen Wert behalten als in einem Staate, der kräftig emporblüht. Deshalb können hier einige Jahre kaum einen großen Unterschied hervorbringen“[1]).

Das Areal, die Einwohnerzahl und Volksdichte auf das Quadratkilometer der 42 Gemeinden der Provinz ist in der folgenden Tabelle zusammengestellt:

	Fläche in qkm	Einwohner (1900)	Einwohner pro qkm
Abanilla	233.96	6634	28
Abarán	115.38	3834	5
Aguilas	253.74	15868	18
Albudeite	17.64	1331	75
Alcantarilla	5.53	4972	82
Aledo	50.18	970	19

[1]) Pet. Mitteil. Ergh. 41, 1875, S. 49.

	Fläche in qkm	Einwohner (1900)	Einwohner pro qkm
Alguazas	23.74	2559	108
Alhama	311.83	8461	13
Archena	16.18	4590	82
Beniel	9.95	1621	163
Blanca	87.74	3842	44
Bullas	82.14	7722	10
Calasparra	185.50	6442	8
Campos	47.79	1491	31
Caravaca	858.32	15846	10
Cartagena	557.46	99871	93
Cehegín	299.72	11601	12
Ceutí	10.34	2286	221
Cieza	365.13	13626	13
Cotillas	39.04	2606	67
Fortuna	148.86	5615	13
Fuente-Alamo	272.74	9969	36
Jumilla	972.38	16446	5
Librilla	56.68	2465	43
Lorca	1820.52	69836	22
Lorquí	15.75	1439	91
Mazarrón	318.69	23284	16
Molina	168.97	8615	27
Moratalla	961.33	12689	7
Mula	632.99	12731	8
Murcia	936.21	111539	85
Ojós	45.59	1277	28
Pliego	29.09	2745	94
Ricote	87.60	2597	30
San Javier	79.90	4489	56
S. Pedro del Pinatar	21.41	2647	124
Torre-Pacheco	203.91	8549	42
Totana	287.67	13703	13
Ulea	39.85	1198	30
Unión (La)	24.55	30275	323
Villanueva del Rio Segura	13.56	963	71
Yecla	607.74	18743	6

Der Gesamtflächenraum der Provinz beträgt 11317 qkm, die

Gesamteinwohnerzahl 577987, die mittlere Volksdichte auf das Quadratkilometer beträgt 51[1]).

Außer den hier mitgeteilten Ziffern bot noch die genaue Ortsstatistik die Grundlage für die Volksdichtekarte der Provinz.

Als kartographische Grundlage wurde benutzt die Karte der Provinz, die M. Pato y Quintana seiner Beschreibung der Provinz Murcia[2]) beigefügt hat. Sie ist zweifellos die beste geographische Karte, die wir zurzeit von unserer Provinz besitzen, und unsere großen Atlanten dürfen bei einer Neuzeichnung der spanischen Karte sie nicht übersehen. Die Gemeindegrenzen, die auf dieser Karte fehlen, wurden der großen vom „Instituto Geográfico y Estadístico" herausgegebenen Karte „Provincia de Murcia" in 1:200000[3]) entnommen.

Es erhob sich bei der Zeichnung der Volksdichtekarte zunächst die Frage, welche Methode der Darstellung zu wählen sei. Ohne hier in das schon zu viel erörterte Problem der Methodik der Volksdichtekarten von neuem einzutreten, schien es mir von vornherein wichtiger, für die Darstellung der Volksdichte großer Flächenräume die Kurvenmethode anzuwenden, die in der Neuzeit in den verschiedenen Arbeiten über die Volksdichtedarstellung einzelner indischer Landschaften angewandt ist. Für diese Methode war ferner der Umstand entscheidend, daß die Areale der Gemeinden so gewaltige Unterschiede aufwiesen, sodaß ein Volksdichtekartogramm kein klares Bild von der Verteilung der Bevölkerung geben würde. Ich halte die bei dieser Volksdichtekarte angewandte Methode für Volksdichtekarten größerer Gebiete aus dem Bereich der spanischen Mittelmeerprovinzen für die geeignetste. Für die Darstellung der Volksdichte in den zentralen Teilen Spaniens oder kleinerer Landschaften von 2—3000 qkm halte ich diese Methode nicht geeignet und habe darum bei den späteren Darstellungen die zweite Methode angewandt.

Eine zweite nicht weniger wichtige Frage betraf die Ausscheidung der Städte, da die Ausscheidung des Waldes bei der Waldarmut der Provinz nicht erörtert zu werden braucht. Ich habe mich da der Auffassung H. Sprecher v. Berneggs angeschlossen[4])

[1]) Nomenclator de España. Madrid 1904. Tomo II. Abschnitt „Murcia".

[2]) Bolet. Com. Mapa Geol. Esp. 29, 1909, Tafel 1.

[3]) Madrid 1905.

[4]) Die Verteilung der bodenständigen Bevölkerung i. Rheinischen Deutschland. Göttingen 1887. S. 6.

und die größeren Ortschaften — und zwar alle über 3000 Einwohner — unberücksichtigt gelassen. Die Zahl dieser Ortschaften beträgt 26.

Auf Grund der unter Abzug dieser Stadtbevölkerung sich ergebenden neuen Zahlen für die Volksdichte wurden dann unter beständigem Vergleich mit den beiden genannten Karten die Kurven so sorgfältig wie möglich gezogen. Von den Siedelungen selbst wurden nur die Hauptorte der Gemeinden in die Karte aufgenommen, um das Kartenbild mit Namen nicht zu überladen. Nicht berücksichtigt wurden bei der Zeichnung der Karte zwei von mir entworfene Manuskriptkarten, die die geographische Verbreitung der bewässerten Gebiete und die Verbreitung der Industrien und des Bergbaues darstellen.

Die vorliegende Volksdichtekarte der Provinz Murcia läßt beim Überblick sofort die außerordentlich großen Gegensätze in der Verteilung der Bevölkerung deutlich erkennen. Zwei große Flächen mit einer sehr geringen Volksdichte von 1—10 Bewohnern pro qkm sind der trockene Norden und der trockene gebirgige Westen. Nur das kleine Gebiet um Cehegin weist eine Verdichtung der Bevölkerung auf 11—25 pro qkm auf. Dann nimmt die Volksdichte im wesentlichen in die Richtung auf das mittlere und untere Seguratal zu, wo in der Gegend von Lorquí-Ceutí sich 150—250 Menschen auf dem Quadratkilometer zusammendrängen, während das ganze Gebiet der Vega von Murcia 75—100 Einwohner pro qkm zählt.

Hinter dem Mittel bleibt auch der Osten der Provinz östlich des Segura zurück, wo nirgend der Dichtewert von 50 erreicht wird und das gleiche gilt für den ganzen Süden der Provinz südlich des Sangonera-Seguratales. Erst in der Sierra de Cartagena erreicht die Volksdichte mit 75—100 wieder höhere Werte, um dann in der Umgebung von La Unión mit fast 350 ihren Höchstwert in der Provinz zu erreichen.

Es liegt nahe, die Volksdichte der Provinz Murcia mit den der anderen spanischen Mittelmeerprovinzen zu vergleichen. Leider fehlen dafür aber alle Anhaltspunkte, da Volksdichtekarten für die anderen Mittelmeerprovinzen noch fehlen. Auf Grund eines sorgfältigen Stadiums der Karten und der spanischen Ortsstatistik sowie persönliche Kenntnis fast der ganzen Provinzen Almeria und Granada ergibt sich jedenfalls, daß überall in den spanischen Mittelmeerprovinzen die gleichen großen Unterschiede in der Verteilung der Bevölkerung sich ergeben wie in der Provinz Murcia. Auch in diesen Provinzen grenzen Gebiete mit sehr hohen Volksdichtezahlen an Flächen mit einer überaus dünnen Bevölkerung. Es wäre zu wünschen, daß auch bald von diesen Provinzen in gleicher Weise Volksdichtekarten entworfen würden; zunächst möglichst für ganze Provinzen, dann erst würde ich die intensive Bearbeitung kleinerer Landschaften empfehlen.

Ganz anders gestalten sich die Verhältnisse, sowie man von Murcia landeinwärts auf das Hochland steigt. Da zeigt die Karte der Volksdichte der Nachbarprovinz Albacete[1]), die ja größtenteils schon zur spanischen Meseta gehört, nicht mehr diese großen Gegensätze in der Verteilung der Volksdichte. Hier schwankt sie nur zwischen 1 und 45 Bewohnern pro qkm und auf mehr als der Hälfte der Fläche der Provinz wohnen weniger als 15 Menschen auf einem Quadratkilometer.

Sucht man die Ursachen der Verteilung der Bevölkerung in der Provinz Murcia im einzelnen zu ermitteln, so liegt es nahe, den Geldwert des Bodenertrages mit den Unterschieden der Volksdichte zu vergleichen, wie dies jetzt in fast allen Volksdichtearbeiten in Deutschland geschieht. Leider fehlt nun für die Provinz Murcia ein Kataster und die Höhe des Grundsteuer-Reinertrages für die landwirtschaftlich nutzbar gemachte Fläche ist nicht bekannt. Es konnte aber an verschiedenen Stellen darauf hingewiesen werden, daß der Bodenertrag in den Gebieten mit künstlicher Bewässerung ganz erheblich höher ist als auf unbewässertem Land. Nun zeigt aber der Vergleich der Gebiete mit hoher Volksdichte, daß diese mit einer Ausnahme, der Sierra de Cartagena, räumlich zusammenfallen mit den Gebieten intensivster Bodenkultur. Dieser enge Zusammenhang zwischen sehr starker Bodenausnutzung, hohen Reinerträgen und hoher Volksdichte dürfte in allen rein agrarischen Gebieten der Halbinsel nachzuweisen sein. B e w i e s e n ist dieser Parallelismus der Volksdichte mit der Höhe der Grundsteuerertrages bisher nur für die Provinz Albacete[2]); der Vergleich der Karten der Volksdichte und der Karte des Reinertrages zeigt hier aufs deutlichste, daß tatsächlich der bessere Boden im Durchschnitt auch immer die dichtere Bevölkerung trägt.

Wie nicht die Zunahme der Ackerfläche sondern allein die Inten-

---

[1]) Diese auf Grund des Katasters der Provinz Albacete entworfene Karte in 1 : 1 Mill. soll mit dem dazugehörigen Text an anderer Stelle veröffentlicht werden.

[2]) Memoria Resumen de los Trabajos de Avance Catastral . . . de Albacete. Alicante 1909. Tafel 11 und 32.

sität der Bewirtschaftung die Werte für die Volksdichte steigert, so sehen wir auch, daß an den Stellen, wo der Bergbau am intensivsten betrieben wird, in der Sierra de Cartagena, die Bevölkerung sich wieder stark zusammendrängt, um bei La Unión, der Stelle der stärksten Ausbeutung der Erzlager, auf über 300 Einwohner pro qkm anzusteigen.

Daneben wirken auf die Volksdichte natürlich noch andere Faktoren ein. Die verkehrsreichen Gebiete, wie das Seguratal, sind dichter, die verkehrsarmen nördlichen und westlichen Striche der Provinz dünner besiedelt. Nicht alles hängt in der Verteilung der Bevölkerung von den natürlichen Verhältnissen ab; auch ethnographisch-historische Momente mögen vielfach die Verteilung der Bevölkerung und der Siedelungen beeinflußt haben. Doch fehlt es zurzeit noch an der Möglichkeit, diesen Einflüssen nachzugehen. Der künftigen Forschung bleibt hier noch ein überaus weites Arbeitsfeld vorbehalten.

Die Wohnplätze und die Volksdichte.

Wo immer ich den Süden Spaniens von der Provinz Cadiz im Westen bis zu den westlichsten Teilen der Provinz Murcia durchwanderte, überall gewann ich den Eindruck, daß neben der geschlossenen Form größerer Wohnplätze die Form der Streusiedelungen oder Einzelsiedelungen oder Kleinsiedelungen vorherrscht.

Für die Provinz Murcia trifft diese Zweigliederung ebenfalls zu. Die Statistik gibt eine, wenn auch leider noch nicht überall ausreichende Vorstellung dieser eigenartiger Anordnung der Wohnplätze. Die Provinz selbst umfaßt 10 Gerichtbezirke mit 42 Gemeinden. Jede dieser Gemeinden hat einen Hauptort, nach dem die Gemeinde ihren Namen erhält[1]). Das Ortsregister zählt nun alle Einzelwohnplätze jeder Gemeinde mit der dazu gehörigen Einwohnerzahl auf und gibt die Entfernungen dieser Einzelwohnplätze von dem Hauptorte der Gemeinde in Metern an. Kleinere Wohnplätze werden als „grupos inferiores“ zusammengefaßt. Diese Zusammenfassung ist im Interesse siedelungsgeographischer Arbeiten natürlich sehr zu bedauern, da auf Karten die Wohnplätze dieser Rubrik sich leider nicht lokalisieren lassen.

Aus was für Einzelsiedelungen setzt sich nun eine solche Gemeinde zusammen?

[1]) Für viele Gemeinden Nordspaniens trifft dies indessen nicht zu.

Ich greife die Gemeinde Totana heraus:

Wohnplätze	Einwohner
Albaricoqueros (Los)	109
Alquerías	84
Amarguillo	120
Andreos (Los)	61
Cantareros ó Paretón	421
Huerta (La)................	71
López (Los)	209
Mortí	217
Paretón	162
Paretón y Cantareros	108
Purgatorio	71
Raiguero	651
Santa Leocadia	58
Totana	9519
Viña Larga	78
Viñas de Lebor	94
Grupos Inferiores	1670
	13703

Es besteht also die Gemeinde Totana aus dem Hauptwohnplatz Totana mit 9519 Einw., 15 kleineren Wohnplätzen mit 2514 Einw., und den Grupos Inferiores mit 1670 Einw. Wieviel Einzelwohnplätze zur letzteren Gruppe gehören, läßt sich nicht ermitteln. Diese Verteilung der Wohnplätze, wie sie die Gemeinde Totana aufweist, ist aber charakteristisch für fast alle Gemeinden Murcias. Nur selten besteht eine Gemeinde, wie z. B. Librilla nur aus dem einen Wohnplatz Librilla mit 2465 Einw. Einen Überblick über die Zahl der Einzelwohnplätze der 42 Gemeinden Murcias gewinnt man aus der folgenden Zusammenstellung:

Name der Gemeinde	Zahl der Einzelwohnplätze	Name der Gemeinde	Zahl der Einzelwohnplätze
Abanilla	19	Alcantarilla	1
Abarán	9	Aledo	3
Aguilas	23	Alguazas	17
Albudeite	2	Alhama	10

Name der Gemeinde	Zahl der Einzel-wohn-plätze	Name der Gemeinde	Zahl der Einzel-wohn-plätze
Archena	7	Lorquí	3
Beniel	7	Mazarrón	38
Blanca	15	Molina	24
Bullas	1	Moratalla	36
Calasparra	5	Mula	11
Campos	4	Murcia	119
Carravaca	35	Ojós	2
Cartagena	70	Pliegos	1
Cehegín	16	Ricote	13
Ceutí	7	San Javier	15
Cieza	25	San Pedro del Pinatar	19
Cotillas	7	Torre-Pacheco	38
Fortuna	12	Totana	16
Fuente-Alamo	72	Ulea	3
Jumilla	9	Unión (La)	26
Librilla	1	Villanueva del Rio Segura	1
Lorca	103	Yecla	41

Es setzen sich also die 42 Gemeinden aus 886 Einzelwohnplätzen zusammen, zu denen noch die zahlreichen kleineren der „grupos inferiores" kommen, deren Gesamtzahl nicht feststeht.

Was sind das nun für Einzelwohnplätze, die zu einer Gemeinde gehören? Das Ortsregister gibt uns auch darüber einen Aufschluß. Der Gemeindehauptort ist zumeist eine ciudad oder villa mit den lokalen Verwaltungsbehörden: Gemeindevorsteher, Gemeindeschreiber und dem Ortsgeistlichen; soweit die Gemeindehauptorte Sitze der Gerichtsbehörden sind, haben sie zumeist einen oder zwei Bürgermeister, denen eine Art Stadtrat beigegeben ist, ferner den Kreisrichter usw. Sämtliche anderen Wohnplätze der Gemeinde sind entweder kleine Weiler oder aber es sind Gruppen von Einzelgehöften, die um eine Quelle gruppiert sind, oder eine Grube als Mittelpunkt haben. Soweit diese Einzelwohnplätze rein landwirtschaftlichen Charakters sind, werden sie als „caserío" oder „casa de labranza" bezeichnet. So hat z. B. Carravaca 1 Hauptwohnplatz, der zugleich Hauptort der Gemeinde ist, 34 Nebenwohnplätze, die fast alle caseríos sind. Die Einwohnerzahl solcher „caseríos“ kann schwanken zwischen 25 und 500 Einwohnern.

Zu den Wohnplätzen, die als „grupos inferiores“ bezeichnet werden, die aber doch, wie das Beispiel der Gemeinde Totana zeigt, eine nicht unerhebliche Volkszahl umschließen, gehören die zahlreichen zumeist an den großen Landstraßen liegenden Ventas (Wirtshäuser), die zahlreichen Wasser- und Windmühlen, Zechenhäuser in den Bergbaudistrikten, die Häuser der Chausseearbeiter, die oftmals malerisch liegenden Häuser der Küstenwächter, kleine Gehöfte mit 5—12 Einwohnern in dem nordwestlichen Bergland und auch vereinzelt liegende Höhlenwohnungen. Suchen Erdbeben, was nicht selten vorkommt, die Provinz heim, so entstehen auch schnell luftige Zeltstädte, in denen die Bevölkerung dann monatelang wohnt; so z. B. nach dem Erdbeben vom Frühjahr 1911 bei Lorquí.

Nur 26 von den 886 Einzelwohnplätzen haben über 3000 Einwohner und mehr als die Hälfte dieser 26 Städte haben eine geschlossene Form, d. h. es sind typische Haufenstädte mit meist sehr unregelmäßigem Grundriß. Nähert man sich einer solchen Siedelung auf den staubigen Landstraßen, so tritt man beim ersten Haus auch gleich in die geschlossene Stadt ein; Einzelhäuser oder Gruppen von Häusern, die draußen vor der Stadtperipherie liegen, fehlen in diesem Falle ganz. Im Gegensatz dazu stehen Städte wie Lorca, Murcia und andere, wo an den Landstraßen draußen vor der Stadt noch Gruppen von Häusern oder Einzelhäuser in wohlgepflegten Gärten versteckt, sich noch weithin erstrecken.

Im allgemeinen bilden alle Städte und Dörfer Murcias, soweit sie in den Trockengebieten liegen, mit ihren Häusermassen ein geschlossenes Ganze; wo das Land in der Umgebung bewässert ist, da schlingt sich um das Weichbild der Siedelung ein mehr oder weniger dichter Kranz von Einzelhäusern oder Gruppen von Häusern. Genau die gleiche Beobachtung konnte ich überall in der Provinz Almeria und Granada machen.

Die Verteilung der Einzelwohnplätze innerhalb der Provinz hängt von verschiedenen Faktoren ab. Zunächst zeigt sich, daß bei Gemeinden mit geringer Gemeindeflur auch die Zahl der Wohnplätze nur klein ist. Alcantarilla z. B. hat auf 5.53 qkm nur 1 Siedelung; Lorca auf 1820 qkm 103, Murcia auf 936 qkm 119 Wohnplätze.

Ferner ist die Zahl der Einzelwohnplätze in den westlichen Teilen der Provinz, in denen breitere Ebenen zwischen den Gebirgen fehlen, weit geringer, als in den weiten Ebenen des unteren Seguratales oder dem Campo de Cartagena. Die hohe Zahl der Einzelwohnplätze der Gemeinde Murcia hebt die Volksdichte dieses Gebietes auf 75—100 Einw. pro qkm; überall heben sich, wie ein Blick von der Kathedrale von Murcia zeigt, die zahllosen Einzelsiedelungen deutlich aus dem Grün der reich bewässerten Vega von Murcia ab. Eine auffallende Anhäufung von Einzelsiedelungen findet sich auch im Campo de Cartagena. Obwohl hier künstliche Bewässerung im größeren Umfang fehlt, ist doch diese breite Ebene mit zahlreichen Weilern und Einzelgehöften übersät, sodaß die Volksdichte dieses Striches auf 25—50 Einw. pro qkm an steigt. Im trockenen Nordzipfel der Provinz entfallen auf 1580 qkm (Jumilla und Yecla) nur 50 Wohnplätze, die noch dazu eine geringe Einwohnerzahl haben; daher geht hier eben auch die Volksdichte auf 1—10 Einw. pro qkm herunter.

Eine große Schwierigkeit bot sich bei der Zeichnung der vorliegenden Volksdichtekarten noch dadurch dar, daß es unmöglich war, alle im spanischen Ortsverzeichnis aufgeführten Einzelsiedelungen auf den vorhandenen Karten zu ermitteln. So gibt zwar die Karte der Provinz Murcia in 1:200000 ein treffliches Bild über die geographische Verbreitung aller Wohnplätze, aber es fehlen zumeist die Namen, auch bei Wohnplätzen von mehreren Hundert Einwohnern. Daher wurden auch in unserer Karte nur die Hauptorte der 42 Gemeinden eingetragen. —

Die räumliche Anordnung der Hauptwohnplätze läßt die deutliche Abhängigkeit von den natürlichen Verhältnissen erkennen. Drei wichtige Siedelungslinien springen sofort ins Auge. Die kürzeste Linie ist die Cieza—Alcantarilla-Linie, die dem Durchbruchtal des Segura folgt. Nicht weniger als 14 Hauptwohnplätze sind auf dieser Linie angeordnet, von denen 7 der Größenklasse von über 3000 Einwohnern angehören[1]) und allein schon 26834 Einwohner zählen. Diese Anhäufung von Wohnplätzen spiegelt sich in der Volksdichtekarte deutlich wieder; gerade in der Mitte des Durchbruchtales, um Ceutí-Lorquí herum steigt die Volksdichte auf 150 bis 250 Einw. an. Hier drängt sich die Bevölkerung in den größeren Städten und Dörfern des fruchtbaren Tales zusammen, das zugleich eine der Hauptverkehrsadern der Provinz durchzieht. Auch die Nebenwohnplätze dieser Gemeinden liegen zum größten Teil im Seguratale selbst.

Senkrecht zu dieser ersten Siedelungslinie verläuft die zweite:

[1]) Einschließlich Murcias. — Ich rechne hier zum Hauptwohnplatz stets die Ansiedelungen mit nächster Umgebung im Sinne Supans (Bevölkerung der Erde XIII, Pet. Mitt. Ergh. 163, S. 86).

Lorca—Murcia—Beniel, die dem Sangonera- und unteren Seguratale folgt. 4 von den 7 Hauptwohnplätzen dieser Strecke mit über 3000 Einwohnern haben zusammen 75836 Einw. Die Beziehungen zwischen Siedelungsdichte und Volksdichte sind in diesem Gebiet nicht so deutlich erkennbar. Zwischen Lorca und Alhama kommen nur 10—25 Einw. auf das Quadratkilometer, und erst unterhalb Alhamas, wo der größte Teil der Nebenwohnplätze im Seguratale selbst liegt, steigt die Volksdichte auf 75 und darüber an.

Eine dritte Siedelungslinie bildet die Küste mit den Hauptwohnplätzen Aguilas, Mazarrón, El Puerto de Mazarrón, Cartagena und La Unión und einer Einwohnerzahl von 104676, d. h. fast einem Fünftel der Gesamtbevölkerung der Provinz.

In den Strecken westlich von Cartagena hält sich die Volksdichte, da auch die Zahl der Nebenwohnplätze eine geringe ist, auf einer niedrigen Stufe; hier drängt sich der größte Teil der Bevölkerung in den Hauptwohnplätzen zusammen. Von Cartagena an nach Osten steigt die Volksdichte von 75 auf 323 in der Gemeinde La Unión an. Hier häufen sich in der Sierra de Cartagena infolge des intensiven Bergbaues die Nebenwohnplätze, sodaß hier der höchste Volksdichtewert für die ganze Provinz erreicht wird.

Von größter Bedeutung wäre die Feststellung der Zunahme oder Abnahme der Bevölkerung der einzelnen Wohnplätze. Aber hierfür fehlen alle Voraussetzungen. Mit Ausnahme der Volkszählung von 1900 sind die Ergebnisse aller anderen Volkszählungen stets nur nach Gemeinden veröffentlicht. Für die zentralen Teile Spaniens sind diese Angaben, wie wir noch sehen werden, verwendbar, nicht aber für die Provinz Murcia und alle die anderen Provinzen, die die gleichen Siedelungsverhältnisse aufweisen.

Ein Beispiel mag hierfür genügen:

Die Gemeinde Lorca zählte 1900: 69836 Einw.; der Ort Lorca nur: 29901 Einw. Gleichwohl dürften die spärlichen vorhandenen Angaben über die Veränderungen der Einwohnerzahl einiger Gemeinden von Interesse sein und Anlaß zu weiteren Nachforschungen geben.

Gemeinden:	1844	1860	1877	1887	1900	1910
Murcia	55053	87803	91805	98538	111539	125057
Lorca	48224	48158	52934	58327	69836	70807
Caravaca	—	14359	15017	15053	15846	17349
La Unión ...	—	8001	22122	20966	30275	30249
Yecla	14071	12228	15276	17706	18743	22883

Gemeinden:	1844	1860	1877	1887	1900	1910
Mazarrón	6814	8367	11002	16445	23284	22660
Jumilla	8397	10466	13886	14334	16446	17467
Moratalla	8030	10467	11216	11926	12689	13500
Totana	8664	8851	9648	11021	13703	13591
Cieza	10371	9578	10910	10905	13626	14393
Mula	9210	6764	10597	10768	12731	11922
Cehegín	—	8890	9760	10417	11601	13313
Aguilas	4832	8010	8947	10042	15868	15967
Archena	—	2786	3533	3761	4590	5740

Die Bevölkerungszunahme der hier genannten Gemeinden ist, wie die Tabelle zeigt, keine gleichmäßige, sondern zeigt bei einigen Gemeinden eine ganz auffällige Steigerung. Durchaus normal ist die Zunahme bei Murcia, Lorca, Caravaca, Yecla (hier ist die stärkere Zunahme von 1900 auf 1910 auf den erfolgten Bahnanschluß nach Villena in der Provinz Alicante zurückzuführen), Jumilla, Moratalla, Totana, Cieza, Mula, Cehegín und Archena. Das sind aber Gemeinden, in denen durchweg die Landwirtschaft vorherrscht. Anormal ist die Bevölkerungszunahme bei La Unión, Mazarrón und Aguilas. Hier erfolgt in der 2. Hälfte des 19. Jahrhunderts ein starkes Anwachsen der Bevölkerung infolge des aufblühenden Eisen- und Bleibergbaues. Der teilweise erfolgte Rückgang der Bergbauproduktion seit 1900 spiegelt sich in allen drei Gemeinden wieder: Die Bevölkerung ist von 1900 auf 1910 annähernd stabil geblieben.

Eine neuzeitliche Bewegung der Bevölkerung ist die Auswanderung. Soweit statistische Angaben vorliegen, ist diese Auswanderung aus der Provinz Murcia zwar erheblich geringer als in der Nachbarprovinz Almeria, doch verdient sie immerhin einige Beachtung. Nach den vorliegenden Mitteilungen[1]) wanderten in dem Zeitraum von 1901—1911 nicht weniger als 78639 Personen aus, von denen 57607 wieder zurückkehrten. Der Bevölkerungsverlust in diesem Zeitraum beläuft sich also auf 21032 Personen. Am stärksten war die Auswanderung wohl aus den Gemeinden Bullas und Mula, deren Bevölkerung von 1900 auf 1910 in Bullas von 7722 auf 4414, in Mula von 12731 auf 11922 Einwohner zurückging. Die Auswanderung aus der Provinz Murcia ist also im wesentlichen Saisonauswanderung. Vom September bis November gehen all-

[1]) Estadística de Emigración é Inmigración de España, 1909—1911. Madrid 1912.

jährlich Tausende von Arbeitern, vor allem Landarbeiter entweder nach Argentinien oder hinüber nach Oran und kehren im folgenden Mai oder Juni in die Heimat zurück.[1])

Die wichtigeren Siedelungen der Provinz.

Unter den Wohnplätzen Murcias nehmen mehrere eine Sonderstellung ein, die es rechtfertigt, wenn wir einen Augenblick bei ihnen verweilen.

Dort wo der Sangonera aus dem Gebirgsland in die Ebene hinaustritt und nach Nordosten umbiegt, zieht sich zu Füßen eines von einer alten Burg gekrönten Hügels die Häusergruppe von Lorca hin. Der Fluß tritt hier in die Diluvialebene ein und ermöglicht die künstliche Bewässerung einer ausgedehnten Flur. An dieser Stelle ist das römische Ilukro gegründet, über das die alte Römerstraße von Cartago Nova nach Acci (Guadix) führte. Zur Maurenzeit blühte der Ort Lurka auf, um nach seiner Wiedereroberung im Jahre 1234 durch Alfons den Weisen bald zu einer bedeutungslosen Kleinstadt herabzusinken. Zu neuer Blüte kam Lorca erst wieder seit etwa 20 Jahren, als die Bahnlinie Murcia—Lorca—Baza eröffnet wurde. Heute ist Lorca der wichtigste Ort des westlichen Murcia; es ist der Hauptmarkt für das ganze Almanzoratal im Osten der Provinz Almeria. Lorca wird vielleicht noch an Bedeutung gewinnen, wenn es erst durch eine direkte Bahnlinie mit dem trefflichen Hafen von Aguilas verbunden sein wird.

Da wir Aguilas schon an anderer Stelle gewürdigt haben[2]), wenden wir uns zur Betrachtung der Hauptstadt der Provinz: Murcia.

An einer ungemein günstigen Stelle ist die Stadt Murcia zum Hauptort der ganzen Provinz herangewachsen. Hier öffnet sich das Engtal des mittleren Segura, der nur wenige Kilometer oberhalb der Stadt nach Osten umbiegt und zugleich den Sangonera aufnimmt. Der Wasserreichtum beider Flüsse ermöglicht hier in der breiten Talebene die Anlage eines ausgedehnten Bewässerungsnetzes, mit dessen Hilfe eine Fruchtebene ersten Ranges geschaffen werden konnte. Zugleich bot diese Stelle aber noch einen anderen Vorteil. Von Murcia aus bot sich die Gelegenheit, unter Benutzung

[1]) Über die Ursachen und Folgen dieser Auswanderung vergl. meine demnächst erscheinende Arbeit: Die spanisch-portugiesische Auswanderung.

[2]) Quelle: Beiträge zur Landeskunde von Ostgranada. Hamburg 1914, Seite 52/53.

des Seguradurchbruchtales einen direkten Verkehrsweg von Cartagena nach dem spanischen Hochland zu schaffen. Es liegt also die Stadt an der Kreuzungsstelle zweier überaus wichtiger Verkehrslinien: 1. der von Alicante—Murcia—Lorca—Baza—Granada, 2. der von Cartagena—Murcia—Albacete.

Trotz dieser hohen Vorzüge fehlt uns über die Gründungs- und Entwickelungsgeschichte der Stadt jeder Nachweis. Erst als die Mauren das Gebiet der heutigen Provinz eroberten, wird Murcia häufiger genannt.[1]) Die Seidenindustrie, der Anbau von Obstbäumen, Gemüsen usw. gewährte zur Maurenzeit einem großen Teile der Bevölkerung den Lebensunterhalt. Nach wechselvollen politischen Ereignissen fiel die Stadt 1243 an Ferdinand III. von Kastilien und 1291 wurde sie zum Bischofssitz erwählt. Aber Murcia blieb in den nächsten Jahrhunderten ohne Bedeutung. 1530 zählte die Gemeinde Murcia noch 12975 Einwohner; erst 1694 hatte sich ihre Einwohnerzahl verdoppelt auf 25770. Es blieb auch in der Folgezeit eine ruhige Landstadt, die erst neues Leben erhielt, als die Bahnlinie nach Cartagena erbaut wurde. Lag die Stadt bis dahin völlig auf dem linken Seguraufer, so wuchs sie nun auf das rechte Ufer hinüber. Und mit diesem Wachstum ändert sich auch der Grundriß. Nach Osten zur Plaza de Toros hin schließt sich an Altmurcia mit seinen engen winkligen Straßen ein Stadtviertel mit rechtwinklig sich kreuzenden Straßen; jenseits des Flusses, dessen Ufer im Weichbilde der Stadt festfundierte Mauern vor Unterspülung bei Hochwasser schützen, dehnt sich die Neustadt bis zur Bahnstation aus.

Trotzdem es Sitz der Provinzialbehörden und eines Bischofs ist, steht Murcia heute weit hinter den anderen Städten Südostspaniens zurück. Es fehlt die Industrie und der Handel fast völlig. In dieser Beziehung hat Cartagena der Provinzialhauptstadt den Rang streitig gemacht; mit Erfolg, wenn auch der Wall der Festungsmauern, der die Stadt umgab, sie in ihrer Entwickelung stark behindert hat.

Bei der Senke von Mazarron biegt das Küstengebirge der Sierra de Cartagena scharf nach Osten bis zum Cap Palos um. Auf dieser Strecke wird das kleine Gebirge durch die Bucht von Cartagena in seiner ganzen Breite durchquert. Damit war eine der Hauptbedingungen für die Anlage einer Siedelung an dieser Stelle gegeben. Dazu kommt aber ein nicht minder wichtiger Umstand hinzu: Die Bucht durchsetzt das ganze Gebirge und zugleich tritt die Ebene

[1]) M. S. Remiro: Historia de Murcia Musulmana. Zaragoza 1905.

des Campo de Cartagena an dieser Stelle bis an die Bucht heran. Damit ist aber auch der notwendige Raum für einen größeren Wohnplatz gesichert, da der schmale Küstensaum der Bucht sonst durchaus ungeeignet ist für die Gründung einer Siedelung.

An dieser günstigen Stelle gründete 221 v. Chr. Hasdrubal „Neukarthago“ als Stützpunkt für die Eroberung der Halbinsel. Es würde zu weit führen, die Geschichte der Stadt im einzelnen zu verfolgen. Für den Geographen stehen andere Probleme an dieser Stelle im Vordergrunde.

In zweierlei Hinsicht hat Cartagena durch alle Jahrhunderte hindurch Bedeutung gehabt: als Handelshafen und als Festung.

Betrachten wir zunächst die Lage der Stadt genauer. Da wo die Ebene des Campo de Cartagena den breiten Nordrand der Bucht berührt, erheben sich unweit der Küste aus der Ebene mehrere kleine Hügel bis zu Höhen von 70 m. An diese Hügel lehnte sich wohl die erste Siedelung, die hier gegründet wurde. Sie boten zugleich die Möglichkeit, auf ihnen Befestigungsanlagen zu errichten und zugleich diese Hügel mit in die Stadtumwallung einzubeziehen. Der Raum zwischen den vier Hügeln der Stadt und der Linie der Calle Mayor im Westen umfaßt den ältesten Teil der Stadt Cartagena. Ein besonderer Hafen für die Schiffe scheint in der ältesten Zeit nicht vorhanden gewesen zu sein. Unmittelbar westlich der Altstadt mündet dort, wo der Stadtplan der Seekarte[1]) einen kleinen Hafen verzeichnet, ein kleines Flüßchen. Der wichtigste Teil der alten Festung war der Nordhügel bei der heutigen Puerta de la Serreta, auf dem die Burg der Barkiden lag. Über die Einwohnerzahl und den Umfang des Handels der ältesten Zeit liegen keine Angaben vor. Erst mit der Zeit der Araberherrschaft im Süden Spaniens erfährt auch das Stadtbild eine Änderung. Da die Befestigungen der inneren vier Hügel nicht mehr genügen, werden weiter außerhalb der alten Umwallung zwei weitere Erhebungen mit Befestigungsanlagen versehen und auch die Berge, die die Einfahrt in die geräumige Bucht schützen, mit Verteidigungswerken ausgerüstet. Diese Festungsanlagen, später noch weiter verstärkt, sind bis zur Neuzeit die Hauptverteidigungswerke Cartagenas geblieben.

Die Entwickelung der modernen Handels- und Kriegsschiffe in der zweiten Hälfte des 19. Jahrhunderts brachte es mit sich, daß das topographische Bild der Stadt, wollte sie auch in Zukunft allen

[1]) Admiralitätskarte Nr. 303.

Ansprüchen eines modernen Hafens genügen, eine wesentliche Veränderung erfuhr. Westlich des oben genannten Flüßchens, der in die Bucht mündet, bot sich eine geeignete Stelle für die Ausbaggerung eines großen Kriegshafens dar; bald erhoben sich um denselben herum neue Arsenale, Kasernen, Werftanlagen und der hier neu entstandene Stadtteil wurde durch Mauern ebenfalls mit in die alte Stadtumwallung einbezogen. Die Mündung des kleinen Flüßchens aber wurde durch Kanalisation verlegt. Unter Benutzung eines alten Talzuges, westlich des Höhenrückens mit dem Castillo de las Galeras, wurde ihm im Canal de Algameca ein neues Bett geschaffen, so daß nunmehr der wichtigste Teil der Bucht vor einer weiteren Verschlammung gesichert war[1]). Mit dem Ausbau des Kai Muelle de Alfonso XII und des 760 m langen Currawellenbrechers, der eine 350 m breite Einfahrt in den geräumigen Hafen freiläßt, erfuhr das Bild der Stadt gegen Ende des 19. Jahrhunderts seine Vollendung.

Mit Beginn des 20. Jahrhunderts, in das Cartagena mit 49850 Einwohnern trat, setzt eine neue Epoche der Entwickelung ein, die mit dem Aufschwung des ganzen Landes zusammenhängt. Dieser Aufschwung spiegelt sich am deutlichsten in den Zahlen für den gesamten Schiffsverkehr mit dem Ausland wieder:

1900: 804 Schiffe mit 678875 R.T.
1912: 1370 Schiffe mit 1468000 R.T.

Durchgreifende Veränderungen im Stadtbild laufen mit dieser steigenden Verkehrsentwickelung parallel. In den Wall der Festungsmauern, der nur durch drei Haupttore passierbar war, wurde im Jahre 1901 eine Bresche gelegt. Zuerst fielen die Befestigungen an der Hafenseite. Dadurch wurde Terrain für wichtige Hafenbauten gewonnen, für die Verbesserung der Kaianlagen und für den Bau eines großen Trockendocks, der 1903 vollendet war. Dann ging es an die Niederlegung der nördlichen Umwallung. An deren Stelle wurden hier weite Plätze geschaffen; eine Reihe alter Häuserblocks verschwand und die Peripherie der Stadt bekam ein verändertes Aussehen. Zugleich wurde das unmittelbar nördlich der Stadt gelegene Almajar-Sumpfgebiet drainiert und damit ein bösartiger Malariaherd entfernt; fielen doch alljährlich der Malaria ein nicht unerheblicher Teil Menschen zum Opfer und zwang sie die Verwaltung der Madrid-Zaragoza-Alicante-Eisenbahn, auf den letzten 5 km Bahnstrecke vor Cartagena einen beständigen Personalwechsel durchzuführen. Zur Verbesserung der hygienischen Verhältnisse

[1]) Siehe Baedeker, Spanien und Portugal, 1912. Karte auf S. 309.

wurde gleichzeitig eine durchgreifende Kanalisation der Stadt begonnen, deren Fertigstellung aber — eine typische Erscheinung für fast alle spanischen Städte — infolge der stets schlechten Finanzverhältnisse der Gemeinde, zurzeit wieder unterbrochen ist. Eine Reihe wichtiger Neubauten, wie der des Rathauses im Jahre 1908, zeugen auch von Veränderungen in der inneren Stadt.

Den steigenden Anforderungen an den Verkehr mußte die aufstrebende Stadt sich bald anpassen. Der nur auf staubiger Straße zu erreichende Bahnhof, der in einem geradezu jämmerlichen Zustand sich befand, wurde 1903 abgerissen und durch einen Neubau ersetzt und von hier aus das Schienennetz nach den Kaianlagen erweitert. Die 1907 erfolgte Umwandlung des Straßenbahnbetriebes in eine elektrische Straßenbahn brachte sofort eine erhebliche Steigerung des Verkehrs mit sich, zumal nun auch die Vororte Santa Lucia im Osten und S. Antonio Abad im Nordwesten mit in diesen Verkehr einbezogen wurden.

Betrachtet man Cartagenas Stellung im spanischen Handelsverkehr, so fällt zunächst die seit mehr als 2000 Jahren bestehende Konstanz der Warenausfuhr auf.

Zu Römerzeiten schon war Neukarthago — neben Sagunt — ein wichtiger Getreideexporthafen; neben Weizen kam auch (Liv. XXXVI, 47) viel Gerste zur Verschiffung. Noch bedeutsamer war aber die Espartograsausfuhr. Nach den Berichten der alten Schriftsteller bedeckte das Espartogras in der Ebene des Campo de Cartagena weite Flächen. Auf diesem „Campus Spartarius“ kam es in solcher Güte vor, daß es die ganze Welt versorgte; nach Plinius (XIX, 26) hatten die Karthager das Espartogras nach Südspanien gebracht; Hiero der Jüngere bezog aus dieser Gegend das Espartogras für seine Marine, und außer zur Herstellung von Seilen und Tauen diente es damals schon zur Anfertigung von Sandalen und selbst von Kleidungsstücken.

Für die im Altertum bedeutende Makrelenfischerei, die in dem „garum“, der aus dem Scomber gewonnenen Fischsauce, einen wertvollen Handelsartikel lieferte, war Neukarthago ebenfalls Hauptexportplatz; der Name der der Bucht von Cartagena vorgelagerten Insel Escombrera erinnert noch heute an das alte Scombraria.

Das wichtigste Lockmittel für die Anlage einer Siedelung an der Bucht von Cartagena mochte wohl für die Karthager die Kenntnis von dem Erzreichtum des kleinen Gebirges gewesen sein. Obenan stand in der Erzausfuhr Neukarthagos das Silber[1]). 20 Stadien östlich von Neukarthago, also im Gebiet des heutigen La Unión, lagen die Hauptgruben, von denen eine allein dem Hannibal täglich 300 Pfund Silber lieferte. Das heute so wichtige Eisen scheint damals hier noch nicht abgebaut worden zu sein; dagegen spielte der Bleiexport im Altertum ebenfalls eine Rolle.

Wie im Altertum stehen in der Ausfuhr aus Cartagena auch heute noch landwirtschaftliche und bergbauliche Erzeugnisse an erster Stelle; nur ist dem Altertum gegenüber die Mannigfaltigkeit der Erzeugnisse, wie die Ausfuhrlisten zeigen, eine ungleich größere[2]). Über die moderne Entwickelung des Handels und Verkehrs in Cartagena siehe oben S. 99 ff.

Die Öde der Landschaft und die starke Industrie, die sich in der Nähe der Küste konzentriert hat, ist wohl auch der Grund, daß mit Ausnahme von Aguilas keiner der Küstenorte der Provinz, trotzdem die Bedingungen dazu gegeben wären, als Erholungsstätte oder als Badeort eine auch nur bescheidene Rolle spielt. Dagegen haben sich im Binnenlande mehrere Städte infolge ihrer Heilquellen einen bis weit über die Grenzen der Provinz reichenden und wohlbegründeten Ruf erworben. Den heißen Schwefelquellen von 54.8°C verdankt Archena seine Bedeutung und sein ständiges Wachstum. Schon seit sehr alter Zeit wurden diese Quellen benutzt; López de Ayala feiert ihre unübertrefflichen Wirkungen und in der Neuzeit locken die heilkräftigen Wässer, die auch in Flaschen nach auswärts versandt werden, Tausende von Kranken an. Ähnlichen guten Ruf haben die Schwefelbäder von Alhama mit Quellen von 39—42°C.; die Thermalquellen von Mula dagegen haben infolge der Abgelegenheit der Stadt nur eine örtliche Bedeutung.

Landeskundliche Bibliographie der Provinz Murcia.

Acero y Abad, N., Historia de la M. N. y L. Villa de Mula. Murcia 1886.

Adán de Yarza, R., Estado actual de la mineria en Murcia. Bol. Inst. Geol. Esp. 32, 1911, 215—222.

---

[1]) Schulten: Hispania, in Paulys Realencyclopädie, S. 22 des Sonderabdruckes.

[2]) Einer Spezialarbeit über Cartagena muß es vorbehalten bleiben, auf die durch Preisschwankungen, Eisenbahntarife und klimatische Einflüsse hervorgerufenen Schwankungen des Exports im Laufe der letzten Jahrzehnte einzugehen.

Bas y Martínez, Historia de Caravaca. Caravaca 1885.
Brehm, A., Die Vega von Murcia und ihr Seidenbau. Pet. Mitteil. 1858, 317—318.
Cáceres Plá, F., Lorca. Noticias históricas, estadísticas, literarias etc. de la antigua. ‚Ciudad de Sol". Madrid 1903, 263 S.
Cañada López, F., Plan de un estudio geográfico-estadístico de la provincia de Murcia. Rev. Geogr. Colon. Mercant, 7, 1910, 5—20, Karte.
Cánovas Cobeño, Fr., Historia de la ciudad de Lorca. Lorca 1900. XI, 5175.
Cascales, Fr., Discursos históricos de la muy noble y muy leal Ciudad de Murcia. Murcia, Seg. Impressión, 1775, 568 S.
Codorniu, R., Distribución de las Lluvias en la Sierra de Espuña. Asoc. Esp. para el Progr. Ciencias, Congr. de Valencia, tom. III, Madrid 1911, 19—27.
Criaderos de la provincia de Murcia. Memor. Inst. Geol. Esp., Criaderos de Hierro de España, tomo I. Madrid 1913. 547 S., Karten, Abb.
Dominguez, L., Cartagena. Memoria y comentarios sobre el sitio de Cartagena. Madrid 1878. 296 + 86 S., 1 Karte.
Escribano y Pérez, J. M., Pomona de la provincia de Murcia. Mem. R. Acad. Cienc. Exact., Fis. y Nat., Madrid, X, 1884. 224 S.
Gea, R., La Acequia de Molina. Orihuela 1903. 198 S.
Hann, J., Klima von Murcia. Z. Oesterr. Ges. f. Meteorol. 9, 1874, 6—8.
Jiménez de Cisneros, Z. Zahlreiche kleinere geologische Arbeiten in dem Bol. Soc. Esp. Hist. Nat. 6, 1906 ff.
López, R. S. y A. Marin, Estudio relativo á los terremotos ocurridos en la provincia de Murcia en 1911. Bol. Inst. Geol. Esp. 32, 1912, 179—214.
Lozano, J., Historia antigua y moderna de Jumilla. Murcia 1800.
Merino Álvarez, A., Geografia histórica del territorio de la actual provincia de Murcia desde la reconquista por D. Jaime I de Aragón hasta la época presente. Madrid 1915. 516 S.
Navarro-Neumann, M. S., Los recientes terremotos murcianos. Rev. Soc. Astronom. Esp. 1, 1911, 119—122, Abb.
Pato y Quintana, M., Descripción física de la provincia de Murcia. Bol. Com. Mapa Geol. Esp. 29, 1909, 1—158, Karte.

Pilz, R., Die Bleiglanzlagerstätten von Mazarrón in Spanien. Dissert. Freiberg i/Sa. 1907. 52 S. — Z. f. prakt. Geol. 13, 1905, 385—409.

Quelle, O., Zum Klima der Provinz Murcia. Met. Zeitschr. 33, 1916, 33—34.

Rein, J., Die Albufera von Valencia, das Mar Menor und die Sierra de Cartagena. Geogr. u. naturw. Abhandl. I, Leipzig, 1892, 169—181.

Remiro, M. S., Historia de la Murcia musulmana. Zaragoza 1905. XII, 337 S.

Salazar, Z., La agricultura en la provincia de Murcia. Madrid 1911. 243 S.

Siret, L., Les provinces espagnoles de Murcia et d'Almérie. Bull. Soc. Géogr. Anvers 14, 1889, 308—324.

Für die wirtschaftlichen Verhältnisse boten viel Material die deutschen Konsulatsberichte über Cartagena im „Deutschen Handelsarchiv" und die englischen Konsulatsberichte über Cartagena, Aguilas, Mazarrón und Porman in den „Diplomatic and Consular Reports". Benutzt wurden beide Quellen für die Jahre 1890—1914.

II.
Die Volksdichte der Provinz Toledo.

(Hierzu Tafel 6.)

Boden und Klima.

Südlich von Madrid breitet sich die miocäne Hochfläche Neukastiliens in einer mittleren Höhe von 700—750 m aus. In sie hat der Tajo, der die Hochfläche in vielfach gewundenem Lauf durchquert, sein Bett tief eingeschnitten. Nördlich und südlich des Tajo aber sind die Höhenverhältnisse hier annähernd dieselben. Chinchon, zwischen dem Tajuña und Tajo, liegt 753 m, das östlich gelegene Villarejo 754 m hoch; südlich des Tajo liegen Ocaña, Villarrubia, Villatobas auf den gleichen festen Miocänkalken in fast derselben Meereshöhe. Unterhalb Aranjuez stülpt sich die Provinz Madrid in einem etwa 30 km langen Zipfel tajoabwärts aus und bei der Kreuzungsstation Algodor betritt der Tajo den Boden der Provinz Toledo.

Westlich des Meridians von Algodor nimmt aber innerhalb der Provinz Toledo die Hochfläche Neukastiliens einen ganz anderen Charakter an. Die Hochflächen nördlich und südlich des Tajo liegen hier nicht mehr in gleicher Höhe wie im Osten: der nördlich des Tajo gelegene Teil der Provinz Toledo hat eine mittlere Höhe von 550 m, der südliche eine solche von 730—750 m. Dieser Änderung des Reliefs entspricht auch eine durchgreifende Änderung des geologischen Aufbaues. An die Stelle der vollkommen horizontal gelagerten Miocänschichten im Osten treten im Raume der Provinz Toledo nördlich des Tajo vorwiegend diluviale Ablagerungen, südlich des Tajo die zu einer Rumpffläche abgetragenen Schichten des Palaeozoikums der spanischen Meseta.

Zum Verständnis dieser großen Gegensätze im Landschaftscharakter Nord- und Südtoledos müssen wir einen Blick auf die Entwicklungsgeschichte dieses Teiles an der Hand neuerer Forschungen werfen.

Am Ende der Kreidezeit scheint der zentrale Teil der spanischen Meseta von intensiven tektonischen Störungen betroffen zu sein. Bei der Aufwölbung und Schrägstellung der Einzelschollen und Horste des kastilischen Scheidegebirges ist dessen südliches Vorland um mehrere hundert Meter gegenüber der altkastilischen Hochfläche abgesunken. Am größten war diese Absenkung südlich der Sierra de Gredos, also dem höchsten Teile des Scheidegebirges. Wie die Keilscholle der Gredos am höchsten aufgewölbt wurde, so sank das südliche Vorland im Raume der Provinz Toledo am tiefsten[1]). Wir möchten diesen abgesunkenen Teil der neukastilischen Hochfläche das toledanische Senkungsfeld nennen. Seine mittlere Höhe beträgt etwa 550 m. Das ganze Senkungsfeld ist bedeckt mit mächtigen diluvialen Ablagerungen, aus denen zwischen dem Alberche und oberen Tietar die Sierra de S. Vicente zu einer Höhe von 1366 m emporragt (vgl. Stielers Handatlas, Blatt 32). Vorwiegend aus Graniten und Gneisen aufgebaut, ist diese Sierra de S. Vicente, die dieselbe Streichrichtung wie die Sierra de Guadarrama besitzt, ein Glied des östlichen Kastilischen Scheidegebirges[2]). Das toledanische Senkungsfeld wird in Nordost-Südwestrichtung von drei Flüssen durchzogen. Unterhalb Toledos mündet der Guadarramafluß, bei Talavera der Alberche, und die

[1]) Siehe das instruktive Blockdiagramm der Sierra de Gredos in Obermaier: Contribución al estudio del glacierismo cuaternario de la Sierra de Gredos. Madrid 1916, S. 9.

[2]) J. Carandell: Las calizas cristalinas del Guadarrama. Madrid 1914. S. 62. —

Nordgrenze der Provinz bildet der Tietar. Alberche und Tietar behalten, am Fuße der Keilschollen der Gredos und Sa. de S. Vicente entlang fließend, in ihrer Laufrichtung die Streichrichtung der Sa. de Guadarrama bei.

Von einem deutlich ausgeprägten Steilrand von etwa 200 m Höhe wird das toledanische Senkungsfeld nach Süden hin begrenzt. Dieser Steilrand wird gebildet von dem zwischen Tajo und Guadiana stehengebliebenen toledanischen Horst, der eine mittlere Höhe von 600—800 m besitzt und über den die „Montes de Toledo" an der Südgrenze der Provinz im Rocigalgo zu 1447 m Höhe ansteigen.

Der toledanische Horst[1]) ist aus Graniten, Gneisen und stark gestörten kambrischen und silurischen Quarziten, Schiefern und Kalken aufgebaut, die nach ihrer Faltung zu einer weiten Rumpffläche abgetragen werden. Über diese Rumpffläche erheben sich mit west-östlichem Streichen die Einzelglieder der Montes de Toledo: die Sierra de los Yebenes, Sa. de Rocigalgo, Sa. de Enmedio u. a. Begleiten den Fuß dieser Einzelerhebungen mächtige aus Quarzittrümmern gebildete Schutthalden und Felsenmeere, so bestehen die größeren Senken aus breiten Flächen; diese werden gebildet aus den bei der Zersetzung dieser Felsenmeere hervorgegangenen Geröllmassen, die mit sandigem Lehm vermischt und manchmal zu einem Konglomerat zusammengebacken sind; die Bildung dieser diluvialen Flächen, der sogen. „rañas", die von den Nebenflüssen des Tajo und Guadiana zerschnitten werden, scheint unter einem feuchteren Klima erfolgt zu sein.

Innerhalb der Provinz Toledo senkt sich der toledanische Horst, von vielen kleinen Flüßchen zerschnitten, ganz langsam nach Norden, um dann mit einem deutlichen Steilrand nach dem toledanischen Senkungsfeld hin abzubrechen. Ob hier eine Bruchstufe, wie ich vermuten möchte, vorliegt, muß noch entschieden werden. Besonders schön ist dieser Steilrand unmittelbar südlich von Toledo ausgebildet, wo sich die in Gärten versteckten Landhäuser steil am Gehänge emporziehen.

Das Alter des toledanischen Senkungsfeldes ist noch nicht genau bestimmt; einen Anhaltspunkt gewähren aber die Untersuchungen von E. Hernández-Pacheco. Nach ihm liegen bei Toledo, am Steil-

[1]) Vgl. E. Hernández-Pacheco: Itinerario geológico de Toledo á Urda. Madrid 1912. 48 S., Abb., Karte.

J. Gómez de Llarena: Bosquejo geográfico-geológico de los Montes de Toledo. Madrid 1916. 74 S., Abb., 2 Karten.

rand des toledanischen Horstes, marine jungeocäne oder altoligocäne Ablagerungen, die alle Kennzeichen einer ausgesprochenen Küstenbildung besitzen. Es muß als der Steilrand des toledanischen Horstes schon vor der Ablagerung dieser Schichten vorhanden gewesen sein, d. h. aber, das toledanische Senkungsfeld ist seiner Entstehung nach älter als diese jungeocänen-altoligocänen Ablagerungen.

Von großer Bedeutung für das Wirtschaftsleben und damit für die Verteilung der Bevölkerung sind aber die Bodenverhältnisse der beiden toledanischen Landschaften. Mit Ausnahme des Gebietes der Sierra de S. Vicente besteht das ganze toledanische Senkungsfeld aus diluvialen Ablagerungen, mächtigen Schottern und Sanden, die vielfach mit Lehmen oder Tonen vermischt sind und im allgemeinen fast überall den Getreidebau ermöglichen, auch wenn diesem nicht viel Sorgfalt gewidmet wird. Die Wasserverhältnisse sind im allgemeinen nicht ungünstig; viele Gemeinden haben sogar mehrere starke Quellen, so daß ein Wassermangel sich nicht in dem Umfang bemerkbar macht wie in den östlichen Teilen der Neukastilischen Hochebene.

Die Böden auf dem toledanischen Horste sind fast durchweg schlecht und wenig ertragreich. Darum überwiegen auch hier die Weideflächen und das Ödland hat hier, besonders im Raume der Montes de Toledo, seine größte Ausdehnung; die Wasserführung der Flüsse ist nur gering, und die in den einzelnen Dörfern vorhandenen Quellen sind oft nur wenig ergiebig.

Über die klimatischen Verhältnisse der Provinz besitzen wir nur spärliche Angaben. Die einzige Station, von der meteorologische Beobachtungen vorliegen, ist Toledo, das seit Oktober 1908 (!) an das Netz der meteorologischen Stationen angeschlossen ist. Die mir vorliegenden Beobachtungsergebnisse des Jahres 1909 lassen natürlich noch keine Schlüsse allgemeiner Art zu. Die mittlere Jahrestemperatur 1909 betrug 14.4°; der wärmste Monat war der August mit 25.9°, der kälteste der Januar mit 4.8°. Die jährliche Niederschlagsmenge dürfte 400 mm nur im Süden und Nordwesten der Provinz überschreiten[1]).

Die wirtschaftlichen Verhältnisse.

Landwirtschaft und Bergbau

Die Grundlage des Wirtschaftslebens der Provinz Toledo ist

[1]) Z. Ges. f. Erdk., Berlin 1888, Tafel II.

die Landwirtschaft. Nach einer neueren Statistik[1]) nehmen die Kulturzonen der Provinz folgende Flächen ein:

Wald und Weiden	639861 ha
Getreideland	550224 ha
Gärten, Wiesen, bewässertes Land	150240 ha
Unproduktiv	185422 ha.

Wald und Weideflächen nehmen also den weitaus größten Flächenraum ein. Eigentlicher Hochwald fehlt der Provinz völlig; hier und da finden sich in den entlegeneren Teilen der Montes de Toledo noch Kiefernbestände, die die Reste größerer Wälder zu sein scheinen. Im übrigen besteht der größte Teil des toledanischen Waldes aus den sogen. Monte bajo, dem Niederwald, der Gebüschformation. Unter den Pflanzen, die diese Formation zusammensetzen, gewinnen verschiedene Arten der Gattung Cistus (span. Jara) eine überragende Bedeutung. So sind die aus der Zersetzung der palaeozoischen Schiefer entstandenen sandig-steinigen Lehmböden im Südwesten Toledos mit Tausenden von Hektaren „Jarales", d. h. in mehr oder weniger dichtem Bestande wachsenden Cistussträuchern bedeckt, die der Landschaft zwischen den Montes de Toledo und dem Tajo den Namen „La Jara" gegeben haben. Auch Ortsnamen mit dem Zusatz „La Jara" fehlen hier nicht; so Alcaudete de la Jara, Belvis de la Jara, Mohedas de la Jara, Sevilleja de la Jara u. a. Infolge der Holzarmut der Provinz gewinnt der Cistusbuschwald hohe wirtschaftliche Bedeutung, da die trockenen Zweige weithin als Brennholz gebracht werden. In den Töpfereien von Talavera de la Reina, wo noch im 18. Jahrhundert vorwiegend Kiefern- und Ölbaumholz verwandt wurde, wird heute zum größten Teil nur Holz aus den Niederwäldern der „La Jara" benutzt. Eichenniederwald wird in den Gemeinden San Pablo und Los Yebones im Süden der Provinz zu Holzkohlen verarbeitet.

Zum Niederwald im Sinne der spanischen Forststatistik gehört auch das Espartogras, das allerdings nur über geringe Flächen verbreitet ist. Im Westen der Provinz haben nur die Gemeinden Ontigola con Oreja, Guadamur und Mora größere Flächen von Espartogras aufzuweisen; in Mora gewinnt die Herstellung von Gegenständen aus Espartogras Bedeutung. In der zweiten Hälfte des 18. Jahrhunderts war aber die Espartograsverarbeitung in der

[1]) Prados y Pastos. Madrid 1908. 2. ed., S. 43.

Provinz viel weiter verbreitet. Da genügte, wie Larruga[1]) meldet, das in der Provinz geerntete Espartogras nicht mehr für die Seilerwerkstätten von Talavera, Torrijos u. a. Orten, und man war gezwungen, aus der Provinz Murcia Espartogras in großem Umfang einzuführen. In den übrigen Gemeinden der Provinz, wie in Almonacid, Arges, Mora, Ocaña, Romeral und Noblejas war die Espartoindustrie in erster Linie als Hausindustrie heimisch und beschäftigte in den Wintermonaten einen erheblichen Teil der Bevölkerung, vor allem Frauen.

Wo Wald und Espartogras noch fortkommt, da ist der Boden für den Anbau von Getreide nicht sonderlich geeignet; höchstens Gerste und etwas Hafer wächst auf solchem Boden noch. Darum gehören auch diese Gebiete mit zu den am dünnbevölkertsten Teilen der Provinz. Der ganze Südwesten und Süden hat fast durchweg im Mittel unter 25, vielfach sogar unter 10 Einwohner auf das Quadratkilometer.

Wirtschaftlich von größter Bedeutung ist der Ackerbau. Zwei Umstände erschweren den Ackerbau in der Provinz aber ganz erheblich. Einmal wird der Ackerbau auf den weitaus größten Flächen ohne künstliche Bewässerung betrieben. Daher ist er in seinem Ertrag auch von den schwankenden Niederschlagsmengen abhängig, eine Erscheinung, die ja in den meisten spanischen Provinzen zu beobachten ist. Dann beeinträchtigt im Süden, besonders in fast allen Gemeinden südlich des Tajo, der zumeist steinige Boden den Ackerbau bei dem Mangel an geeigneten Ackergeräten außerordentlich, während in den südöstlichen Bezirken die miocänen Kalke, die die Oberfläche bilden, infolge ihrer Härte und Durchlässigkeit keinen günstigen Ackerboden darstellen. Als weniger wichtiger Faktor kommt hinzu, daß infolge der nicht übermäßig starken Viehhaltung eine Düngung der Äcker so gut wie gar nicht stattfindet.

Es herrscht also durchweg das Campo Secano, d. h. das Trockenland vor. Angesichts des völligen Mangels statistischer Angaben ist es unmöglich, zuverlässige Daten für den Getreidebau der einzelnen Gemeinden zu bekommen. Man ist in dieser Beziehung für die Provinz Toledo lediglich auf das spanische Handelsadreßbuch[2]) angewiesen, das bei den einzelnen Gemeinden jeweils alle Wirtschaftszweige,

---

[1]) Memorias etc., t. IX, S. 225ff.

[2]) Anuario General de España (Comercio, Industria etc.) Madrid 1914. Tomo II. Toledo. –

soweit diese Bedeutung gewinnen, anführt. Mit einer erstaunlichen Einförmigkeit heißt es hier bei den meisten Gemeinden: „Erzeugt Getreide und Wein“ oder „Erzeugt Getreide und Öl“. Das sind fast überall die Hauptprodukte, die die Landwirtschaft liefert. Nur an wenigen Stellen erfährt diese kärgliche Produktionsliste eine Erweiterung durch den Zusatz „Weizen“ oder aber „Gerste“ bzw. „Hafer“. Hauptgetreidegebiete sind vor allem die Diluvialflächen des Toledanischen Senkungsfeldes, also die Striche nördlich des Tajo, in geringerem Maße auch die Gemeinden des Gerichtsbezirkes Ocaña und Orgaz. Am meisten tritt der Getreidebau zurück in der Landschaft „La Jara“ infolge des Vorherrschens der Cistusheiden. Eng vergesellschaftet mit dem Getreidebau ist der Anbau von Johannisbrot, das ausschließlich als Viehfutter Verwendung findet.

Ebenfalls gehören in das Bereich des Campo Secano der Ölbaum und zum Teil auch der Weinstock. Der Ölbaum, über dessen Kultur nach der trefflichen Monographie Th. Fischers sich nichts neues mehr sagen läßt, ist überall in der Provinz verbreitet; er fehlt in vielen Gemeinden der Bezirke von Orgaz und Illescas, und auch die höher gelegenen südlichen Teile des toledanischen Horstes scheinen ihm nicht besonders zuzusagen. Der Weinstock fehlt fast nur dem rauhen Südwesten der Provinz, sonst findet er sich fast ausnahmslos in allen Gemeinden. Der Wein wird in der Provinz selbst verbraucht, ein Weinhandel von nennenswertem Umfange findet kaum statt; nur die Weißweine von Huerta de Valdecarábanos erfreuen sich auch außerhalb der Provinz großer Beliebtheit. Zu Larrugas Zeit waren der Rotwein von Yepes und der Weißwein von Esquivias in Madrid sehr geschätzt[1]). An vielen Stellen hat sich an die Weinproduktion auch die Erzeugung von Weinessig geknüpft. Wo der Weinstock lediglich zur Gewinnung von Eßtrauben angebaut wird, da bedarf er naturgemäß zu bestimmten Zeiten künstlicher Bewässerung.

Der Weinstock und Ölbaum gehören aber schon zu der Gruppe der Gärten, Wiesen usw. der landwirtschaftlichen Statistik. Das künstlich bewässerte Land, das Campo Regadio, hat in der Provinz eine untergeordnete Stellung. Die bewässerten Fluren von Toledo, Talavera de la Reina und anderer Gemeinden am Tajo haben einen nur bescheidenen Umfang; und das gleiche gilt von den Frucht- und Gemüsegärten anderer Siedelungen. Aber wo bewässertes Land

---

[1]) Larruga, t. V. 1789, a. a. O.

vorhanden ist, da erfährt, wie in allen bewässerten Gebieten Spaniens, die Zahl der angebauten Kulturpflanzen eine erhebliche Steigerung. Da gesellt sich zu den zahlreichen Gemüsearten die saftige Melone, Kirsch- und Apfelbäume, Kartoffeln und eine Reihe von Industriepflanzen, wie Anis, Safran, Kümmel (= comino; das Gebiet von Santa Cruz de la Zarza hieß daher schon zur Römerzeit „vicus cominarius") und die Zuckerrüben. Die Zuckerrübe hat erst in der Neuzeit in der Provinz Eingang gefunden; daher ist ihr Anbaugebiet auch noch beschränkt auf die beiden Gemeinden Huerta de Valdecarábanos und Ontígola con Oreja im Bezirk Ocaña. Auch von diesen auf bewässertem Land gezogenen Produkten hat keines irgendwelche Bedeutung für den Handel; sie spielen lediglich im örtlichen Verbrauch als Zukost zu den Mahlzeiten eine Rolle.

Im wesentlichen scheint der Ackerbau der Provinz Toledo im Laufe der letzten 150 Jahre keine Änderungen erfahren zu haben, weder in den Betriebsformen noch in der Zahl der angebauten Kulturpflanzen. Ob die Bemerkung Larrugas[1]), er habe gehört, daß früher die Provinz Toledo in erster Linie ein Weinland und nicht, wie heute, ein Getreideland gewesen sei, zutrifft, konnte leider nicht festgestellt werden. Auf jeden Fall war zu seiner Zeit Toledo ein Getreideland, das mit seinen Ernten sogar noch Überschüsse nach Andalusien, Madrid, Segovia, Valencia und Murcia ausführen konnte.

Auf die Verbreitung des Maulbeerbaumes und seine wirtschaftliche Bedeutung wird an späterer Stelle zurückzukommen sein.

Den landwirtschaftlich unbenutzbaren Flächen weist die Statistik ein Areal von rund 185500 ha zu. Dazu gehören außer den Wohnstätten, Straßen und Wasserflächen, auch die weiten Flächen am Fuße der Montes de Toledo, die ein breiter Streifen unfruchtbaren Bodens einnimmt, der überwiegend unzersetzten Gehängeschutt des Gebirges darstellt; ferner gehören hierher z. T. weite Flächen, die aus einer harten Kalkkruste gebildet werden, die auf dem abgetragenen palaeozoischen toledanischen Horst ruht. Kartographisch diese Ödländereien festzulegen, ist, da auch die geologische Karte noch zu viele Unrichtigkeiten aufweist, zurzeit noch nicht möglich.

Die Provinz Toledo ist also in bezug auf den Ackerbau in erster Linie ein Getreide produzierendes Gebiet; am intensivsten sind die Gebiete nördlich des Tajo angebaut, die ja im großen und ganzen

[1]) Memorias etc., t. V, 1789, S. 163. —

auch die größte Volksdichte aufweisen; das spärlich vorhandene bewässerte Land mit einem intensiveren Anbau von Kulturpflanzen ist oasengleich über die ganze Provinz zerstreut.

Gegenüber dem Ackerbau tritt die Viehzucht stark in den Hintergrund. Zuverlässige Zahlen über den Viehbestand fehlen. Die Statistik gibt[1]) 346228 Schafe, 19824 Ziegen und 2504 Rinder an; daneben sind noch vorhanden Schweine in größerer Zahl, sowie Maultiere und Pferde. Von einer rationellen Viehzucht ist in der ganzen Provinz keine Rede; den größten Teil des Jahres verbringt das Vieh im Freien. Für einen größeren Viehbestand scheinen die zur Verfügung stehenden Weideflächen nicht auszureichen; sieht sich doch der toledanische Viehzüchter genötigt, einen Teil der Weiden, um genügend Viehfutter zu bekommen, mit Frühgerste bzw. mit Roggen anzubauen; die Gerste dient als Futter für die Lämmer, der Roggen wird im Frühjahr den Rindern verfüttert.

Scháf- und Zeigenzucht stehen also an erster Stelle; die Schafzucht blüht besonders auf den weiten Ebenen der Provinz, die Ziegenzucht im Hügelland und dem Gebirge. Den Schafbestand bilden drei Rassen, die als „manchega“, „merina“ und „churra“ bezeichnet werden; es überwiegt jedoch eine Kreuzung zwischen der Merino- und Manchega-Rasse, die eine besonders feine Wolle gibt. Beachtenswert ist, daß die Schafe der Provinz im Frühjahr und Herbst die Provinz nicht verlassen, um ferner liegende Weidegebiete aufzusuchen; es findet also keine Herdenwanderung (Transhumanz) statt. Die drei großen Weidewege, die die Provinz in annähernd meridionaler Richtung durchziehen, werden vielmehr von den Schafherden Altkastiliens benutzt[2]). — Die Ziegenzucht wird in zwei Formen betrieben. Will man nur gute Fleischziegen aufziehen, so findet reiner Weidebetrieb statt; in den Gemeinden, wo die Milchgewinnung bei der Ziegenzucht die Hauptrolle spielt und im Anschluß daran die Käsebereitung zu Hause ist, geht neben dem Auftrieb der Ziegen zur Weide eine ausgedehnte Stallfütterung nebenher. Die Käsefabrikation hat in Los Yebenes und Escalonilla ihren Hauptsitz. Die Schweinezucht ist an das Vorkommen von Eichen geknüpft, die namentlich in den westlichen Teilen Toledo an der Zusammensetzung des Niederwald einen hervorragenden Anteil haben. Die Maultiere und Esel spielen im Saumverkehr der Provinz

---

[1]) Prados y Pastos. Madrid 1908. 2.a edic., S. 40.

[2]) An. de Geogr. XIX, 1910, 231—244, 2 Karten.

infolge des noch schwach entwickelten Eisenbahnnetzes eine wichtige Rolle. Die Kleintierzucht, vor allem die Hühnerzucht, ist überall zu Hause, ist jedoch für das Wirtschaftsleben der Provinz von geringer Bedeutung.

Wie die meisten Provinzen Zentralspaniens ist auch Toledo überaus arm an nutzbaren Bodenschätzen. Erze, Kohlen und Salz fehlen vollständig. Für die Beschotterung der Landstraßen sind die Quarzite der Montes de Toledo wichtig; die Gips- und Kalklager des Miocäns werden an vielen Stellen in Steinbrüchen gewonnen und finden beim Hausbau weitgehende Verwendung. Nur ein einziges Produkt ist von hoher Bedeutung, ein namentlich im Bezirk von Talavera de la Reina auftretender plastischer Ton, der schon seit alter Zeit eine blühende keramische Industrie ins Leben gerufen hat.

Industrie, Handel und Verkehr.

Das Fehlen von Brenn- und anderen Rohstoffen sowie der spärlich vorhandene Wasservorrat, der technischen Zwecken kaum nutzbar zu machen ist, hat zur Folge, daß die Industrie in der Provinz Toledo nur wenig entwickelt ist. Fast ausnahmslos arbeiten heute alle industriellen Betriebe lediglich für den örtlichen Bedarf. Das gilt in erster Linie von den Industriezweigen, die auf landwirtschaftlicher Grundlage beruhen. Zu diesen gehören die vielen kleinen Getreide- und Ölmühlen, die bisweilen von dem nächsten Dorfe weit entfernt liegen, um die Wasserkräfte eines Flüßchens ausnützen zu können, ferner Kleinbetriebe zur Seifen- und Branntweinfabrikation. An mehreren Stellen knüpft sich an die Halfagrasgewinnung eine Hausindustrie, die sich mit der Herstellung von Matten, Körben usw. beschäftigt.

Völlig verschwunden ist aus der Provinz Toledo die Seidenindustrie, die in Talavera de la Reina ihren Hauptsitz hatte und durch Jahrhunderte einer der wichtigsten Erwerbszweige der Provinz war. Die Kultur des Maulbeerbaumes fand in erster Linie in der Vega von Talavera statt. Bereits um 1480 wurden in der Provinz 450000 Pfund Seide verarbeitet[1]). Der Anbau der Maulbeerbäume erfolgte dann auch weiter stromaufwärts an den Ufern des Tajo, damit ihm die notwendige Bewässerung zuteil werden konnte. Außer in Talavera waren auch in Toledo Tausende von Menschen in der Seidenindustrie beschäftigt und der Seidenhandel brachte

[1]) Mem. R. Ac. Cienc. Artes, Barcelona X, 1913, No. 21. S. 36.

alljährlich große Summen Geldes in die Provinz. Um die Wende des 16. und 17. Jahrhunderts beginnt der Verfall dieser blühenden Industrie. Mit den in Valencia und Murcia jetzt erzeugten Seidenwaren konnte Toledo nicht mehr wetteifern. Die aus der Provinz vertriebenen Moriskos und Juden, die beide in erster Linie von der Seidenindustrie und dem Seidenhandel lebten, verhalfen dieser Industrie in Valencia zu neuer Blüte. Zum weiteren Niedergang der Seidenindustrie trugen aber auch die verkehrten Maßnahmen der Lokalbehörden bei, die aus ihr immer neue Abgaben zu erpressen suchten.

Infolge dessen gingen allein von 1663—1680 in Toledo 7316 Webstühle ein; bis 1684 stellten weitere 400 ihren Betrieb ein; 1685 arbeiteten nur noch 600, 1692 nur noch 64!

Um die Mitte des 18. Jahrhunderts machten einsichtige spanische Herrscher den Versuch, die Seidenindustrie der Provinz aufs neue zu beleben. Maulbeerbäume wurden bei Talavera gepflanzt, und im Gerichtsbezirk dieser Stadt standen 1760 schon wieder 22800 Bäume; neue Fabriken wurden in Betrieb genommen, aber schon nach 1808 hören wir nichts mehr von der Seidenindustrie in der Provinz.

Eine andere auf der Viehzucht beruhende Industrie der Provinz war die Wollindustrie. Verarbeitet wurde neben heimischer Wolle auch Wolle aus Estremadura und Altkastilien. Die Wollindustrie blühte vor allem im 18. Jahrhundert, an dessen Ende nicht weniger als 18360 Menschen in ihr beschäftigt wurden[1])! Hauptsitze der Wollindustrie waren Toledo und Talavera; doch fehlte sie auch an anderen Plätzen nicht. So erzeugte Ajofrín begehrte Wolltücher; und in den kleineren Betrieben in den Orten Sonseca, Novés, Valdemoro, El Viso, Yuncler u. a. O. waren besonders Frauen in dieser Industrie stark beschäftigt. Heute ist die Wollindustrie ebenfalls völlig aus der Provinz verschwunden. Das gleiche gilt auch von der Leinenindustrie, die an zahlreichen Stellen viele Frauen und Kinder beschäftigte, sowie von der Hut- und Lederfabrikation, die hauptsächlich in Toledo ansässig waren. Das Verschwinden der Textilindustrie hatte auch den Eingang zahlreicher Walkmühlen und Färbereien zur Folge.

Von den Industrien, die an das Vorkommen nutzbarer Bodenschätze geknüpft sind, ist heute nur noch die Töpferei von Talavera

---

[1]) Larruga: Memorias políticas y económicas . . . de España. t. IX, S. 223.

zu nennen. Die plastischen Tone Talaveras wurden schon im 16. Jahrhundert abgebaut. Hergestellt wurden außer Porzellanfliesen, die den wichtigsten Handelsartikel bildeten, auch gewöhnliche Töpferwaren aller Art. In Talavera lagen große Porzellanfabriken, und die Töpfer hatten ihr eigenes Zunfthaus, an das noch heute die „cañada de los álfares" erinnert. Das Holz für den Betrieb der Öfen lieferte die Vega von Talavera. Außer Talavera hatte auch Puente del Arzobispo bis in die Mitte des 18. Jahrhunderts nicht unbedeutende Töpferei. In der zweiten Hälfte des 18. Jahrhunderts beginnt aber der Verfall dieses blühenden Gewerbes, da die Sevillaner Porzellanwaren denen Toledos zu starke Konkurrenz machen und um diese Zeit ja auch die anderen Industriezweige Toledos in Verfall geraten. Gleichwohl ist diese Töpferei die einzige von allen Industriezweigen der Provinz, die auch heute noch in Talavera in vier größeren und zahlreichen kleineren Betrieben mehreren hundert Menschen Unterhalt gewährt.

Die einst für Toledo bedeutsame Metallindustrie (Herstellung von Waffen, Silberwaren usw.) hat heute jede Bedeutung verloren.

Überblicken wir die verschiedenen Zweige des Wirtschaftslebens der Provinz, so sehen wir, daß in den letzten zwei Jahrhunderten ganz wesentliche Veränderungen der wirtschaftlichen Verhältnisse stattgefunden haben. Die früher blühende Industrie ist fast völlig verschwunden; die Provinz Toledo ist heute ein fast rein agrarisches Gebiet. Die Gemeinden Toledo und Talavera, damals die Zentren des Wirtschaftslebens, haben einen großen Teil ihrer Bevölkerung verloren, sind aber trotzdem heute noch die Stellen, wo sich die Bevölkerung am dichtesten zusammendrängt.

Es ist klar, daß in einem Gebiet, dessen heutige wirtschaftliche Verhältnisse so einförmig gestaltet sind, ein nennenswerter Handel und Verkehr nicht aufkommen kann. Die umliegenden Provinzen tragen den gleichen vorwiegend agrarischen Charakter, so daß ein Austausch landwirtschaftlicher Erzeugnisse nicht stattfindet. Was die Landbevölkerung braucht, verschafft sie sich aus den Städten Toledo, Talavera und Punte del Arzobispo. Das ungewöhnlich dünne Eisenbahnnetz weist ebenfalls darauf hin, daß der Handel kaum entwickelt ist. Nur drei Eisenbahnlinien durchqueren die Provinz, ohne deren Hauptstadt zu berühren. Den Norden durchzieht in Ost-Westrichtung die Linie Madrid—Plasencia—Portugal; bei der Station Villamiel, 14 km vor Torrijos, zweigt eine Autoomnibuslinie nach dem südlich gelegenen Toledo ab. Die beiden anderen Eisenbahnlinien durchqueren in meridionaler Richtung den äußersten Osten Toledos, es ist die Linie Madrid—Ciudad Real, von der bei Algodor eine Zweigbahn westwärts nach Toledo führt, und die Linie Madrid-Aranjuez-Andalusien. Der Verkehr auf den trefflichen Landstraßen der Provinz ist nur gering, dagegen spielt der

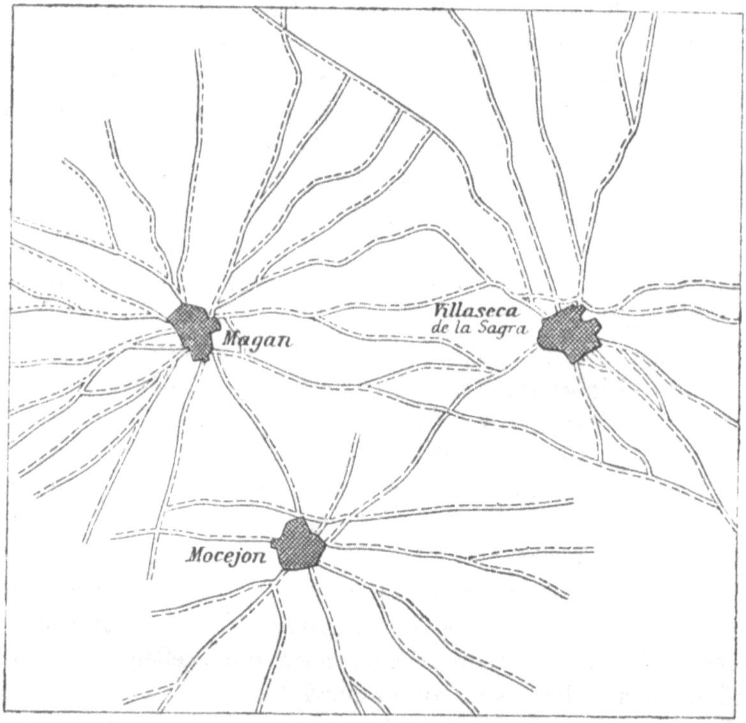

Fig. 1. Radiale Anordnung des Wegenetzes in der Provinz Toledo; 1:80 000.

Säumerverkehr mit Maultieren und Eseln auf dem Netz von Feldwegen und Pfaden eine nicht unwichtige Rolle.

Die Anordnung der Verkehrswege in der Provinz Toledo weist einige interessante Züge auf. Während z. B. den Verlauf der Verkehrswege in der Provinz Murcia die in WSW-ONO-Richtung verlaufenden Gebirge und die in gleicher Richtung streichenden Talzüge derart beeinflussen, daß alle wichtigen Verkehrslinien hier im wesentlichen parallel zur Streichrichtung der Gebirge verlaufen, finden wir in Toledo ein ganz eigenartiges Wegenetz ausgebildet. Von jeder Siedelung strahlt ein ganzes Bündel von Straßen frei nach allen Richtungen hin aus. Die nebenstehende nach Blatt 629 der spanischen Generalstabskarte gezeichnete Skizze (Fig. 1) veranschaulicht am besten dieses Wegenetz.

Diese in der Ebenflächigkeit des Geländes begründete Anordnung des Wegenetzes ist aber nicht nur für die ebenen Teile der Provinz Toledo charakterstisch, sondern für fast alle Ebenen Alt- und Neukastiliens. Es erscheint daher die Annahme wohl begründet, daß diese ungehinderten allseitigen Verkehrsbeziehungen, die auf den weiten Flächen der spanischen Meseta bestehen, zweifellos die Einheitlichkeit des kastilischen Dialektes in ganz Zentralspanien wesentlich begünstigt haben; so wie wir die Randgebiete der Halbinsel mit ihrem wechselvollen Relief betreten, begegnen wir sofort den größten dialektischen Verschiedenheiten. Für anthropologische Studien dürfte das Studium der spanischen Katasterblätter, wenn diese das Wegenetz völlig enthalten, später noch manche Anregungen darbieten, vor allem dort, wo an heute siedelungsfreien Stellen das Zusammenlaufen zahlreicher Wege vielleicht das Vorhandensein einer Wüstung andeutet.

Die Verteilung der Bevölkerung.

Die Provinz Toledo umfaßt eine Fläche von 15333,57 qkm, auf der 1900: 376 814 Menschen lebten. Es kommen mithin auf das Quadratkilometer rund 25 Einwohner; die gleiche Volksdichte hat auch die nördliche Nachbarprovinz Avila, während das südlich angrenzende Ciudad Real eine mittlere Volksdichte von nur 16 aufweist. Die Zahl der Gemeinden der Provinz beträgt 206; jede Gemeinde hat also im Mittel einen Flächenraum von rund 74 qkm.

Welche Methode der Volksdichtedarstellung ist nun für die Provinz Toledo zu wählen?

Wie das Ortsregister zeigt, bestehen im allgemeinen alle toledanischen Gemeinden aus nur einem Wohnplatz, der zugleich auch Hauptort der Gemeinde ist. Es sind zumeist geschlossene Wohnplätze; über die Gemeindefläche zerstreute Einzelsiedelungen fehlen zumeist; diese finden sich nur in der Umgebung der größeren Siedelungen, wie bei Toledo, Talavera, Puente del Arzobispo u. a. Orten. Es ist im allgemeinen also die Größe der Gemeindebevölkerung identisch mit der Einwohnerzahl des Gemeindehauptortes. Hier haben wir also einen überaus wichtigen Unterschied im Aufbau der Bevölkerung einer Gemeinde: in der Provinz Murcia, also einer mediterranen Landschaft, lernten wir im 1. Kapitel Gemeinden kennen, die aus zahlreichen Einzelwohnplätzen bestehen, in der Provinz Toledo, einer Landschaft des zentralen Spanien, haben wir fast nur Gemeinden mit einem einzigen Wohnplatz.

Da nun in großen Zügen betrachtet die Verteilung der Gemeinden über die Fläche von 15333 qkm eine weit gleichmäßigere ist als in der Provinz Murcia, die Flächen der einzelnen Gemeinden auch nicht derartig große Unterschiede aufweisen wie bei Murcia, so haben wir für die Darstellung der Volksdichte nicht die Kurvenmanier benutzt, sondern ein Volksdichtekartogramm der ganzen Provinz in 1:800000 entworfen. Die größeren Siedelungen wurden bei der Berechnung nicht ausgeschieden; ebenso brauchte bei dem Mangel an Wald die Frage nach der Behandlung des Waldes bei der Zeichnung nicht erörtert zu werden. Sollte späteren Bearbeitern ein reicheres kartographisches und literarisches Material über die Provinz zur Verfügung stehen, so möchte ich die intensivere Bearbeitung der Volksdichte des nördlichen Teiles der Provinz in größerem Maßstabe empfehlen.

Betrachtet man die Volksdichtekarte genauer, so sieht man, daß das Tajotal und der ganze Norden der Provinz, also das toledanische Senkungsfeld im allgemeinen dichter besiedelt sind, als der Süden. Hier haben wir eine auffallende Auflockerung der Bevölkerung im ganzen Raum der Montes de Toledo. Der kärgliche Boden vermag hier tatsächlich nur eine äußerst geringe Bevölkerung zu ernähren: die Bevölkerung bleibt hier weit hinter dem Mittel der Provinz zurück, es hat z. B. Sevilleja de la Jara nur 8, Hontanar 4, Urda 16 Einwohnern pro qkm. Dünn besiedelt ist die ganze Landschaft La Jara im Südwesten infolge des Vorherrschens der Ginsterheiden in diesem Winkel der Provinz. Gleichzeitig ist beachtenswert, daß im südlichen Teile der Provinz die Flächen der Gemeinden bedeutend größer sind, als im Norden; doch muß dabei betont werden, daß im Süden mit zunehmender Größe der Gemeindeflur auch der unproduktive Boden und die Weideflächen an Areal zunehmen.

Einer auffallenden Bevölkerungsverdichtung begegnen wir im Tajotale. Hier kommen im Osten in der Gemeinde Toledo rund 100 Einwohner auf das Quadratkilometer; in der Gemeinde Talavera haben wir 67 und in den Gemeinden zwischen diesen beiden Städten wie in Cebolla, Escalonilla, Puebla de Montalbán u. a. bleibt die Volksdichte überall über dem Mittel der Provinz.

In diesem Teile des Tajotales finden wir überall neben den

größeren Gemeindehauptorten auch noch eine ganze Anzahl kleinerer Wohnplätze, so namentlich in der Umgebung von Toledo, die im Süden von einem ganzen Schwarm von Einzelwohnplätzen umsäumt ist. Die künstliche Bewässerung der Felder im Tajotale, namentlich bei Toledo und Talavera, hat Anlaß zur Gründung kleiner zerstreut liegender Einzelhöfe gegeben und die Wasserkraft des Tajo wird von vielen Getreide- und Ölmühlen ausgenützt. Darum ist auch die Volksdichte im Tale größer als auf der südlichen Hochfläche.

Das nördliche toledanische Senkungsfeld ist im allgemeinen dichter bevölkert als der Süden. Das Vorherrschen diluvialer Böden begünstigt den Ackerbau, der hier viel intensiver getrieben werden kann als auf den sterilen Böden des palaeozoischen toledanischen Horstes. Auch ist die Zahl der Siedelungen nördlich des Tajo erheblich größer als südlich des Flusses. Vielleicht hängt diese ungleiche Verteilung der Siedelungen damit zusammen, daß der südliche Teil der Provinz Toledo erst in viel späterer Zeit besiedelt ist, als die Gebiete nördlich des Tajo.

Betrachten wir die Zahl der Gemeinden, die auf die einzelnen Dichtestufen entfallen, so sehen wir, daß gerade die niederen Dichtegrade die größte Anzahl aller Gemeinden aufwiesen. Auf die Dichtestufen bis 30 auf 1 qkm entfallen 136 Gemeinden, von denen 19 weniger als 10 Einwohner auf 1 qkm haben. Auf die Dichtestufen 30—60 kommen 31 Gemeinden; die Dichtestufe 61—70 hat nur 8, die über 71 nur 11 Gemeinden. 52.9 % des Gesamtareals mit nur 23.8 % der Gesamtbevölkerung kommen auf die beiden niedrigsten Dichtebezirke! Die höchste Dichtestufe dagegen umfaßt nur 3.2 % der Gesamtfläche mit 13.3 % der Gesamtbevölkerung.

Vergleichen wir das toledanische Senkungsfeld mit dem toledanischen Horst so sehen wir, daß auf letzterem insgesamt 50.2 %, dem toledanischen Senkungsfeld 48.8 % der Bevölkerung wohnen. Während beide Gebiete aber annähernd die gleiche Volksmenge bewohnt, ist die Zahl der Siedelungen im Norden mit 120 größer als im Süden, der nur 86 Siedelungen aufweist. Dafür ist aber hier die Zahl der Siedelungen mit über 2000 Einw. wieder größer als im Norden. Hier haben nur 22 Gemeinden (die hier identisch sind mit Wohnplätzen) mehr als 2000 Einw., auf den toledanischen Horst kommen dagegen 38 mit über 2000 Einwohnern. Hier liegen die großen geschlossenen Wohnplätze viel weiter von einander als in Nordtoledo. Wir haben daher mit Absicht den Tajo als

Grenze zwischen dem nördlichen und südlichen kontinentalen Siedelungstypus (siehe Fig. 3 S. 162) angenommen[1]).

Von den Siedelungen der Provinz Toledo verdienen nur wenige eine besondere Würdigung. Die Gerichtsbezirkshauptstädte Escalona, Illescas, Lillo, Orgaz, Puente del Arzobispo und Torrijos erheben sich mit ihrer Einwohnerzahl nur wenig über die der benachbarten Gemeindeorte; nur Madridijos hat 7158 und Ocaña 6616 Einwohner.

Die beiden größten Siedelungen der Provinz sind Toledo mit 21675 und Talavera de la Reina mit 9813 Einwohnern.

Die geographische Lage von Toledo ist außerordentlich bemerkenswert. Der Tajo tritt hier, von Ostnordost kommend, sehr nahe an den Steilrand des toledanischen Horstes heran und hat sein Bett in den praediluvialen Untergrund tief eingeschnitten. Die Stadt liegt auf einer in die Tiefe gesunkenen Granitscholle, die von drei Seiten vom Tajo umflossen wird. Der höchste Teil der Stadt liegt mit 540 m Höhe etwa 100 m über dem Spiegel des in enger Schlucht die Stadt umfließenden Tajo.

Die durch die Halbinsellage gewährleistete Sicherheit war wohl der Hauptgrund, daß hier schon sehr früh eine Siedelung angelegt wurde. Schon Livius (XXXV, 7) erwähnt die „kleine aber infolge ihrer Lage festen Stadt" Toletum, die die Römer 192 v. Chr. eroberten. Zur Westgotenzeit wurde Toledos Bedeutung gehoben, als Athanagild 567 die Stadt zur Residenz des Westgotenreiches erhob; mehr noch als in politischer Beziehung gewann Toledo in den folgenden Zeiten auch im religiösen Leben des Landes eine führende Rolle. Durch fast vier Jahrhunderte (712—1085) war Toledo später der Hauptstützpunkt der Mauren; unter dem Kalifen von Córdoba hat in Tolaitola ein Emir seinen Sitz, und Handwerk und Industrie blühten in der gewerbereichen Stadt. Die christlichen Bewohner blieben zur Maurenzeit in der Stadt und konnten hier ungehindert der Ausübung ihrer christlichen Religionsgebräuche nachgehen. Über die Zahl dieser unechten Araber, der sogen. „Mozaraber", besitzen wir leider keine genauen Angaben[2]).

Nach der Vertreibung der Mauren wurde Toledo Residenz der kastilischen Könige an Stelle von Burgos. Gleichzeitig wurde Toledo Sitz des ersten Erzbischofs von Spanien. Damit beginnt aber ein

---

[1]) Wegen der Unterschiede zwischen nördlichem und südlichem kontinentelen Siedelungstypus vgl. die Ausführungen in Abschnitt IV.

[2]) F. J. Simonet: Historia de los Mozárabes de España. Madrid 1897/903. S. 105ff.

neuer ungeahnter Aufschwung der Stadt. Ihre Einwohnerzahl wächst; Kirchen und Klöster werden in großer Zahl errichtet und die Anwesenheit des königlichen Hofes führte beständig eine große Zahl von Fremden in die Stadt. Es war ein dauerndes Gehen und Kommen in diesen Jahrhunderten, und die gewerbereiche Stadt, in der auch Kunst und Wissenschaft aufblühten, hatte einen überaus starken Durchgangsverkehr und Handel. Vom 13. bis 16. Jahrhundert waren französische, niederdeutsche und italienische Kunsthandwerker hier tätig, deren Erzeugnisse noch heute alljährlich Tausende von Fremden nach Toledo locken.

Mit der Erhebung Madrids zur Landeshauptstadt im Jahre 1561 verlor Toledo rasch seine Bedeutung, und alle Versuche, der Stadt im Laufe der späteren Jahrhunderte neues Leben zuzuführen, indem man einzelne Industriezweige hier zu entwickeln suchte, waren vergebens.

Erst im Laufe der letzten Jahrzehnte hat sich das Stadtbild etwas verändert. Zwar umschließt noch immer die mächtige Stadtmauer das Häusergewirr mit seinen engen gewundenen Gassen, doch sind bereits im Norden vor der Stadt wesentliche Änderungen vorgenommen. Neue Straßenzüge sind nach Norden und Nordwesten hin angelegt und haben hier weite Flächen für eine Bebauung erschlossen. Ob die Hoffnungen, die man auf diese Projekte gesetzt hat, in Erfüllung gehen, muß die Zukunft lehren.

Als Brückenstadt hat Toledo von jeher eine ebenso geringe Bedeutung gehabt, wie das weiter stromabwärts gelegene Talavera de la Reina. Auch diese Stadt besaß schon zur Römerzeit als Ebura einige Bedeutung, und auch die Westgoten hatten den Ort Elbora neben Toledo in ihrem Besitz. Aber erst zur Maurenzeit bekam Medina Talavera erhöhte Bedeutung. Hier blühte die Seidenindustrie, begünstigt durch den ausgedehnten Anbau der Maulbeerbäume in der Vega von Talavera, und die Töpferei beschäftigte Tausende von Menschen. Heute ist die Industrie stark zurückgegangen; die Zahl der Töpferwerkstätten und Porzellanfabriken, die fast nur noch für die nähere Umgebung arbeiten, ist gering. Die Hauptbedeutung Talaveras beruht auf seiner Verkehrslage. Der nach Norden ausbiegende Tajo tritt gerade hier nahe an die Sa. de S. Vicente heran und drängt alle Verkehrslinien, die aus Neukastilien nach dem Westen führen, auf den engen Raum zwischen dem Fuß des Gebirges und den Fluß zusammen. Gleichzeitig läuft auf diese Stelle die über den Puerto del Pico in der Sierra de Gredos führende fahrbare Straße von

Avila zu, so daß Talavera als wichtiger Straßenknotenpunkt dadurch ganz besondere Bedeutung gewinnt.

Landeskundliche Bibliographie von Toledo.

Alvarez Aravaca, M., Estudios hidro-geológicos. Cuenca del Tajo. Zona de este rio del Alberche y del Tiétar, en la provincia de Toledo. Bol. Com. Mapa Geol. Esp. XXX, 1909, 103—128, 1 Karte.

Amador de los Rios, R., Toledo en los siglos XII y XIII. Segun los documentos mozarábigos. Rev. Archiv., Bibl. y Museos, Madrid, 1904, I, 345—372.

— Reminiscencias de Toledo. Ebda., 1904, II, 243—264; 408 bis 417.

— La Alcaná de Toledo. Ebda., 1911, I, 48—77.

Calderón, S., La sal azul de Villarrubia de Santiago. An. S. Esp. Hist. Nat. XXV, 1896, Actas, 18—21.

Castaños y Montijano, M., Toledo Cabeza de España. Rev. Archiv., Bibl. y Mus. 1905, II, 237—240.

Fernández, J., Historia de Talavera de la Reina. 1896.

Fernández y Fernández, B., La provincia de Toledo. Toledo 1890. 262 S., Karte.

Fernández Navarro, L., Datos de una excursión geológica por la provincia de Toledo. B. S. Esp. Hist. Nat. XIII, 1913, 147—150.

Fita, F., La Guardia, villa del partido de Lillo, prov. de Toledo. B. R. Acad. Hist. XI, 1887, 373—431.

Gamero, M., Historia de Toledo. Toledo 1860.

Gómez de Llárena, J., Bosquejo geográfico-geológico de los Montes de Toledo. Trabajos Mus. Cienc. Nat., Ser. Geol., Nro 15. Madrid 1916. 74 S., Abb., 2 Karten.

González, B. E. M., Yeles; monografía geográfica. Rev. Geogr. Colon. y Mercantil IX, 1912, 260—269.

Hernández-Pacheco, E., Itinerario geológico de Toledo á Urda. B. S. Exp. Hist. Nat. XI, 1911, 376—380.

— Itinerario geológico de Toledo á Urda. Trabajos Mus. Cienc. Nat., Madrid 1912, Nro 1, 46 S., 8 Taf., 1 Karte.

— Mioceno superior de La Puebla de Almuradiel. B. S. Esp. Hist. Nat. XIV, 1914, 274—278.

Larruga, E., Memorias políticas y económicas sobre los frutos, comércio, fábricas y minas de España. Tomo V, Madrid 1789 — Tomo X, Madrid 1791.

Latour, A. de, Tolède et les bords du Tajo. Paris 1860. 468 S.
Llerena y Pou, J. G. de, Excursión por el mioceno de la Cuenca del Tajo. B. S. Exp. Hist. Nat. XIII, 1913, 229—237.
Macpherson, J., El torno del Tajo en Toledo. B. S. Esp. Hist. Nat. V, 1905, 100—101.
Mallada, L. y E. Dupuy de Lome, Reseña geológica de la provincia de Toledo. B. Inst. Geol. Esp. XXXIII (1912), 1913, 9—101, 1 geol. Karte.
Perez Pastor, C., La Imprenta en Toledo. Descripción bibliográfica de las obras impresas en la imperial ciudad desde 1483 hasta nuestros dias. Madrid 1887. XXIII, 392 S.
Pomata, E., Catálogo de Plantas recolectadas al estado espontáneo en la provincia de Toledo. Madrid 1882.
Rubio, C., E. Villato y A. Kindclán, Estudios hidro-geológicos. Provincia de Toledo. Zona del Alberche y Guadarrama, en la cuenca del Tajo. Bol. Com. Mapa Geol. Esp. XXIX, 1909, 159—226, 1 Karte.
Secall, J., Plantas de los montes de Toledo. An. S. Esp. Hist. Nat. XXVI, 1897, Actas, 145—153.
Vaca Gonzalez, P. D., Algunos datos para una historia de la cerámica de Talavera de la Reina. Rev. Archiv., Bibl. y Mus. 1910, II, 118—136, 441—456; 1911, I, 317—338, Abb. [Als Buch erschienen unter gleichem Titel: Madrid 1911.]

III.
Volksdichte und Siedelungen von West-Guadalajara.

Die Volksdichte von West-Guadalajara.

(Hierzu Tafel 7.)

Das hier behandelte Gebiet stellt einen kleinen Ausschnitt aus der neukastilischen Hochebene dar, die von dem Oberlauf des Henares und Tajuña in Nordost-Südwest-Richtung durchflossen wird. Das die beiden Gerichtsbezirke Guadalajara und Brihuega umfassende Gebiet hat einen Flächenraum von 1802.55 qkm mit einer Einwohnerzahl von 47406 Personen (1900). Es wohnen also im Mittel nur 25 Einwohner auf einem Quadratkilometer.

Bei der Kleinheit des dargestellten Gebietes und der Kleinheit der Gemarkungen bestand kein Zweifel über die bei der Herstellung der Volksdichtekarte anzuwendende Methode. Die Grundlage bildete das Kartenblatt[1]) im Maßstab 1:100000, das auch die Grenzen der einzelnen Gemeinden enthält. Bei der Kleinheit der Siedelungen und infolge des Fehlens des Waldes schieden auch alle Bedenken über die Behandlung der Städte oder des Waldes aus. Auch die wenigen größeren Siedelungen wurden bei der Berechnung nicht ausgeschieden.

Die wirtschaftlichen Verhältnisse unseres Gebietes sind von einer ganz erstaunlichen Einförmigkeit. Die Landwirtschaft bildet die einzige Beschäftigung der Bewohner. Der Weizen steht im Cerealienanbau an erster Stelle; daneben wird noch Roggen und etwas Hafer angebaut. Außer dem Getreidebau findet sich überall der Ölbaum, und auch der Weinstock fehlt in keiner unserer Gemeinden. Zu 99% erfolgt der Ackerbau auf dem Campo regadio. Bewässerte Flächen finden sich nur in ganz bescheidenem Umfange, wie z. B. bei Guadalajara. Wo aber bewässert wird, verschwindet das Getreide, und an seine Stelle treten etwas Hanf, Kartoffeln, Melonen und Kürbisse, Bohnen. Fügen wir hinzu, daß in der Umgegend von Tortola im Bezirk Guadalajara auch etwas Esparto geerntet und am gleichen Ort verarbeitet wird, so hätten wir alle Produkte des Ackerbaus, die von einiger Bedeutung sind, erschöpft.

Die Viehzucht spielt keine große Rolle. Schafe und Ziegen werden in den meisten Gemeinden gehalten, Esel und Maultiere in geringer Zahl dienen dem spärlichen Verkehr. Die Bienenzucht hat nur für den Ort Balconete Bedeutung.

Der Bergbau fehlt völlig; an wenigen Stellen werden harte Kalke zum Hausbau und Gipslager ausgebeutet. Eine Industrie hat sich infolge des Mangels an Rohstoffen nirgends entwickelt, wenn man von den wenigen Getreide- und Ölmühlen absieht. Selbst in der Stadt Guadalajara fehlt es an industrieller Betätigung, und die wenigen Handwerker arbeiten lediglich für den örtlichen Bedarf. Vor zwei oder drei Jahren ist von einer englischen Gesellschaft bei Matillas eine große Zementfabrik gegründet. Da gleichzeitig der Ort wegen seiner Bäder eine bequeme Verbindung zur Bahnstation erhielt, ist er in den letzten Jahren etwas aufgeblüht.

Bei so wenig entwickeltem Wirtschaftsleben darf es nicht Wunder nehmen, wenn von einem Handel oder Verkehr fast keine Rede ist. Was der Dörfler wirklich an den notwendigsten Bedarfsartikeln braucht, verschreibt er sich aus Guadalajara, dessen Kaufleute

[1]) Boletin Com. Mapa Geol. Esp. 2909, 9, 1Tafel 3.

sich ihre Waren aus dem nicht weit entfernten Madrid kommen lassen.

Die einzige und wichtigste Verkehrsstraße ist die Bahnlinie Zaragoza—Madrid, die auf ihrem ganzen Wege durch die Provinz Guadalajara, dem Henarestale folgend, über Sigüenza und Guadalajara führt. Die große die Provinz durchquerende Landstraße von Guadalajara nach Alcoléa de Pinar, die auf der flachen Wasserscheide zwischen Henares und Tajuña entlang läuft, hat heute nur wenig Bedeutung für den Binnenverkehr.

Dem rein agrarischen Charakter unseres Gebietes und seinen ärmlichen Wirtschaftsverhältnissen entspricht die geringe Volksdichte des Gesamtgebietes, die mit 25 Bewohnern pro qkm noch weit hinter der mittleren Volksdichte ganz Spaniens steht. Betrachtet man die Verteilung der Bevölkerung im einzelnen, so bestehen doch auf der kleinen Fläche mancherlei Unterschiede. Es entfallen auf die

	Dichtestufe	Anteil der Gesamtbevölkerung
1.	5—10	2.3 %
2.	11—15	6.5 %
3.	16—20	21 %
4.	21—25	17.5 %
5.	26—35	16.5 %
6.	36—50	11 %
7.	51—75	25.2 %

Die mittlere Volksdichte unseres Gebietes beträgt 25 Einw. pro qkm; es entfallen auf die Dichtestufen 1—4 (5—25 Einw. pro qkm) 47.3% der Gesamtbevölkerung; der hohe Prozentsatz der Dichtestufe 6 erklärt sich aus der Zugehörigkeit der Hauptstadt Guadalajara zu dieser Stufe.

Betrachtet man das Kartenbild und die beigefügten Tabellen,

Gerichtsbezirk **Guadalajara:**

Gemeinde	Fläche in qkm	Einwohner (1900)	Einw. pro qkm	Quellennachweis zur Geschichte der Gemeinde[1]
Aldeanueva de Guadalajara . .	16.12	443	27	VI, 1915, 19—31
Alovera	13.78	388	28	III, 1905, 165—181

[1]) Die hier mitgeteilten Belegstellen beziehen sich auf die in den späteren historischen Kapiteln genannten Bände der „Relaciones topográficas... de Guadalajara", tomo I—VI.

Gemeinde	Fläche in qkm	Einwohner (1900)	Einw. pro kqm	Quellennachweis zur Geschichte der Gemeinde[1])
Azuqueca de Henares	19.37	476	25	IV, 1912, 17—26
Cabanillas del Campo	34.95	591	17	
Casar de Talamanca (El)	34.78	913	26	VI, 1915, 103—120
Centenera	17.59	351	20	II, 1903, 433—444
Ciruelas	21.80	438	20	VI, 1915, 73—88
Chiloeches	45.85	1075	23	IV, 1912, 49—71
Fontanar	15.43	299	19	
Galápagos	33.48	336	10	V, 1914, 279—287
Guadalajara	151.35	11144	74	V, 1914, 1—212
Horche	44.43	1850	42	III, 1905, 435—468
Iriépal	21.18	559	26	II, 1903, 475—484
Lupiana	31.40	542	17	V, 1914, 213—254
Marchamalo	30.77	1199	39	II, 1903, 445—457
Mohernando	25.92	257	10	IV, 1912, 211—230[2])
Pozo de Guadalajara	11.65	206	18	VI, 1915, 217—230
Quer	14.26	204	14	V, 1914, 297—311
Taracena	18.24	282	15	III, 1905, 421—434
Tórtola	26.71	657	25	
Torrejón del Rey	26.92	446	17	
Usanos	32.86	602	18	II, 1903, 241—250
Valdarachas	9.76	103	11	VI, 1915, 375—385[3])
Valdeaveruelo	17.30	116	7	VI, 1915, 243—251
Valdenoches	13.12	264	20	III, 1905, 489—494
Villanueva de la Torre	10.92	193	18	VI, 1915, 271—282
Yebes	17.62	220	12	V, 1914, 353—369
Yunquera	30.34	1151	38	II, 1903, 485—499

Gerichtsbezirk **Brihuega:**

Gemeinde	Fläche in qkm	Einwohner (1900)	Einw. pro qkm	Quellennachweis zur Geschichte der Gemeinde[1])
Alarilla	22.22	570	26	
Archilla	6.29	290	46	I, 1903, 131—140
Argecilla	40.29	567	14	
Atanzón	27.98	658	24	I, 1903, 209—231
Balconete	21.25	399	19	III, 1903, 75—92
Barriopedro	10.65	130	12	
Brihuega	105.37	3330	32	

[1]) Die hier mitgeteilten Belegstellen beziehen sich auf die in den späteren historischen Kapiteln genannten Bände der „Relaciones topográficas... de Guadalajara", tomo I—VI.

[2]) früher Monternando.

[3]) früher Valderachas.

Gemeinde	Fläche in qkm	Einwohner (1900)	Einw. pro qkm	Quellennachweis zur Geschichte der Gemeinde[1])
Budia	45.03	999	22	I, 1903, 377—395
Cañizar	15.61	422	17	III, 1905, 245—258
Carrascosa de Henares	15.66	244	16	I, 1903, 343—349
Casas de San Galindo	11.44	208	18	
Caspueñas	14.62	302	21	II, 1903, 393—402
Castilmimbre	22.56	281	12	
Copernal	10.12	264	26	
Fuentes de la Alcarria	23.66	383	16	I, 1903, 327—341
Gajomejos	25.03	330	13	
Heras	10.13	257	25	
Hita	42.87	941	22	
Hontanares	7.65	152	20	IV, 1912, 101—118[2])
Irueste	14.07	331	24	III, 1905, 17—28
Ledanca	29.72	845	28	
Masegoso	17.31	325	19	
Miralrío	8.18	493	60	
Muduex	22.31	368	17	II, 1903, 423—432
Olmeda del Extremo	15.05	104	7	
Padilla de Hita	13.50	153	11	
Pajares	13.60	223	16	
Rebollosa de Hita	7.48	241	32	
Romancos	27.77	613	22	II, 1903, 93—105
San Andrés del Rey	14.71	162	11	I, 1903, 301—307
Solanillos del Extremo	34.97	318	9	
Taragudo	6.25	147	24	III, 1905, 473—476
Tomellosa	7.11	414	58	
Torija	28.04	692	25	
Torre del Burgo	4.79	213	44	
Trijueque	35.76	690	19	
Utande	18.96	360	19	
Valdeancheta	9.40	182	19	
Valdearenas	15.61	558	36	III, 1905, 233—243
Valdeavellano	23.78	395	17	I, 1903, 193—207
Valdegrudas	14.13	264	19	VI, 1915, 369—373
Valderrebollo	14.67	194	13	
Valdesaz	14.69	480	33	I, 1903, 177—192
Valfermoso de las Monjas	17.32	231	13	
Valfermoso de Tajuña	29.32	566	19	II, 1903, 157—167
Villanueva de Argecilla	5.23	78	15	

[1]) Die hier mitgeteilten Belegstellen beziehen sich auf die in den späteren historischen Kapiteln genannten Bände der „Relaciones topográficas... de Guadalajara", tomo I—VI.

[2]) früher Hontanar.

Gemeinde	Fläche in qkm	Einwohner (1900)	Einw. pro qkm	Quellennachweis zur Geschichte der Gemeinde[1])
Villaviciosa	8.97	121	13	
Yela	19.10	391	20	
Yélamos de abajo	12.36	330	27	II, 1903, 459—473[2])
Yélamos de Arriba	18.33	431	24	

so fällt sofort die große Zahl von Gemeinden und die verhältnismäßig geringe Größe der einzelnen Gemeindeflächen auf. Eine Fläche von 1803 qkm verteilt sich auf 78 Gemeinden, so daß im Durchschnitt jede Gemeindefläche 25 qkm groß ist.

Es erhebt sich nun die Frage nach der Zahl der Einzelwohnplätze innerhalb einer Gemeinde. Welchen Siedelungstypus haben wir da in Guadalajara? Werfen wir einen Blick auf das Ortsregister der Provinz, so sehen wir, daß z. B. die Gemeinde Tomellosa im Bezirk von Brihuega auf 7.11 qkm nur einen Wohnplatz zählt, den Hauptort der Gemeinde, Tomellosa mit 414 Einwohnern. Andere Siedelungen fehlen. Es ist also in dieser Gemeinde nur ein einziger Wohnplatz vorhanden. Das trifft aber für fast ausnahmslos alle Gemeinden zu, die unser Kartenblatt umfaßt; nur bei Guadalajara finden sich naturgemäß mehrere kleinere Wohngruppen in der Umgebung der Stadt. Angesichts der im allgemeinen geringen Größe der Wohnplätze und ihrer großen Zahl innerhalb unseres Gebietes kann man direkt von einer Kleindörferei sprechen. Es gehört damit aber dieser Teil der Provinz nicht mehr zu dem neukastilischen Siedelungstypus Th. Fischers[3]), den einige große, weitauseinanderliegende geschlossene Siedelungen kennzeichnen. Neben den Hauptwohnplätzen sind nun allerdings auch hier wieder „grupos inferiores“ bei einzelnen Gemeinden entstanden, aber deren Einwohnerzahl ist gering und die Zahl dieser Kleinsiedelungen ist nicht zu ermitteln. Setzen wir nun die Zahl der Wohnplätze mit der Volksdichte in Beziehung, so sehen wir, daß auf die Dichtestufen 1—4 (5—25 Einwohner) 58 Wohnplätze kommen, den Dichtestufen 5—7 (26—75 Einwohner) 20 Wohnplätze entsprechen. Die hohe Volksdichte der

---

[1]) Die hier mitgeteilten Belegstellen beziehen sich auf die in den späteren historischen Kapiteln genannten Bände der „Relaciones topográficas... de Guadalajara“, tomo I—VI.

[2]) Früher Yélamos de Yuso.

[3]) Die Iberische Halbinsel, a. a. O., S. 720.

Gruppe 7, der nur 3 Gemeinden zugehören, erklärt sich bei Guadalajara daraus, daß eben die Hauptstadt mit 10456 Eiwonhnern in diesen Gemeindebezirk fällt; die beiden anderen Gemeinden dieser Gruppe, Miralrío und Tomellosa, haben bei geringem Flächeninhalt eine hohe Einwohnerzahl.

Die Veränderungen des Siedelungsbildes.

Die armseligen wirtschaftlichen Verhältnisse Westguadalajaras und ihre geringe Volksdichte legen den Gedanken nahe, ob es überhaupt zweckmäßig ist, von einer derartig kleinen Landschaft eine Volksdichtekarte zu entwerfen. An und für sich muß diese Frage verneint werden. Wenn wir es dennoch getan haben, so geschah es aus dem Grunde, weil gerade über diesen Teil Neukastiliens in der Neuzeit geschichtliche Dokumente veröffentlicht sind, die geeignet sind, unsere Kenntnis der Siedelungsverhältnisse der Halbinsel wesentlich zu vertiefen und zu erweitern. Und dieses neue urkundliche Material zeigt uns, daß in der Provinz Guadalajara wesentliche Veränderungen im Wirtschaftsleben und erhebliche Veränderungen in der Siedelungsverteilung stattgefunden haben.

Angaben, daß die Volksdichte in Spanien sich im Laufe des Mittelalters und zu Beginn der Neuzeit verringert haben soll, sind durchaus nicht selten. So soll sich nach Fischer[1]) die spanische Bevölkerung nach dem Niedergang der arabischen Herrschaft infolge der fortdauernden Kriege sowie nach der Entdeckung Amerikas infolge des großen Menschenabflusses dorthin stark vermindert haben; auch die Vertreibung der Juden und Moriscos hat viel zur Entvölkerung des Landes mit beigetragen, und die zahlreichen „despoblados", d. h. Wüstungen, sind durch diese Entvölkerung entstanden.

Von ganz anderer Seite ging an die Diskussion dieses Problems K. Haebler heran, der die wirtschaftliche Blüte Spaniens im 16. Jahrhundert und ihren Verfall eingehend behandelt[2]). Auch er kommt auf Grund des Studiums spanischer Quellen zu dem Ergebnis, daß vom Ende des 16. Jahrhunderts an und im Laufe des 17. Jahrhunderts die Bevölkerung Spaniens sich stark vermindert hat. Ich gebe

[1]) Ebda., S. 717.
[2]) Berlin 1888, S. 144ff.

seine Tabelle hier wieder, die die Bevölkerungszahlen für die 18 Kreise Kastiliens für die Jahre 1530, 1541, 1594 und 1723 enthält:

	1530	1541	1594	1723
Burgos	83 442	63 684	96 166	49 282
Soria	29 126	32 763	38 234	18 068
Valladolid	43 749	43 787	55 605	26 939
León	28 788	59 360	97 110	59 080
Zamora	31 398	86 278	146 021	120 016
Toro	37 117	41 230	51 352	20 106
Salamanca	122 980	133 120	176 708	79 737
Avila	28 321	31 153	37 756	10 061
Segovia	31 878	33 795	41 413	16 687
Guadalajara	24 034	26 257	37 901	16 974
Madrid	12 399	13 312	31 932	37 680
Toledo	53 943	80 957	147 749	42 987
Murcia	—	19 260	28 470	30 494
Cuenca	29 740	33 341	65 368	40 603
Sevilla	73 522	80 357	114 738	81 844
Cordoba	31 735	34 379	46 209	39 202
Jaén	24 469	35 167	55 684	30 175
Granada	—	41 800	71 904	78 728
Gesamtsumme				
der Vecinos[1])	686 641	889 940	1 340 320	840 632
der Einwohner	3 433 205	4 449 900	6 701 600	4 203 160

Mögen diese Zahlen — und das gilt ja für die Bevölkerungsangaben aus dem Mittelalter auch in anderen Ländern — auch mit Fehlern behaftet sein, so sehen wir doch eine recht erhebliche Zunahme der Bevölkerung Spaniens im 16. Jahrhundert, der eine nicht ganz so starke Bevölkerungsabnahme bis zum Jahre 1723 entspricht. Im einzelnen zeigen sich dagegen wieder bemerkenswerte Verschiedenheiten. Die südspanischen Kreise Murcia, Sevilla, Cordoba, Jaén und Granada zeigen bis 1594 eine langsame Bevölkerungszunahme und bis 1723 keine oder eine relativ geringe Abnahme. Der zum Teil bedeutenden Bevölkerungsvermehrung der neu- und altkastilischen Kreise steht nach 1594 eine vielfach mehr als fünfzig-

[1]) Vecino = Nachbar; in den Volkszählungen früherer Zeiten stets gebraucht in dem Sinne: Familie, Haushaltung, Feuerstelle und fast allgemein dann 5 Personen pro Haushalt gerechnet.

prozentige Abnahme bis 1723 gegenüber. Nur im Kreise Madrid hat die Zunahme auch im 17. Jahrhundert angehalten.

Wenn auch vielfach gegen Haeblers Auffassung polemisierend, kommt auch M. J. Bonn[1]) zu dem Ergebnis, daß im Laufe des 16. bzw. 17. Jahrhunderts Kriege, Auswanderung, Krankheiten und die Vertreibung von Mauren und Juden einen Einfluß auf die Bevölkerungsabnahme gehabt hat.

Diese Bevölkerungsabnahme für Kastilien im Gegensatz zu den östlichen Mittelmeerprovinzen betont auch A. Blázquez in seiner anregenden Antrittsrede vor der Akademie der Geschichte in Madrid[2]).

Beziehen sich diese Mitteilungen auf die Zeiten nach der Entdeckung Amerikas, so müssen wir fragen, ob nicht vielleicht auch für frühere Zeiten Angaben über Bevölkerungsbewegungen vorhanden sind. Mir ist zurzeit nur eine einzige Arbeit bekannt, die sich mit dieser Frage beschäftigt. Bei der Erörterung über die Frage nach den wirtschaftlichen Folgen des Schwarzen Todes, der um die Mitte des 14. Jahrhunderts Mittel- und Südeuropa heimsuchte, kommt M. Kowalewski[3]) zu dem Ergebnis, daß die Bevölkerung der Pyrenäischen Halbinsel mit Ausnahme von Portugal, Galicien und Kastilien schwer unter dem Schwarzen Tode gelitten hat und daß eine sehr starke Bevölkerungsabnahme in den nördlichen und nordöstlichen Provinzen stattgefunden hat.

Diese von vielen Seiten festgestellte Bevölkerungsabnahme bestätigen auch die neuerlich veröffentlichten Urkunden aus der Provinz Guadalajara; zugleich geben diese uns aber auch einen Einblick in das Wirtschaftsleben der Provinz in der zweiten Hälfte des 16. Jahrhunderts, wie wir sie nur erst von wenigen anderen Teilen Spaniens kennen.

Um das Jahr 1575 herum ließ Philipp II. an die verschiedenen Gemeinden der kastilischen Kreise umfangreiche Fragebogen über die wirtschaftlicheLage usw. der jeweiligen Gemeinde verschicken, in denen die Gemeindevertreter aufgefordert werden, wahrheitsgemäß alle angegebenen Fragen zu beantworten. Die eingesandten Antworten sollten die Grundlage bilden für eine eingehende Darstellung des Wirtschaftslebens, der Geographie und Geschichte seines Königreiches. Die beantworteten Fragebogen

[1]) Spaniens Niedergang während der Preisrevolution des 16. Jahrhunderts. Stuttgart 1896. S. 102 ff.

[2]) Geografia de España en el siglo XVI. Madrid 1909. S. 45.

[3]) Die ökonomische Entwicklung Europas. Berlin 1911. Bd. V. S. 321ff.

wurden gesammelt — aber nicht veröffentlicht, bis sich die Akademie der Geschichte in Madrid entschloß, diese wichtigen Dokumente, soweit sie sich auf die Provinz Guadalajara beziehen, zu veröffentlichen und sie mit kritischen Anmerkungen zu begleiten. Niemand war für diese Arbeit geeigneter als J. Catalina García, dessen große Bibliographie der Provinz Guadalajara schon wenige Jahre vorher die verdiente Würdigung gefunden hatte. Ihm verdanken wir die Herausgabe der ersten drei Bände der „Relaciones Topográficas de España, correspondientes á pueblos que pertenecen hoy á la provincia de Guadalajara"; nach seinem Tode übernahm M. Pérez Villamil die Veröffentlichung der noch fehlenden drei dieser sechs auf die Provinz Guadalajara bezüglichen Bände[1]).

Der Inhalt dieses großen Werkes setzt sich nun aus folgenden Teilen zusammen. Die von 151 Gemeinden der Provinz auf die Fragebogen eingesandten Antworten werden für jede Gemeinde im Wortlaut des Originals mitgeteilt. Daran an schließen sich jeweils Zusätze der beiden Herausgeber.

Die Fragen, die zu beantworten waren, einige 50 an der Zahl, beziehen sich nun auf unendlich viele Dinge: Name, Lage und Alter des Ortes; Namen und Entfernungen zu den Nachbarorten; zahlreiche Fragen über die Wasserversorgung, Landwirtschaft, Viehzucht, Forstwesen, Bergbau, Industrie, Handel und Verkehr, geschichtliche Vorgänge, bemerkenswerte Naturereignisse, Zahl und Gliederung der Bevölkerung, kirchliche und rechtliche Fragen usw. Wir sehen, es ist eine ganze Musterkarte, die hier vorliegt. Die Zusätze und Anmerkungen der beiden Herausgeber beziehen sich auf einzelne Punkte der erteilten Antworten; soweit sie von J. Catalina García stammen, sind dieselben zum Teil recht inhaltreich und ergänzen die Antworten in willkommener Weise. Die Zusätze von Pérez Villamil sind zumeist kurz, bei vielen Gemeinden hat er sie überhaupt weggelassen.

Sieht man alle die verschiedenen Gemeinden genauer durch, so überrascht zunächst die große Verschiedenheit in der Art der Beantwortung der vorgelegten Fragen. Bald sind diese Antworten sehr knapp und manche Fragen werden gar nicht beantwortet; andere Antworten gehen dagegen sehr genau auf die gestellten Fragen ein. Wieder andere Gemeinden gehen in behaglicher Breite auf alle Fragen ein, und ist eine Gemeinde besonders wohlhabend, so spiegelt

---

[1]) Memorial Histórico Español. Madrid 1913—1915. Tomo 41—43, 45 bis 47. Im folgenden stets zitiert als „Guadalajara" Iff.

sich die Freude und der Stolz in den erteilten Antworten deutlich wieder; das ist z. B. bei Mondéjar der Fall. Andererseits ist die Zahl der Gemeinden, deren Bewohner in dürftigen Verhältnissen leben, recht groß, und wie ein Kehrreim heißt es dann in den Antworten immer wieder: „Wir sind alle arm"; man hat den Eindruck, als ob die armselige Lage auf den Schreibern der Antworten schwer gelastet hätte. Nur wenige von den erteilten Antworten gehen aber über den Rahmen der rein sachlich erteilten Auskunft hinaus und beantworten nicht nur das Wie und Was, sondern auch das Warum. Die Berichte über diese Gemeinden sind dann natürlich besonders wertvoll.

Von dem auf unserer Karte dargestellten Gebiet enthalten die genannten „Relaciones" die Angaben von 24 Gemeinden aus dem Gerichtsbezirk Guadalajara und von 20 Gemeinden aus dem Bezirk Brihuega. Wir haben in der Tabelle (S. 141 ff.) bei jedem Orte zur Orientierung die Stelle angegeben, an der diese Gemeinden behandelt werden. Für einzelne Gemeinden und Fragen boten manche Ergänzung die Bibliographie der Provinz Guadalajara[1]) von J. Catalina García, die oft sehr ausführlich auf den Inhalt der darin genannten Schriften eingeht. Selbstverständlich werden wir bei den folgenden Betrachtungen auch vielfach auf die Nachbargebiete übergreifen müssen.

Die wirtschaftlichen Verhältnisse am Ende des 16. Jahrhunderts.

Fast sämtliche Gemeinden haben ihre Antworten in der Zeit zwischen 1575 und 1580 erteilt; infolgedessen geben uns diese Berichte einen vorzüglichen Anhalt, die wirtschaftliche Lage der Provinz gegen Ende des 16. Jahrh. kennen zu lernen. Überschaut man die heutigen Wirtschaftsverhältnisse, so wird man an die Worte Meitzens erinnert: „Der Landwirt lebt auf und von seinem Grundstück und kann nötigenfalls allen Verkehr und allen Verkauf seiner Produkte entbehren. . . . Er hat sein Brot selbst gebacken, Graupen und Mehl auf dem Reibstein gewonnen, sogar sein Haus zimmerte, richtete, klebte und deckte er selbst, höchstens mit Hilfe seiner Nachbarn"[2]). Die einzelnen Gemeinwesen genügen sich völlig selbst, der Verkehr mit den Nachbargemeinden ist gering.

---

[1]) Biblioteca de Escritores de la Provincia de Guadalajara. Madrid 1899, XII, 802 S.

[2]) Siedelungen und Agrarwesen der Völker Europas. Bd. I. S. 7.

Wesentlich andere Verhältnisse zeigt uns das Ende des 16. Jahrhunderts.

Die Hauptbeschäftigung der Bewohner bildete auch damals die Landwirtschaft. Überall wurde in den Gemeinden Weizen, Roggen und Hafer angebaut; nur im Norden der Provinz, in den höher gelegenen Strichen fand der Weizenanbau infolge des rauheren Klimas und des weniger günstigen Bodens keine Existenzbedingungen mehr. Das Getreide wurde nach der Ernte auf der Handmühle gemahlen oder man brachte es zur nächsten Mühle, die oft 2—3 leguas vom Ort entfernt war. Namentlich am Henares und Tajuñalagen eine ganze Reihe kleiner Mühlen, da beide Flüsse genügend Wasser das ganze Jahr hindurch führen. Die Getreidemühlen waren bald Eigentum der Gemeinde oder sie gehörten der Kirche oder einzelnen Magnaten. In ersterem Falle erhielt vielfach der Gemeinderat die Mahlkosten, im anderen Falle mußten ein Teil des Mehles oder auch Geld an die Kirche als Gebühr für das Ausmahlen des Getreides abgeliefert werden. Die Pflege der Getreidefelder scheint indes recht gering gewesen zu sein; künstliche Bewässerung fand nicht statt. Das Stroh wurde im Haushalt, vielerorts auch zum Decken der Dächer verwendet. Außer Getreide fand überall der Anbau von Wein und Ölbäumen statt. Der Wein wurde zumeist an Ort und Stelle gekeltert, das Öl am Ort gepreßt. Die trockenen Zweige der Ölbäume und des Weinstockes waren in dem holzarmen Lande ein wertvolles Feuerungsmaterial.

Der Mangel an größeren Flüssen und stärkeren Quellen gestattete nur an wenigen Stellen eine künstliche Bewässerung. Wo sie stattfand, sehen wir auch gleich eine Mehrung des Anbaues von Kulturpflanzen. So gediehen in Azuqueca Kirschen und Quitten; in Centenera außer Obst noch Gemüse und Hanf. In Iriépal ist das Wasser, das zur Bewässerung zur Verfügung steht, verpachtet worden; die Feigen dieses Ortes erfreuen sich großer Beliebtheit. Reich angebaut ist die kleine Vega von Lupiana; dagegen fehlte es in dieser Gemeinde an Getreide, das zumeist aus den Nachbargemeinden eingeführt werden muß. Kleinere bewässerte Flächen hat Fuentes und Yelamo de arriba.

Der größte Teil der männlichen Bevölkerung widmet sich dem Ackerbau. „Alle Einwohner leben von der Landwirtschaft“, „die Bevölkerung lebt vom Getreide- und Weinbau“, „eine andere Art der Beschäftigung, als die zu säen und zu ernten ist unbekannt“, das sind die beständigen Antworten auf die Frage nach der Hauptbeschäftigung der Gemeindebewohner.

Die Landwirtschaft erfährt aber eine starke Einschränkung, die immer wieder betont wird: „Unsere Landfläche ist zu klein". Natürlich; der Getreidebau ist ja lediglich auf den Regen angewiesen, der in diesem Teile Spaniens nur spärlich fällt. Kaum 400 mm Niederschlag erhält das westliche Guadalajara. Bedenkt man weiter, daß der Boden nicht gedüngt wird, daß die Bestellung der Äcker eine primitive ist, das häufig Heuschrecken des Land heimsuchen, dann können wir verstehen, daß eine Fläche von 10 qkm und weniger, wie sie viele Gemeinden besitzen, nicht genügend Ertrag liefert, um 500 Menschen zu ernähren. Die Engräumigkeit der Gemeindeflur macht sich aber in der Landwirtschaft noch weiter bemerkbar. Der größte Teil der Gemeinden beantwortet die Frage nach der Viehzucht dahin, daß erklärt wird, das Gemeindeland ist zu klein, die Weideflächen zu gering, deshalb können wir kein Vieh halten. Sowie aber die Gemeindeflur größer ist, stellt sich sofort, da dann auch zumeist genügend Weideflächen vorhanden sind, eine nicht unbedeutende Viehzucht ein, wie z. B. in der Gemeinde Guadalajara. Der Viehbestand setzt sich vorwiegend aus Schafen und Ziegen zusammen; einige Gemeinden produzieren auch etwas Honig.

Infolge der Ungunst des Bodens, des Klimas und der Kleinheit der Gemeindeflur sind die Erträge der Landwirtschaft auch gering; sehe ich von Guadalajara und Lupiana ab, so klagen fast alle Gemeinden über die geringe Ertragsfähigkeit ihres Ackerlandes: „Wir sind alle arm", „das Land liefert noch gerade soviel wie wir brauchen". Die Armut der Bevölkerung zeigt sich auch darin, daß der größte Teil des Ackerlandes nicht dem Bauern gehört, sonden er nur als Pächter das Land bearbeitet, und hohe Abgaben zahlen muß. So schreibt die Gemeindevertretung von Alhovera, einem Dorf von 425 Einwohnern: „Die Ursache, warum die meisten Bewohner so arm sind, liegt darin, daß die meisten das Land bebauen, das der Kirche, den Klöstern, Kapellen und den Bewohnern von Guadalajara gehört; die Pacht für das Weizenland von 2000 fanegas Weizen im Jahre ist zu hoch und darum sind alle so arm". Und aus Hontanar wird geschrieben, daß die Armut die Bevölkerung zur Abwanderung zwingt, da gerade hier außer der Kirche noch viele Bürger von Guadalajara Grundbesitz (Häuser, Weinberge und Ackerland) haben, aber keine Steuern bezahlen. Ähnliche Klagen äußert auch Villanueva de Guadalajara. Die einzige Gemeinde, die offenbar genügend Ackerland besitzt, ist Yunquera. Hier blüht das Bäckergewerbe und ein lebhafter Brothandel.

In dem rein agrarischen Land fehlt der Wald völlig; er ist zurückgedrängt in die gebirgigen Teile des Nordens. Freilich wohl erst im Lauf der Besiedelung. Die einzige Gemeinde, die etwas Wald besitzt, ist Muduex. Dem Mangel an Bauholz, das überall zum Häuserbau mit gebraucht wird, begegnet man damit, daß man das Holz aus den Gebirgen im Quellgebiet des Tajo aufkauft und es den Tajo hinunterflößt. Wo Niederwald in geringem Umfang vorhanden ist, blüht die Herstellung von Holzkohlen. Espartogras gedeiht an vielen Stellen und wird zu Stricken, Matten und Körben verarbeitet.

Der Bergbau fehlt; nur Bausteine und Gips werden an vielen Stellen gebrochen; doch hat die Gipsgewinnung für Lupiana größere wirtschaftliche Bedeutung wegen des Exportes nach Guadalajara und anderen größeren Orten.

Für die Entwickelung von Handwerk und Industrie fehlen die nötigen Grundlagen. In Cavanillas wird die Anwesenheit mehrerer Tuchweber, Schuster und Schneider besonders erwähnt; in Chiloeches werden viele Gegenstände aus Espartogras hergestellt. Marchamalo hatte im 16. Jahrhundert viel Industrie und Handel, da zahlreiche Moriscos und Juden hier wohnten; aber nach deren Vertreibung war es auch mit dem Reichtum des Ortes zu Ende. Im allgemeinen aber ließ die Bedürfnislosigkeit und Armut der Bevölkerung kein Gewerbe und keine Industrie recht aufkommen. Erst im Laufe des 18. Jahrhunderts entwickelte sich in Guadalajara eine Groß industrie. Eine königliche Tuchfabrik und die Verarbeitung von Fellen fand hier Eingang. Aber nicht, weil die Stadt besonders dazu geeignet war, sondern lediglich, um ihr neues Leben zuzuführen, da seit der Verlegung des Hofes nach Madrid die Bevölkerung Guadalajaras sich stark vermindert hatte. Über die rasch aufblühenden Industrien des 18. Jahrhunderts vergleiche die Ausführungen von Larruga[1]).

Im 16. Jahrhundert bewegte sich durch den Süden und Westen der Provinz ein starker Verkehr. Von Zaragoza herauf führte nach Neukastilien eine wichtige Straße über Sigüenza und Guadalajara nach Toledo und Valladolid. Durch den Süden, die Landschaft Alcarría, lief eine andere Straße von Cuenca aus. Es muß zeitweise ein lebhafter Durchgangsverkehr und Durchgangshandel in der Provinz bestanden haben. Vom Handel und Verkehr haben eine ganze Reihe von Orten erheblichen Nutzen gezogen.

Der wichtigste Handelsartikel war wohl das Salz. Das Salz

---

[1]) Memorias políticas y económicas . . . de España. Madrid 1790/92. tomo XIV—XVI.

der Salinen von Imón und Olmeda war berühmt und in zahlreichen Berichten wird besonders hervorgehoben, daß man von dorther das Salz holte, und auf den „Salzstraßen" wurden vielfach besondere Abgaben erhoben. Aus dem Süden der Provinz holten sich die Bewohner der Dörfer des unfruchtbaren Nordens den Weizen aus der Alcarría, sowie Wein und Öl. Aus Budia gingen die Fuhrleute mit ihren Frachten bis hinunter an die Küsten des Mittelmeeres und von Bilbao her kamen nach Romancos und anderen Dörfern regelmäßig Fische von der baskischen Küste. Aus Tarrazena wird vom Viehhandel mit Segovia berichtet. Almonacid de Zorita hatte sehr starken Durchgangsverkehr von Valencia nach Alcalá, Valladolid und Madrid, ebenso auch Moratilla. In Pastrana blühte ein bedeutender Handel mit Weizen, Öl und Wein, und „deswegen gibt es hier so viel wohlhabende Leute". In Yebra mußte ein besonderes Unterkunftshaus für die zahlreichen ärmeren Reisenden errichtet werden, die den Ort passierten und in Zorita de los Canes kreuzten sich die Wege aus Catalonien und Aragonien nach Murcia und Granada mit denen von Valencia nach Madrid und Valladolid.

Ein ganz besonders starker Verkehr muß nach Valladolid bestanden haben, wo der Sitz des Apellationsgerichtshofs war. Immer und immer wieder hören wir von langjährigen Prozessen, die oft Jahrzehnte dauerten, und vor dem Appellationsgericht in Valladolid verhandelt wurden. Bald handelte es sich bei diesen Prozessen um Streitigkeiten wegen der Wasserfreigabe für Bewässerungszwecke, oder um Streitigkeiten zwischen Gemeinden und Kirche oder Landesherren wegen Abtretung oder Überlassung von Grundstücken, Feldern oder irgend welchen Gerechtsamen. Die Folge dieser ewigen Prozesse, einem Krebsschaden des Landes, waren regelmäßig beim Verlust des Prozesses für eine der Parteien sehr erhebliche Kosten, die stets zu einer starken Verschuldung der Gemeinden und zu einem Rückgang der Bevölkerung führten. Für eine ganze Anzahl Gemeinden lassen sich hier Beispiele nennen.

Einer Stelle muß aber hier noch gedacht werden, die ganz besondere Anziehungskraft im 16. Jahrh. ausgeübt hat: die Messe von Tendilla.

Der Ort Tendilla an der Landstraße von Guadalajara nach Sacedón, südöstlich von Valfermoso de Tajuña, ist ein kleines Dorf, das heute 1151 Einwohner zählt und damals viel Weinbau und Ölbau hatte. Was diesem Ort seine hervorragende Bedeutung bis weit über die Grenzen der Provinz Guadalajara hinaus sicherte, war die berühmte 30tägige Messe, die alljährlich hier abgehalten wurde. Wenn man die Schilderung des Verlaufes dieser Messe liest, wird man unwillkürlich an die großen Messen des Mittelalters erinnert, die auf der Halbinsel Schonen in Falsterbo- Skanör oder an der Bucht von Noirmoutier stattfanden.

Die Messe von Tendilla war in erster Linie eine große Tuchmesse, die beschickt wurde von den Tuchfabriken Segovias, von den Fabriken Cuencas, die besonders feines Tuch herstellten, von Molina, Medinaceli, Sigüenza und Soria. Aus Aragonien kamen vorzügliche Filztuche; Tücher sandte Rioja, Torrecilla de los Cameros, die Alcarría, Huete und die Mancha; Toledo, Madrid, Alcalá und Medina del Campo schickten Wolltücher, Damast, Seide. Alle Waren, die nach Tendilla kamen, wurden jede für sich in besonderen Läden zum Verkauf ausgestellt; da waren Spezialläden nur für Seidenstoffe, für Wolltücher, für Schmucksachen; in anderen wurde nur Leinwand aus Flandern geführt oder Leinen aus Vizcaya. Auch die portugiesischen Textilfabriken schickten Leinen aller Art. Zugleich aber brachten die Portugiesen noch andere Kostbarkeiten nach Tendilla: Spezereien, Gemüse, das kostbare Brasilholz, Droguen und Früchte; kein anderer Markt in Spanien wurde von so vielen Portugiesen besucht. An einer Stelle, wo aus dem ganzen Reiche eine Fülle von Kaufleuten zusammenströmten, da suchte man diese Gelegenheit zu benutzen, auch noch andere Gegenstände zum Verkauf zu bringen. Da kam kostbares Wachs zum Verkauf, Fische aller Art und vor allem die wertvollen Erzeugnisse der heimischen Silberschmiedekunst. Und die Kauflust muß groß gewesen sein, wenn wir hören, daß aus allen Teilen Spaniens nicht nur Kaufleute sondern auch die vornehmen Herren kamen, um hier an Ort und Stelle ihre Einkäufe zu machen.

Es ist ein eigenartiges Gemälde, das die Berichte von mehr als 100 Gemeinden hier vor unsern Augen entrollen. Geschrieben in der Zeit von 1575—1580 lassen sich aus vielen dieser Berichte schon Zeichen des beginnenden Verfalles herauslesen. Die Bevölkerung vieler Gemeinden geht zurück; häufige Krankheiten dezimieren sie; dazu kommen nicht selten Jahre großer Trockenheit, in denen die Ernte fast ganz ausfällt; die vielen Prozesse lassen manche Gemeinden verarmen. Zwar tritt dann im 18. Jahrhundert noch einmal ein Aufschwung ein, als einsichtige spanische Herrscher Handel und Industrie in der Provinz neu zu beleben suchen; wie ein Roman muten uns heute die Schilderungen an, die Larruga von der Kgl. Tuchmanufaktur in Guadalajara, von seinen Lederindustrien und den weitverbreiteten Hausgewerben entwirft.

Die Wüstungen der Provinz Guadalajara.

Eine der geographisch interessantesten Fragen, die die Gemeinden zu beantworten hatten, war die Frage nach dem Vorhandensein von „Wüstungen“, von „despoblados“.

Diese Wüstungen haben ja siedelungsgeographisch deswegen besonderes Interesse, weil sie Rückschläge in der Besiedelung eines Landes anzeigen. Negative Siedelungsperioden sind Zeiten, in denen die Bevölkerung stark zurückgeht, in denen ganze Dörfer verlassen werden und verschwinden.

Die Frage, ob solche Wüstungen vorhanden sind, ist von den meisten Gemeinden beantwortet; aber die Antworten sind recht verschiedenwertig. Sehr oft heißt es einfach: „Nicht vorhanden“. In anderen Berichten werden eine oder mehrere Wüstungen genannt und auch wohl ihre Lage kurz angedeutet; am wichtigsten sind die Antworten, die außer diesen Angaben auch Mitteilungen über die Ursache der Entstehung der Wüstungen bringen.

Die über Guadalajara vorliegenden „Relaciones topográficas“ sind aber sicher nicht die einzige Quelle, aus denen Angaben über Wüstungen zu entnehmen sind. Wenn noch weiteres Aktenmaterial veröffentlicht sein wird und vor allem erst einmal genaue Flurkarten vorliegen, werden spätere Arbeiten die vorliegenden Studien noch wesentlich vertiefen können. Auch die Ortsnamenforschung dürfte dann noch manchen wertvollen Anhaltspunkt gewähren.

Es ist zweifellos richtig, wenn der sach- und ortskundige J. Catalina García wiederholt erklärt, seine langjährige Praxis hätte ihn zu der Überzeugung gelangen lassen, daß nicht alle Orte, die als Wüstungen bezeichnet werden, auch wirklich verschwundene Dörfer sind. Er nimmt vielmehr an, daß vielfach solche Despoblados früher nur kleine Weiler oder gar nur Einzelhöfe waren. Ich habe den Eindruck bekommen, namentlich wenn ich an die Schilderungen der Dörfer denke, die um die Zeit, in der die Berichte über sie geschrieben wurden, gewissermaßen kurz vor dem Übergang in eine Wüstung waren, daß fast alle Wüstungen der „Relaciones“ tatsächlich größere oder kleine Dörfer waren.

Stellt man eine Statistik aller erwähnten Wüstungen auf, so ergeben sich nicht weniger als 90 Wüstungen. Von diesen 90 Wüstungen sind 6 erst nach dem Jahre 1580 Wüstungen geworden, da die Vertreter dieser Orte selbst noch ihre Fragebogen beantwortet haben.

Auf der nebenstehenden Kartenskizze ist der Versuch gemacht worden, auf Grund der Angaben die Verbreitung der Wüstungen zu veranschaulichen. Eine Reihe von Wüstungen mußte leider ausscheiden, da ihre Festlegung auf der Karte wegen ungenauer Angaben mir als irreführend erschien. Die Karte zeigt zunächst,

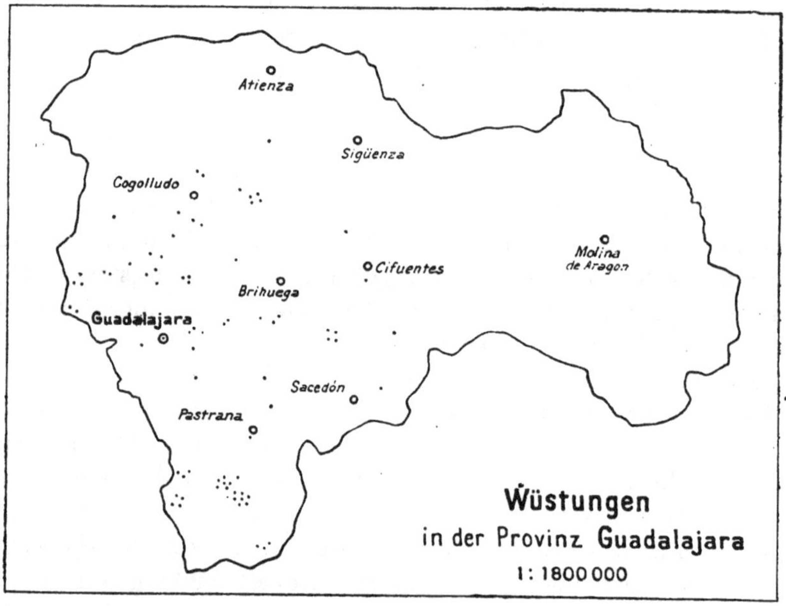

Fig. 2.

daß im Osten der Provinz Wüstungen überhaupt fehlen, daß sie vielmehr nur im Westen auftreten. Zum Teil mag das mit daran liegen, daß über die meisten Gemeinden der Osthälfte keine Berichte vorliegen. Andererseits hoffte ich auf Grund dieser Karte einen Hinweis auf die Ursache des Eingehens dieser Siedelungen zu finden.

Da trat zunächst eine ganz merkwürdige Übereinstimmung zwischen der Verbreitung der Wüstungen und dem Untergrund hervor. Wie ein Blick auf die geologische Karte zeigt, fällt die Verbreitung der Wüstungen ganz auffällig mit der Verbreitung des Tertiärs zusammen. Es drängt sich förmlich die Vermutung auf, als bestände zwischen dem geologischen Bau und dem Eingehen der Siedelungen ein innerer Zusammenhang, wie ihn z. B. A. Grund für das Wiener Becken festgestellt hat[1]).

Da erinnern wir uns, daß zwei Punkte, die zur Klärung dieser Frage wichtig sind, immer wieder betont werden. Einmal die Unfruchtbarkeit des Bodens und seine Wasserdurchlässigkeit, die die Landwirtschaft außerordentlich erschwert, zweitens die Armut an Wasser. Viele Orte mit 300 und mehr Einwohnern haben nur eine einzige Quelle, und diese liefert oft auch nur wenig Wasser. Ein dritter wichtiger Punkt ist das Auftreten wasserundurchlässiger Schichten, an denen es zur Sumpfbildung und zur Ausbildung von Malariaherden kommt; zweifellos sind manche von den Fällen, wo es heißt, eine Wüstung ist „por peste" entstanden, auf eine Malariaverseuchung des betreffenden Ortes zurückzuführen.

Sehen wir die „Relaciones" durch, so finden sich über die Wüstungen folgende Angaben:

Adovera (Guadalajara II, 115): wurde zwischen 1510 und 1520 Wüstung, starke Bodenfeuchtigkeit, schlechte Wärmeverhältnisse; Almoguera (ebda. II, 188): in der Gemeinde liegen 7 Wüstungen; Mangel an Wasser war Ursache der Entvölkerung; Benalaque (ebda. II, 251): der Ort wurde Wüstung nach 1580, wenig und sehr schlechtes Wasser, Sümpfe der Umgebung riefen Krankheiten hervor; Berninches (ebda. I, 23 ff.): Der Ort Golosa wird 1391 Wüstung „por peste"; Budia (ebda. I, 382/84): hat vier Wüstungen, Pumarejos, Peñarubia, Bembribe und El Peral, letzteres wird schon 1388 als Wüstung bezeichnet; Cañizar (ebda. III, 252): drei Wüstungen, Varrecas, Zambranos, Sn. Pedro, Ursachen und Zeit der Entvölkerung nicht bekannt; El Casar (ebda. II, 289ff.): die Wüstung Alberruche entstand um 1550; El Cubillo (ebda. III, 259ff.): zwei Wüstungen, Valdehaz und Perocrespo, entstanden infolge Wassermangels; Espinosa de Henares (ebda. I, 67ff.): die Wüstung Santa Gracias entstand infolge „pestilencia", Flurname Santas Gracias heute noch vorhanden; die andere Wüstung Untiana ist erst nach 1335 entstanden, da U. in diesem Jahre noch urkundlich erwähnt wird; Fuente el Fresno (ebda. III, 411ff.): der Ort wird erst nach 1610 Wüstung; Fuentelaencina (ebda. II, 56/57): der Ort Conchuela wird um 1350 Wüstung „por pestilencia", das zu C. gehörige Land fällt 1371 an Fuentelaencina; Fuentela-

[1]) Die Veränderungen der Topographie im Wiener Walde und Wiener Becken. Leipzig 1901. S. 127ff.

higuera (ebda. III, 335): Albatajar wird Wüstung wegen des Wassermangels; Horche (ebda. III, 435f.): um 1480 wird Valverde Wüstung; ungesunde Lage; Humanes (ebda. III, 324f.): das Dorf Peñahorra wird nach 1335 Wüstung; Ursache: Verringerung der Steuereinnahmen und des Durchgangverkehrs, Unfruchtbarkeit des Bodens; Illana (ebda. IV, 179): Von den drei Orten Cortes, Ballaga und Aldovera wurde letzterer Ort Wüstung wegen der ungesunden Lage des Dorfes; Lupiana (ebda. V, 209): der Ort Pinilla wird Wüstung „por pestilencia"; Miralcampo (ebda. III, 303f.): der Ort Miralcampo wurde nach 1580 Wüstung; Mondéjar (ebda. II, 318): die vier Orte Castrueña, Conchuela, Valdormeña und Fuentespino wurden Wüstungen „por pestilencia"; Ovila[1]): Die zum Kloster Ovila gehörigen Orte Muriel und Morrillejo wurden Wüstungen unter der Regierung Juans II., 1406—1454, infolge kriegerischer und politischer Ereignisse; Puebla de Guadalajara (III, 345): der Ort P. de Guadalajara wurde erst nach 1580 Wüstung; Retuerta (ebda. I, 89f.): der Ort bestand noch 1580 und hatte 24 vecinos (1580); 1787 lebten noch 9 Personen in R., dann verschwand der Ort, geringe Ertragsfähigkeit des Bodens und Engräumigkeit der Gemeindeflur trugen mehr Schuld an dem Rückgang der Bevölkerung als die häufigen Krankheiten, die R. heimsuchten; Valdelloso (ebda. I, 53): der Ort wird 1250 zumersten Male urkundlich genannt, bestand noch 1580; V. ging ein, weil der Ort aus dem Besitz eines Klosters in andere Hände überging; Villaviciosa del Campo (ebda. VI, 259f.): der Ort ging ein nach 1579; schlechte Böden und ungesunde Lage; Yebra (ebda. IV, 313f.): der Ort Villa mayor wurde Wüstung wegen des schlechten Wassers, das viele Krankheiten hervorrief; Yunquera (ebda. II, 495): die Wüstung Medianedo entstand „por peste".

Wie der Einblick in die Ursachen der Entstehung unserer Wüstungen zeigt, sind eine ganze Reihe von Ursachen von Einfluß gewesen. Die schlechten Boden- und Wasserverhältnisse, Krankheiten, ungünstige Wirtschaftslage. Kriegerische Ereignisse scheinen nur selten das Eingehen einer Siedelung bewirkt zu haben. Die meisten Wüstungen entstanden in der Zeit nach 1330, also am Ausgang des Mittelalters und zu Beginn der Neuzeit. Außer der Entstehung dieser Wüstungen ist auch in den Berichten sehr häufig die Rede von dem Rückgang der Bevölkerung der meisten Ge-

---

[1]) Biblioteca de Escritores de la provincia de Guadalajara. Madrid 1899. S. 690.

meinden; außer der Vertreibung der Moriscos und Juden, die vielfach als Ursache des Bevölkerungsrückganges angegeben wird, scheint im allgemeinen die traurige Wirtschaftslage den größten Einfluß gehabt zu haben. Von irgend einer Abwanderung der Bevölkerung nach Amerika ist an keiner Stelle der „Relaciones" die Rede. Die ungünstigen Agrarverhältnisse verbunden mit einer wesentlichen Verschlechterung und Entwertung des Geldes möchte ich als die Hauptursachen ansehen. Studien über das Geldwesen und die Preisbewegung im Mittelalter dürften für diese Frage von ebenso entscheidender Bedeutung sein, wie Arbeiten über die Klöster, Grundherrschaften usw.

Nur eine Andeutung nach dieser Richtung möchte ich hier geben, da mir leider sonst zu wenig Material zur Verfügung steht. Zur Zeit Sancho IV. (1284—1295) hatte eine „Dobla" einen Wert von 22 maravedis novenas; um 1406 stand sie auf 95 und 1480 auf 435 maravedis novenas[1]). Wenn man sich erinnert an die hohen Abgaben der Gemeinden, so wird man verstehen, daß die Entwertung des Geldes die Produktion stark beeinflußt haben muß. Die Bauern haben infolge dessen, wie das von vielen Gemeinden auch ausdrücklich bezeugt wird, den auf den meist schlechten Böden unrentabel gewordenen Ackerbau aufgegeben. Ich hoffe bald weiteres Material zu dieser wichtigen Frage beibringen zu können.

Fassen wir die Ausführungen über die Wüstungen zusammen, so ergibt sich zunächst als Resultat: Am Ausgang des Mittelalters und zu Beginn der Neuzeit hat sich der Ortschaftsbestand der Provinz Guadalajara um rund 25% vermindert. Die Ungunst des Bodens und die allgemeine schlechte Wirtschaftslage haben den Eingang einer großen Anzahl von Siedelungen hervorgerufen.

Landeskundliche Bibliographie von Guadalajara.

Alvarez Aravaca, M., Estudios hidro-geológicos. Cuenca del Tajo. Provincia de Guadalajara. Zona suboccidental, que incluye las formaciones geológicos diluvial, aluvial y terciaria. B. Com. Mapa Geol. Esp. XXIX, 1909, 229—280, 1 Karte.

Calderón, S. Reseña geológica de la provincia de Guadalajara. Madrid 1874. 98 S., 1 Karte.

Castel, C., Provincia de Guadalajara. Descripción geológica. Bol. Com. Mapa Geol. Esp. VIII, 1881, 157—264, 1 geol. Karte.

---

1) Rev. de Arch., Bibl. y Mus. 1905, I, 195—220.

Castel C., Provincia de Guadalajara. Descripción agricola y forestal. Ebda. IX, 1882, 123—214.

Catalina García, J., Relaciones topográficas de España. Relaciones de los pueblos que pertenecen hoy á la provincia de Guadalajara. Madrid 1903ff. VII, 441 S., 501 S., 495 S., VIII, 335 S., XI, 371 S. (Bd. IV—VI hrsg. v. M. Pérez Villamil.) (Das Werk erschien in dem „Memorial Histórico Español", Madrid, Bd. 41—43, 45—47.)

— Investigaciones históricas y arqueológicas en Cifuentes, villa de la Provincia de Guadalajara y sus cercanias. B. R. Acad. Hist. 16, 1890, 57—65.

— La Alcarría en los dos primeros siglos de la reconquista. Madrid 1894.

Catalina García, J., Biblioteca de Escritores de la Provincia de Guadalajara. Bibliografía de la misma hasta el Siglo XIX. Madrid 1899. XII, 799 S.

Contreras, B., El país de la plata. Apuntes históricos del descubrimiento de la mina „Santa Cecilia", sita en Hiendelaencina. Guadalajara 1905. 118 S. (Ref.: B. S. Esp. Hist. Nat. V, 1905, 296. — Rev. Arch., Bibl. y Mus. 1906, II, 309—310.)

Cortíjo, Lopez, Topografía médica de Guadalajara. Guadalajara 1893.

Douxami, H., Observations géologiques sur la Sierra de Guadalajara. Ann. Soc. Géol. du Nord, XL, 1911, 35—45.

— Une excursion en Espagne et dans la Sierra de Guadalajara. B. S. Géogr. Lille 1911, 23 S.

Fernandez-Navarro, L., Observaciones sobre el terreno arcaico de la provincia de Guadalajara. An. S. Esp. Hist. Nat. XXIX, 1900, 95—123.

González-Martínez, L., Memoria de la Colonia de Asunción en la provincia de Guadalajara. Madrid 1882.

Larruga, E., Memorias políticas y económicas... de España. Madrid 1790—92.

Minguella y Arnedo, T., Historia de la Diócesis de Sigüenza y de sus Obispos. 3 tomos. Madrid 1910—12.

Naranjo, E., Estudios geológico-mineros del distrito de Guadalajara. B. Com. Mapa Geol. Esp. XXIX, 1909, 281—296.

Vergara y Martín, S. M., Nomenclater geográfico-escolar de la provincia de Guadalajara. Guadalajara 1910. 203 S.

IV.
Volksdichte und Siedelungen der einzelnen spanischen Landschaften.

Die Betrachtungen in den vorangehenden Kapiteln haben uns einen Einblick in die Bevölkerungs- und Siedelungsverteilung von drei räumlich zum Teil weitauseinanderliegenden spanischen Gebieten gewährt und wir konnten eine Reihe allgemeiner Folgerungen ziehen.

Große Gegensätze in der Verteilung der Bevölkerung und der Siedelungen trafen wir im mediterranen Murcia an; wir sahen aber hier auch, daß neben zahlreichen größeren auch eine unendliche Fülle von kleinen Einzelwohnplätzen vorhanden sind. Wir wollen diese Provinz mit ihren großen Unterschieden in der Volksdichte, ihrem Gemisch von zahlreichen großen geschlossenen und massenhaften kleinen Siedelungen als zum mediterranen Siedelungstypus gehörig bezeichnen. Wenn auch Unterschiede in der Volksdichte in der Provinz Toledo und dem westlichen Guadalajara bestehen, so sind doch hier die Gegensätze längst nicht so scharf wie in der Provinz Murcia. Auch in bezug auf die Verteilung und die Größe der Wohnplätze treffen wir in Toledo und Guadalajara ganz andere Verhältnisse an; hier haben wir zumeist geschlossene Siedelungen von mittlerer Größe. Es fehlen größere Städte, es fehlt aber auch die unendliche Fülle der den mediterranen Siedelungstypus kennzeichnenden kleinen Einzelwohnplätze. Wir bezeichnen diesen Siedelungstypus, wie ihn die Provinzen Toledo besonders nördlich des Tajo und Guadalajara aufweisen, als den nördlichen kontinentalen Siedelungstypus.

Unsere Betrachtungen haben aber noch weitere Ergebnisse gezeitigt. Wir sahen in der Provinz Murcia enge Zusammenhänge bestehen zwischen dem Wirtschaftsleben und der Volksdichte. Je intensiver hier Landwirtschaft und Bergbau betrieben werden, desto dichter drängt sich auch an diesen Stellen die Bevölkerung zusammen. Andererseits zeigt uns das Beispiel von Toledo und Guadalajara, daß bei wenig entwickeltem Wirtschaftsleben die Volksdichte auch nur niedrige Werte aufweist. Schließlich konnten wir bei Guadalajara feststellen, daß die wirtschaftlichen Verhältnisse dieser Provinz ganz wesentliche Änderungen erfahren haben und daß dadurch das Siedelungsbild einschneidend beeinflußt worden ist.

Es erhebt sich nun die Frage, wie reihen sich unsere drei Gebiete in die übrigen spanischen Landschaften ein, welche Siedelungstypen finden wir an anderen Stellen, welche wirtschaftlichen Verhältnisse herrschen dort, welche Siedelungsveränderungen haben in anderen Teilen des Landes stattgefunden.

Wenden wir unsern Blick zunächst nach dem Norden Spaniens,

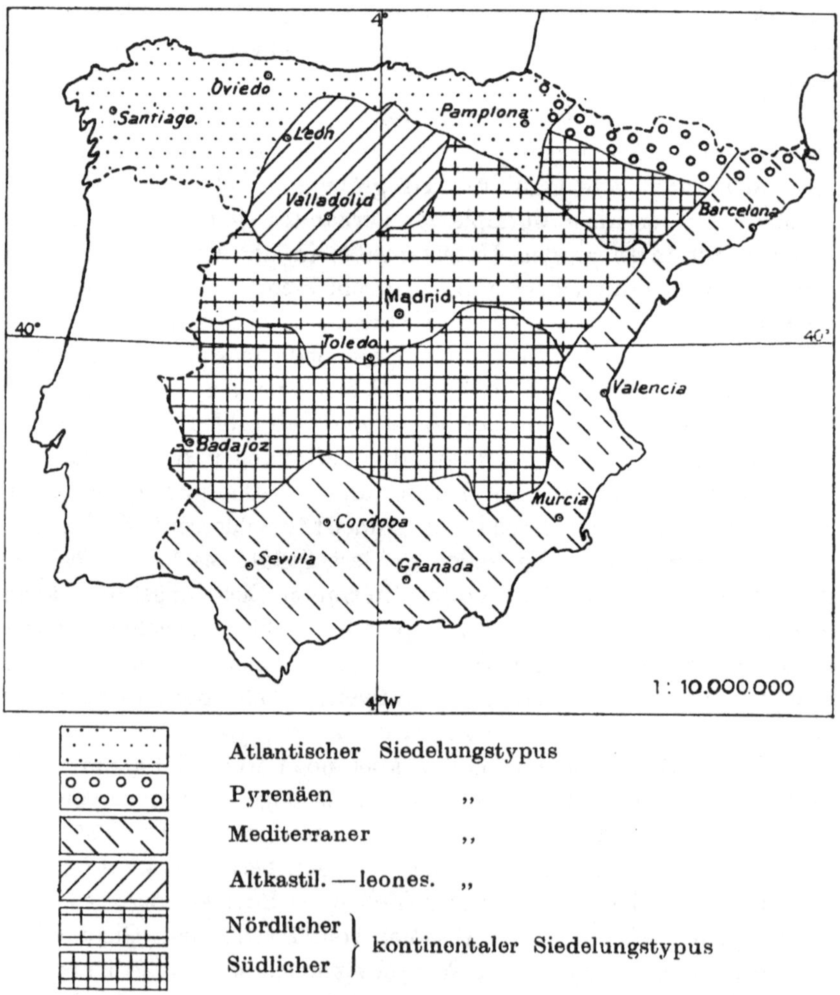

Abb. 3. Siedelungstypen in Spanien.

dem Gebiet des **atlantischen Siedelungstypus,** das von den galicischen Provinzen bis nach Navarra reicht. (Vgl. Abb. 3.) Zum atlantischen Siedelungstypus gehören die vier galicischen Provinzen Orense, Pontevedra, Lugo, Coruña, ferner Oviedo, Santander, die drei baskischen Provinzen Vizcaya, Guipúzcoa und Álava, und schließlich Navarra. An mehreren Stellen greift dieser Siedelungstypus in die Nachbarprovinzen über. So gehören zu ihm in der Provinz Zamora die Gerichtsbezirke Alcañices und Puebla de Sanabria; von der Provinz León rechnen wir den ganzen Westen bis etwa zum Meridian von León dazu; in der Provinz Burgos den Bezirk Villarcayo und endlich mehrere Gemeinden im Norden von Logroño.

Dieser atlantische Siedelungstypus ist gekennzeichnet durch das Vorherrschen zahlloser kleiner Gehöfte und Weiler, die dicht über das ganze Gebiet zerstreut sind[1]); die Siedelungsdichte ist hier im Durchschnitt 9—10 mal so groß als in den zum mediterranen Siedelungstypus gehörenden Mittelmeerprovinzen. Die größeren Siedelungen liegen fast ausnahmslos an den zahlreichen größeren und kleineren Buchten oder an Stätten, wo eine glückliche Vereinigung von Kohlen und Erzen oder Erzen und starken Wasserkräften industriereiche Plätze zur Entwickelung gebracht hat. Die Volksdichte in dem Gebiet des atlantischen Siedelungstypus ist im allgemeinen eine recht hohe. Beträgt sie im Mittel für ganz Spanien 37, so steigt sie in Galicien auf 68, in Oviedo auf 58, in Santander auf 57 und den baskischen Provinzen auf 85 an. Innerhalb dieses ausgedehnten Gebietes treffen wir recht bedeutsame Unterschiede in der Volksdichte. So nimmt z. B. in den vier galicischen Provinzen die Volksdichte im allgemeinen von der Küste landeinwärts zu ab; sie beträgt in den

Küstenbezirken			Binnnenbezirken		
Vigo	192	pro qkm	Carballino	96	pro qkm
Pontevedra	183	,,	Lalín	55	,,
Padrón	126	,,	Arzúa	50	,,
Noya	115	,,	Villalba	46	,,
Coruña	234	,,	Mondoñedo	49	,,

Eine Volksdichtekarte der vier galicischen Provinzen wird im im allgemeinen viel Ähnlichkeit haben mit jener der Bretagne[2]),

[1]) Ob R. Leonhard Recht hat, wenn er sagt (Archiv f. innere Kolonisation IV, 1911/12, 113 ff.), Galicien habe allein so viel Ortschaften wie das ganze übrige Spanien, kann ich im Augenblick nicht entscheiden.

[2]) Annales de Géographie XIII, 1904, 296—309, Karte.

in der ja auch die Volksdichte allseitig nach den Küsten landeinwärts zu abnimmt. Von den 29 Siedelungen mit über 2000 Einw. liegen in Galicien nicht weniger als 24 an der Küste, nur 5 im Binnenlande. Die Siedelungen mit unter 2000 Einwohnern sind zumeist Kleinsiedelungen, deren Einwohnerzahl im Durchschnitt nicht einmal 100 beträgt. Die Gemeinden, die auch hier die kleinsten politischen Verwaltungseinheiten bilden, gliedern sich in Pfarreien (parroquia), zu denen wieder zahlreiche Einzelgehöfte und kleine Weiler gehören. Ich gebe als Beispiel die Einzelwohnplätze der Pfarrei Brión (Prov. Oviedo), da in Oviedo genau die gleiche Wohnplatzgliederung wie in den galicischen Provinzen sich findet:

Einzelwohnplätze der Parroquia Brión

	Einwohner		Einwohner
Aguiar	34	Guldrís	25
Brans de abajo	42	Lamiño	76
Brans de arriba	69	Liñares	105
Brión de abajo	44	Pedrouzos	104
Brión de arriba	42	Quintans	42
Cabreiros	51	Rial	32
Casal	70	Torre	37
Enjo	32	Grupos inferiores	114
Gronzo	57		

Es gehören also zu dieser Pfarrei 16 Einzelsiedelungen von sehr geringer Größe und mehrere Einzelwohnplätze mit 114 Einwohnern. Diese geringe Volkszahl der Einzelsiedelungen ist aber bezeichnend für den atlantischen Siedelungstypus.

Fragen wir nach den Unterschieden der Volksdichte in den galicischen Provinzen und den Ursachen ihrer Abnahme nach dem Binnenlande zu, so finden wir die Erklärung, sowie wir einen Blick auf die wirtschaftlichen Verhältnisse dieser Landschaft werfen. Landwirtschaft und Fischerei sind die Haupterwerbszweige der galicischen Bevölkerung. Der Bergbau auf Eisen und die an wenigen Stellen lokalisierte Industrie (Leder, Netzfabrikation, Leineweberei) sind nur von untergeordneter Bedeutung.

In der dank reichlicher Niederschläge der Bewässerung nicht bedürfenden Landwirtschaft steht der Getreidebau obenan. Galicien ist vor allem Roggenanbauland; daneben wird jedoch auch viel Gerste, Hafer und Mais gebaut. Infolge der dichten Besiedelung genügen die Erträgnisse des Ackerbaues nicht; es müssen vielmehr

Nahrungsmittel in erheblichem Umfang eingeführt werden; neben Getreide in erster Linie Stockfische. Die Ausfuhr landwirtschaftlicher Erzeugnisse beschränkt sich auf einige hundert Tonnen Hasel- und Walnüsse, aus der Provinz Orense wird auch über Vigo etwas Wein ausgeführt.

Anthropogeographisch von größtem Interesse ist aber die Art des landwirtschaftlichen Betriebes und des Grundbesitzes in Galicien. Es ist bekannt, und die Berichte zahlreicher Reisender, die Galicien besucht haben, geben immer wieder davon Kunde, daß der galicische Bauer sich infolge einer übermäßigen Bodenzersplitterung in einer äußerst beklagenswerten Lage ber findet. „Die Ursache hierfür liegt in dem Vorhandensein eines de, Gegend eigentümlichen Rechtsinstitutes, des sog. Foro. Das Foro- eine Art von Erbpacht, besteht in einer für lange Zeit gegen Zahlung eines vorher vertraglich ausgemachten Kanons gewährten Überlassung und den daraufhin eintretenden Besitz von Grund und Boden. Die heute bestehenden Mißstände liegen nicht so sehr in dem Vorhandensein dieses Vertrages, der im wesentlichen der justinianischen Emphyteusis entspricht, sondern in der infolge des Erlasses der „Pragmática del Interim" durch Karl III. — die den Grundherren Ablösungen unmöglich machte und die Innehaber der Grundstücke in ihrem Besitze bestätigte — eintretenden Zerteilung der Rechte auf die Grundstücke. Da die auf Grund des Foro ein Gut besitzenden Personen sich nach dem Erlaß der „Pragmática" in ihrem Besitz völlig sicher fühlten, verliehen sie es ganz oder teilweise in subforo an dritte Personen. Da dieser Prozeß sich ins Unendliche weiter vollzog, so entstanden Erbpachtrechte ersten, zweiten, dritten und gar noch weiteren Grades"[1]). Die Folge davon war eine ganz übermäßig weit getriebene faktische und rechtliche Bodenzersplitterung und hohe Landpreise. Der Ackerbau mußte auf den oft nur wenige Quadratmeter großen Parzellen unrentabel werden und die Folge war eine ungewöhnlich starke Auswanderung. Die vier galicischen Provinzen stehen heute in der Auswanderung an erster Stelle unter den spanischen Provinzen; für die Jahre 1911—1913 bewegte sie sich in folgenden Zahlen[2]):

1) Internat. Agrarökonom. Rundschau IV, 1913, Heft 10, S. 18/19.
2) Nach dem Bol. del Consejo Superior de Emigración III, 1911—VI, 1914.

Auswanderung aus den galicischen Provinzen

	1911	1912	1913
Coruña	15012	20582	13833
Lugo	12342	16916	12229
Orense	12050	16974	12598
Pontevedra..	12210	17009	13613
	51614	71481	52253

Auch als Wanderarbeiter und Tagelöhner treffen wir die Gallegos in vielen Teilen Spaniens an.

Neben der Landwirtschaft ist die Fischerei der wichtigste Erwerbszweig der galicischen Bevölkerung. Viele 10000 von Menschen beschäftigt der Fang der Sardinen und des Tunfisches und überall knüpft sich an den Fischfang an den sturmumbrausten galicischen Küsten eine bedeutende Industrie, die sich mit der Herstellung von Fischkonserven befaßt. Daher finden wir auch die galicischen Küsten vor allem dort, wo die Riasbuchten tief in das Land eingreifen, besetzt mit zahllosen Fischerdörfern und Städten. Im Anschluß an die lebhafte Fischerei sei auch noch einer Reihe weiterer auf ihr beruhender Industrien gedacht; so der Seesalzgewinnung, der Netz- und Segelfabrikation, des Bootbaues und der Zubereitung von Büchsen für die Versendung von Fischkonserven.

Eine Fülle von anthropogeographischen Problemen bietet das buchtenreiche Nordwesteck Spaniens. Da erhebt sich als eine der ersten Fragen die, ob der Bestand an Siedelungen etwa im Laufe der Geschichte eine Änderung erfahren hat. Soweit wir heute schon den Gang der Besiedelung des galicischen Landes überblicken können, sehen wir in Galicien ein recht altes Siedelungsland vor uns. J. Jungfer hat den Nachweis erbracht, daß gerade in diesem Teile Spaniens eine Fülle von germanischen Ortsnamen vorhanden sind; ob diese aber der Zeit des alten Gotenreiches oder der Zeit der Rückeroberung (reconquista) angehören, diese Frage muß auch er offen lassen[1]). An der gleichen Stelle erwähnt Jungfer aber auch eine Urkunde aus dem Jahre 750, in der von der Neugründung zahlreicher zerstörter Ortschaften berichtet wird. Die Zeit von der Mitte des 8. bis zum 10. Jahrhundert scheint aber eine Periode intensivster Besiedelung Galiciens gewesen zu sein, die an die Gründung

[1]) Deutsche Erde 1905, S. 46. Besonders aber die Karte, Tafel 2, wo ein Nebenkärtchen zeigt, daß auf dem Boden des alten Suevenreiches nördlich des Duero eine Unmenge germanischer Ortsnamen vorhanden sind.

zahlreicher Klöster und die wirtschaftliche Erschließung des Landes durch diese Klöster anknüpft. Diese Tatsache ist schon dem Bearbeiter des v. Sprunger-Menkeschen Historischen Handatlas nicht entgangen. Auf Blatt 18 desselben finden sich gerade im Nordwesten Spaniens für diese Zeit eine große Anzahl von Klöstern eingezeichnet. Diese Klöster besaßen einen ungewöhnlich umfangreichen Grundbesitz; Felder, Wiesen und Weiden. Weinberge, Einzelgehöfte und kleine Weiler in großer Zahl gingen in dieser Zeit in den Besitz der Klöster und Kirchen über[1]) und die Nachrichten über Neugründungen und umfangreiche Schenkungen sind überaus zahlreich. Daß auf Betreiben der Klöster auf weiten unbesiedelten Flächen eine Neubesiedelung stattfand, darüber liegen mehrfach Zeugnisse vor. So weist das häufige Vorkommen des Ortsnamens „Granja" (vom latein. granea) auf kleine landwirtschaftlichen Zwecken dienende Einzelhäuser und kleine Gehöfte hin, die die Cisterciensermönche gründeten, aus denen dann vielfach „reiche Dörfer und volksreiche Städte" emporwuchsen[2]).

Am intensivsten scheint die Neugründung von Klöstern im 10. Jahrhundert gewesen zu sein; wird doch dieses Jahrhundert direkt als das „siglo de los monasterios gallegos" wegen seiner zahlreichen Neugründungen bezeichnet[3]). Im Anschluß an die Neugründung eines Klosters hören wir dann auch jedesmal von ausgedehnten Schenkungen an diese Klöster, Zuwendungen, für die in den Schenkungsurkunden häufig als Grund „por remedio de mi alma" angegeben wird. Diese Urkunden sind auch wirtschaftsgeschichtlich von hohem Werte und gestatten einen tiefen Einblick in das Wirtschaftsleben des Mittelalters. Die bisher vorliegenden 8 Bände der Zeitschrift der „Academia Gallega" in Coruña enthalten eine Menge interessanten Materiales zu dieser Frage.

Hat es nach dem vorliegenden Material den Anschein, als ob die Zeit vom 8. bis 10. Jahrhundert eine Periode lebhafter Ortsgründung gewesen ist, so liegen auch für Galicien Nachrichten vor, die Schlüsse auf eine im 14. Jahrhundert beginnende negative Siedelungsperiode zulassen. So trat in Galicien in der ersten Hälfte des 14. Jahrhunderts unter der Regierung Alfons XI. (1312—1350) infolge der „despoblación de Galicia" eine Wolfsplage auf[4]). Es ist

[1]) Rev. Crítica de Literatura y História I, 1895/96, S. 345 ff.

[2]) Bol. R. Acad. Gallega VII, 1913/14, S. 54.

[3]) Ebda. VI, 1912/13, S. 62 ff.

[4]) Ebda. II, 1907/09, S. 22.

zweifellos, daß Spezialuntersuchungen auch den Nachweis erbringen werden, daß um diese Zeit zahlreiche Wüstungen entstanden sind; die Archive in Coruña bergen noch Schätze, von deren Hebung die Anthropogeographie Galiciens eine ungeahnte Förderung zu erwarten hat. Um nur wenige Beispiele zu nennen, sei erwähnt, daß der Ort Teodile am Rio Tambre, urkundlich 920 erwähnt, heute verschwunden ist[1]); 922 wird urkundlich genannt Abolino im Bezirk Presares, heute ebenfalls Wüstung[2]); auch der Nachbarort Oylano, 931 erstmalig urkundlich genannt, ist heute Wüstung; auch Almerezo im früheren Gerichtsbezirk Coto de Almerezo ist heute Wüstung[3]). Ich zweifle nicht, daß, wenn mir reicheres Material über Galicien zur Verfügung stände, die Zahl der Wüstungen sich rasch verzehn-, ja verzwanzigfachen würde.

Welche Ursachen für diesen Eingang der Siedelungen verantwortlich zu machen sind, ist eines der weiteren Probleme, dessen Lösung noch aussteht. Es sei ein kurzer Hinweis gegeben auf eine der Möglichkeiten, die das Verschwinden der Siedelungen wesentlich beeinflußt haben mag.

Unter den Städten Galiciens gewinnt am Ende des 9. Jahrhunderts Santiago de Compostela eine ungeahnte Bedeutung. Es werden hier die Gebeine des heiligen Jacobus entdeckt und bald darauf wird Santiago Sitz eines Erzbischofs. Die Legende von der Entdeckung der irdischen Reste des Jacobus verbreitet sich rasch im Abendland. Scharen von Pilgern kommen herbei, um die Stätte zu besuchen, die nun rasch für das Abendland eine ähnliche Bedeutung gewinnt, wie Jerusalem im Osten. Bis ins 15. Jahrhundert hinein hören wir, daß alljährlich Tausende und Abertausende von Menschen aus allen Teilen der Alten Welt nach Santiago pilgerten. Die Pilger aus den Ländern um das baltische Meer und aus England kamen zur See und landeten in dem Küstenort Padrón; die Pilger aus Mitteleuropa, Frankreich und Italien kamen über die Pässe der östlichen und westlichen Pyrenäen, die Pilger aus dem Orient zu Schiff bis Barcelona[4]). Als Folgeerscheinung dieses massenhaften Zusammenströmens von Menschen in dieser Nordwestecke Spaniens entwickelte sich hier vom 10. Jahrhundert ein blühendes Wirtschafts-

---

1) Bol. R. Acad Gall. IV, 1910/11, S. 10.

2) Ebda. IV, 1910/11, S. 11/12.

3) Ebda. VII, 1913/14, S. 55.

4) Über diese Pilgerfahrten und Pilgerstraßen hoffe ich in Kürze ausführlicheres mitteilen zu können.

leben. „En cuanto á Santiago, creció en esta época su importancia industrial y su riqueza por la extraordinaria cantidad de peregrinos y viajeros, que concurrían en él", schreibt R. Altamira y Crevea[1]). Überall blühte damals die Leinenindustrie; die Fischerei beschäftigte zahlreiche Personen; an den Pilgerstraßen die nach Santiago führten, lagen Rasthäuser, in denen oft Hunderte von Menschen auf einmal verpflegt werden sollten; hier versorgten sich die Pilger mit neuer Kleidung und reichlicher Nahrung für den langen gefahrvollen Seeweg und den nicht minder beschwerlichen Landweg. Was Wunder, wenn von diesen Pilgerscharen direkt und indirekt viele Tausende von Menschen einen sicheren Erwerb hatten. Bald nach dem Auftreten der Pest in Spanien lassen auch diese Pilgerfahrten nach, Industrie, Handel und Verkehr fangen an zu stocken und liegen schließlich völlig darnieder. Die Bevölkerung wandert ab; neue Wüstungen entstehen auf diese Weise.

Und noch ein weiteres anthropogeographisches Problem wartet hier seiner Lösung. Es erscheint mir sehr wahrscheinlich, daß hier im entlegenen Nordwesten Spaniens mit großem Erfolg einmal die Hausformenforschung zur Lösung gewisser siedelungsgeographischer Fragen herangezogen werden kann. Wir können erwarten, daß hier, wo germanische Staatswesen sich durch Jahrhunderte erhalten haben, auch die Siedelungweise der verschiedenen germanischen Stämme, die sich hier niederließen, in den Hausformen noch erkennbar sein wird. Was bis jetzt an Notizen über Hausformenforschung aus Spanien vorliegt, ist unendlich kümmerlich. Die spärlichen Notizen aber und Abbildungen, die wir von Hausformen aus dem entlegenen Osten der Provinz Lugo besitzen und uns Kunde geben von höchst eigenartigen Rundbauten und sehr merkwürdigen Dachkonstruktionen[2]), lassen den berechtigten Wunsch aufkommen, daß recht bald hier weitere intensive Forschungen angestellt werden möchten.

Die Provinzen Oviedo und Santander weisen die gleichen Siedelungsverhältnisse auf wie die vier galicischen Provinzen. Landwirtschaft, Fischerei und Bergbau sind hier die Haupterwerbszweige der Bevölkerung, deren Dichte hier größere Unterschiede aufweist als in den galicischen Provinzen. In den südlichen gebirgigen Distrikten, wo fast nur Viehwirtschaft herrscht, geht die Volksdicht-

[1]) Historia de España y de la Civilización Española. 3. Aufl. Tomo I, 1913, S. 516.

[2]) Bol. R. Acad. Gallega VII, 1913/14, S. 147 ff.; 241 ff., Abbildungen.

stellenweise auf 30, wie im Bezirk Belmonte herunter. Diese südliche Gebirgszone bietet mit ihrer eigenartigen an die Viehwanderungen geknüpfte Alpwirtschaft für anthropogeographische Spezialstudien noch viele Probleme. In den Bergbaudistrikten der beiden Provinzen, besonders in Oviedo, erreicht die Volksdichte dagegen hohe Werte. Im Bezirke von Siero kommen 464 Menschen und im benachbarten Oviedo 161 Menschen auf das Quadratkilometer. Die starke Förderung von Steinkohlen aus dem asturischen Kohlenbecken und die Gewinnung von Eisenerzen im gleichen Gebiet hat hier ein bedeutendes Industriezentrum geschaffen, so daß in dem asturischen Längstal zwischen Grado im Westen und Cángas de Onís im Osten sich Siedelung an Siedelung reiht, über die sich die rauchenden Essen zahlloser Hüttenwerke erheben. Parallel zu dem innerasturischen dichtbevölkerten Längstal zieht sich an der asturischen Küste ein Streifen hoher Volksdichte von Avilés bis Ribadesella. Hier kommen im Bezirk Pravia im Westen 106, Avilés 124, Gijón 190 und Villaviciosa 64 Einwohner auf ein Quadratkilometer. Gleiche Verhältnisse wie Oviedo weist Santander auf; dem dünnbevölkerten Gebirgsland steht ein Küstensaum mit hoher Volksdichte gegenüber; von Torrelavega bis zur Grenze von Vizcaya ruft der Eisenbergbau und die auf ihm beruhende Eisenindustrie eine starke Anhäufung der Bevölkerung hervor; fünf von den Siedelungen mit über 2000 Einwohnern kommen auf diesen Küstenstreifen.

Volksdichte und Siedelungen in den drei baskischen Provinzen und ihre Grundlagen hat schon M. Willkomm unübertrefflich geschildert[1]): „Der Ackerbau ist namentlich in Alava, Handel und Industrie in Vizcaya und Guipuzcoa entwickelt. In diesen beiden Provinzen wimmeln die großen Täler von Fabriken, deren Mehrzahl mit Dampfmaschinen arbeitet. In keiner der drei baskischen Provinzen gibt es große Grundbesitzer, weil daselbst das Feudalwesen niemals Wurzel gefaßt hat. Deshalb ist der baskische Bauer freier Eigentümer des Bodens, den er bewirtschaftet, nicht bloßer Pächter, wie in so vielen anderen Gegenden Spaniens, und aus diesem Grunde gewöhnlich wohlhabend. Der Grundbsitz ist namentlich in Guipúzcoa und Vizcaya auf das Unendlichste zerteilt, und da hier der Eigentümer meist im Zentrum seiner Besitzung wohnt, so sind die weiten herrlichen Täler und fruchtbaren Bergabhänge mit zahllosen einzeln stehenden Gehöften (caserios) bestreut, ein Umstand, der nicht wenig zur Erhöhung des landwirtschaftelichen Reizes

[1]) Die Pyrenäenhalbinsel, Leipzig 1855, S. 353.

jener von Natur malerischen und hochromantischen Gegenden beiträgt. Nicht selten bildet ein ganzes Tal eine einzige Ortschaft, die aus lauter zerstreuten Caserios besteht. Nur in der Nähe der Kirche pflegen sich dann die Häuser dichter zusammenzudrängen und kleine Häusergruppen zu bilden, die „ante-iglesias" genannt werden."

Suchen wir zunächst die Volksdichte dieser drei Provinzen zahlenmäßig zu erfassen, so erhalten wir folgende Zahlenreihen für die mittlere Volksdichte:

Álava		Guipúzcoa		Vizcaya	
Bezirk	Einw. pro qkm	Bezirk	Einw. pro qkm	Bezirk	Einw. pro qkm
Amurrio	22	Azpeitia	77	Bilbao	464
Laguardia	29	San Sebastian	199	Durango	58
Vitoria	37	Tolosa	76	Guernica y Luno	140
Ganze Provinz	32	Vergara	80	Marquina	77
		Ganze Provinz	104	Valmaseda	133
				Ganze Provinz	144

Die fast rein landwirtschaftlichen Charakter tragende Provinz Álava hat also die niedrigsten Volksdichtewerte; im industriereichen Vizcaya und Guipúzcoa dagegen haben wir stellenweise ungewöhnliche hohe Werte für die Volksdichte. Gleichzeitig sehen wir aber auch, daß der Provinz Álava größere Siedelungen fehlen; nur 2 Wohnplätze mit über 2000 Einwohner sind hier vorhanden, während Guipúzcoa 11, Vizcaya sogar 16 Wohnplätze mit über 2000 Einwohnern aufweist. Die hohe Volksdichte der beiden nördlichen baskischen Provinzen ist in erster Linie darauf zurückzuführen, daß hier die Industrie, namentlich die Eisen- und Stahlindustrie ihre größte Entwickelung auf spanischem Boden findet. Diese beiden sehr leistungsfähigen Industrien arbeiten aber unter ganz ungewöhnlich günstigen Bedingungen. Erstens liegen fast alle größeren Werke in unmittelbarer Nähe der Eisenerzgruben; was zweitens die Versorgung mit Kohlen betrifft, so verschafft der Umstand, daß für die in den Erzhandel der baskischen Häfen eingestellten Schiffe Rückfrachten nach diesen Häfen sehr gesucht sind, den baskischen Hüttenwerken billige englische Kohlen. Endlich ermöglicht das steile Gefälle der baskischen Flüsse und ihre infolge der hohen Niederschlagsmengen — 800—1500 Millimeter im Jahre — gleichmäßige Wasserführung das ganze Jahr hindurch, daß hier wie an keiner anderen Stelle in Spanien die motorische Kraft des Wassers in großem Umfang in den verschiedensten Zweigen der Industrie ausgenutzt wird. Auf dieser beruht z. B. die bedeutende Papierfabrikation von Guipúzcoa; so lieferten schon

1902 die Flüsse dieser Provinz für 92 Zentralen zur Erzeugung elektrischen Stromes für Kraft- und Beleuchtungszwecke eine billige Betriebskraft. Außer größeren Industriebetrieben liegen daher auch über Vizcaya und Guipúzcoa verstreut eine große Anzahl industrieller Kleinbetriebe, Eisenhämmer, Schmieden, Glashütten, Drahtfabriken usw., die eine starke Bevölkerungsverdichtung in den Tälern bewirken. Für Spezialarbeiten zur Volksdichte einzelner Landschaften dürften die nördlichen baskischen Provinzen ein dankbares Arbeitsgebiet sein. Auch eine besondere Darstellung der wirtschaftsgeographischen Verhältnisse des Baskenlandes sollte nicht lange mehr auf sich warten lassen.

Fast ganz Navarra rechne ich noch mit zu dem atlantischen Siedelungstypus, obwohl sein Charakter in den südlichsten und östlichen Strichen der Provinz nicht mehr völlig gewahrt ist. Entsprechend dem Vorwiegen des Gebirgslandes und seinem durch hohe Feuchtigkeit bedingten starken Graswuchs steht in Navarra die Landwirtschaft, vor allem die Viehzucht an erster Stelle unter den verschiedenen Zweigen des Wirtschaftslebens. In den Guipúzcoa benachbarten Tälern finden wir dagegen noch vielfach reine Industriedörfer (z. B. Bidassoatal). Die Volksdichte hält sich dem landwirtschaftlichen und gebirgigen Charakter entsprechend auf einer niedrigen Stufe; sie beträgt für die ganze Provinz 29, und geht nur im Bezirk Estella auf 36, in dem von Pamplona auf 42 hinauf; im nordwestlichen Hochgebirgsteil des Bezirkes Aoiz geht sie auf 16 hinab. Eine Volksdichtekarte der Provinz dürfte im wesentlichen die Bodenkonfiguration widerspiegeln.

Im Bezirk von Aoiz vollzieht sich der Übergang zu einem Siedelungstypus, den wir den **Pyrenäentypus** nennen wollen, der die ganze Südseite der Pyrenäen umfaßt und im Süden bis etwa zur Linie Tafalla (Navarra)—Huesca—Barbastro—Zusammenfluß von Segre und Noguera reicht. Im östlichen Pyrenäenvorland vermischt sich der Pyrenäentypus in Catalonien schon stark mit dem mediterranen Siedelungstypus.

Der Pyrenäentypus der Siedelungen wird gekennzeichnet durch Kleinsiedelungen, die ausschließlich in den südlichen Pyrenäenquer- und -längstälern in großer Entfernung voneinander liegen; er wird weiter dadurch gekennzeichnet, daß die am höchsten liegenden Talsiedelungen Saisonsiedelungen sind, deren Bewohner im Herbst in die tieferen Siedelungen bezw. mit ihren Viehherden in die aragonischen Ebenen hinabsteigen. Wir begegnen also hier den gleichen

Verhältnissen wie in zahlreichen alpinen Tälern[1]) und wie sie jüngst M. Sorre für die Täler der östlichen Pyrenäen nachgewiesen hat[2]). Eine Untersuchung dieses „Nomadisme" der südlichen Pyrenäentäler dürfte eine Fülle interessanter geographischer Fragen ihrer Lösung näherbringen.

Die Volksdichte des ganzen spanischen Pyrenäengebietes ist außerordentlich gering. Es wohnen in den Pyrenäenbezirken der Provinzen

Huesca		Lerida	
Bezirk	Einw. pro qkm	Bezirk	Einw. pro qkm
Benabarre.......	15	Viella.............	16
Boltaña	12	Sort..............	8
Jaca	13	Seu de Urgell	14

Bewohnt sind fast ausschließlich die Talsohlen, wenn auch hier und da kleinere Gruppen von Häusern und kleine Weiler an den Talhängen sich emporziehen. Wirtschaftlich ist das ganze spanische Pyrenäengebiet eine fast rein landwirtschaftliche Gegend mit vorherrschender Viehzucht.

Wenn wir von einer Spezialuntersuchung der spanischen Pyrenäentäler, der Wanderungen ihrer Bewohner und der Almwirtschaft noch wertvolle Beiträge zur Anthropogeographie des so wenig bekannten Gebietes erwarten dürfen, so bieten aber die spanischen Pyrenäen noch ein weiteres Problem anthropogeographisch-historisch-geographischer Art dar, das bisher noch niemand angeschnitten hat, das aber von der allergrößten Bedeutung ist. Dieses Problem, das die spanischen Pyrenäen uns darbieten, ist folgendes: Bei ihrem Vordringen nach Norden unterwarfen die Araber in kurzer Zeit die ganze Pyrenäenhalbinsel bis an den Südfuß der Pyrenäen; die in die Pyrenäen zurückgedrängte christliche Bevölkerung gründete hier eine ganze Reihe einzelner kleiner Staaten, die sich durch mehr als 5 Jahrhunderte erhielten. Es erheben sich nun eine Reihe von Fragen von fundamentaler Bedeutung: 1. In wie weit haben die topographischen Verhältnisse den Verlauf und die Festlegung der Grenzen dieser Staaten beeinflußt? 2. Welchen Einfluß hat diese Staatenbildung auf die Besiedelung und Erschließung des Gebirges? 3. Welche natürlichen und geschichtlichen Momente begünstigen das räumliche Wachstum einzelner dieser Staaten, das

[1]) Vgl. J. Brunhes: La Géographie Humaine. Paris 1910. S. 603 ff.

[2]) Les Pyrénées Miditerranéennes. Paris 1913. S. 345 ff.

zur Vereinigung mehrerer derselben in einer Hand führte und wie kommt es, daß von hier aus die Wiedereroberung der ganzen Halbinsel erfolgen konnte?

Noch ist es zurzeit nicht möglich, einen vollen Einblick in diese überaus verwickelten Verhältnisse zu gewinnen. Zahllose Urkunden ruhen noch unveröffentlicht in den Archiven der Pyrenäenstädte und -Klöster, viele neuere Arbeiten, die vielleicht eine Aufklärung gebracht hätten, waren in den letzten Jahren leider nicht zu beschaffen[1]).

In großen Zügen betrachtet, sehen wir in den spanischen Südpyrenäen folgende Verhältnisse vor uns:

In der ersten Hälfte des 8. Jahrhunderts kommt es in den Südpyrenäen zur Entwickelung einer Reihe von Gebirgsstaaten[2]). Der westlichste ist die Grafschaft Aragon; sie unfaßt vor allem die Längstäler des oberen Aragon und Gallego; ihre Südgrenze fällt offenbar mit dem Kamm der südlichen Pyrenäenkette zusammen, die vom Gallegoknie in westnordwestlicher Richtung nach Pamplona zu läuft[3]). Im Osten grenzten an Aragon die Grafschaften Ripacurcia (Ribagorza) und Superarbium (Sobrarbe); auch hier fällt die Südgrenze mit dem Kamm der südlichsten Vorsierra zusammen und folgt in allen ihren Krümmungen auch deren gewundenem Verlauf. Die Westgrenze der Grafschaft Pallars fällt mit dem Lauf der Noguera Ribagorzana zusammen. Den Kern von Pallars bildet die Tallandschaft der Noguera Pallaresa. Im Norden greift diese Grafschaft aber über die Pyrenäenwasserscheide in das obere Garonnetal, das Val d'Aran über. Die höchst merkwürdigen politisch-geographischen Verhältnisse dieser Stelle sind noch nicht völlig ge-

---

1) Ich beabsichtige, in Kürze eine ausführlichere Zusammenfassung alles dessen zu geben, was z. Z. über diese Frage bekannt ist.

Einen ganz kurzen auf die Pyrenäen bezüglichen Hinweis finde ich nur bei Stolz (Verhandl. d. 18. D. Geogr. Tag. Innsbruck, Berlin 1912, S. 14), wo er sagt: „Als Ganzes und nach außen wirkt das Hochgebirge zerteilend und abweisend, nach innen aber und gegenüber seinen eigenen Gliedern anziehend und vereinigend. Die Geschichte der Staatsbildung in den Alpen und Pyrenäen zeigt uns eine ganze Reihe typischer Beispiele, wie die Hochgebirgstäler . . . zu einheitlichen Ländern sich vereinigten, . . . gegen die Staaten der Ebenen aber . . . sich absonderten.

2) v. Spruner-Menke: Historischer Handatlas, Nr. 15 und 16.

3) Vgl. die „Carte hypsométrique des Pyrénées" im Annuaire du Cl. Alp. Fr. 1892.

klärt. Die aragonesische Souveränität über das Val d'Aran wird zuerst 1175 bezeugt[1]); dagegen stand Montgarri im höchsten Teile des Tales der Noguera Pallareza, das zwischen 1117 und 1119 gegründet wurde, in unterbrochenen administrativen Beziehungen zum Val d'Aran. Auch heute noch gehört Montgarri politisch zur Gemeinde Salardú im Val d'Aran; das weiter talabwärts liegende Alós erscheint 819 in der ältesten Aufzählung der zur Diözese Seo de Urgel gehörigen Orte als Grenzplatz gegen das Val d'Aran hin.

Die Grafschaft Urgel nahm den Raum des heutigen Andorra und des Gerichtsbezirkes Seo de Urgel ein: also die Tallandschaft der Balira und des Segre. Das Quellgebiet des Segre gehörte allerdings nicht zu Urgel sondern zu Ceritania, das über die flache nur 1610 m hohe Wasserscheide des Col de la Perche in das Flußgebiet des Tet und Ande übergriff. Hier haben wir also den einzigen Fall eines Paßstaates in den Pyrenäen. Heute greift ja bekanntlich die französisch-spanische Landesgrenze über den Paß nach Süden ins Segretal hinüber, während hart an der Grenze die spanische Enklave von Llivia in französischem Gebiet liegt[2]).

Auf der Südseite der Ostpyrenäen zerfiel die durch Karl d. G. gegründete spanische Mark in eine Reihe von Grafschaften, zu denen außer der von Pallars, Urgel, Ceritania noch die von Barcelona, Ampurdan, Gerundum, Ausona, Bisuldunum u. a. gehörten. In den folgenden Jahrhunderten erfolgt nun offenbar nicht nur die Besiedelung des Südpyrenäenlandes, sondern es verschmelzen auch eine Reihe von Grafschaften miteinander; so vereinigen sich Sobrarbe und Ribagorza mit Aragon und die Grafen von Barcelona erweitern ihren Besitz durch Einverleibung von Teilen der Nachbargrafschaften[3]). Im einzelnen sind diese territorialen Veränderungen noch aufzuklären.

Die Betrachtung der Staatswesen im nördlichen Catalonien führt uns hinüber in ein weiteres großes Siedelungsgebiet Spaniens, das wir dem **mediterranen Siedelungstypus** zuweisen.

Zu diesem Siedelungstypus gehören alle spanischen Mittelmeerprovinzen und von den Binnenprovinzen Cordoba und Jaën; schließlich müssen wir auch noch Huelva mit dazu rechnen, obwohl es

---

[1]) Rev. Dialect. Rom. I, 1909, S. 66.

[2]) Vgl. hierzu die Ausführungen von M. Sorre, a. a. O., S. 398 ff.

[3]) Balari y Jovany: Origenes históricos de Cataluña. Barcelona 1899, S. 299 ff.

schon nicht mehr am Mittelmeer liegt. Der mediterrane Siedelungstypus wird dadurch gekennzeichnet, daß hier außer Siedelungen mit stadtähnlichem geschlossenen Charakter zahllose Kleinsiedelungen oder Streusiedelungen sich finden, und daß ferner die Volksdichte der zu diesem Siedelungstypus gehörenden Landschaften große Gegensätze auf oft engumgrenztem Raume aufweist. Wir haben früher an dem Beispiel der Provinz Murcia ein typisches Beispiel einer Provinz kennen gelernt, die den mediterranen Siedelungstypus am reinsten zeigt.

Werfen wir zunächst einen Blick auf den nördlichsten Teil des Gebietes von mediterranem Siedelungstypus, Katalonien. Großen Differenzen in der Volksdichte begegnen wir vor allem im mittleren Teile, der Provinz Barcelona. Während das nördliche Gerona mit einer Volksdichte von 51 Einw. pro qkm immer noch über dem Volksdichtemittel ganz Spaniens bleibt und die Volksdichte hier zwischen 30 im Bezirk von Puigcerda und 86 in dem von Gerona schwankt, stoßen wir in der Provinz Barcelona, in der industriereiche dichtbevölkerte Täler von Gebirgsrümpfen mit spärlicher Bevölkerung getrennt sind, auf große Unterschiede. Ein Streifen von sehr hoher Volksdichte zieht sich an der ganzen Küste von Barcelona entlang; hier drängen sich von Arenys de Mar im Norden bis Villanueva y Geltru im Süden rund 150 Menschen im Mittel auf einem Quadratkilometer zusammen, hier reiht sich Siedelung an Siedelung; im Bezirk Barcelona steigt die Volksdichte infolge der Anhäufung zahlreicher großer Wohnplätze naturgemäß noch stärker an, während sie im Mündungsgebiet des Llobregat eine deutliche Auflockerung erfährt. Eine Volksdichtekarte von Tarragona dürfte ein verkleinertes Spiegelbild einer Volksdichtekarte von Barcelona sein. Auch Tarragona weist hohe Volksdichte an der Küste, vor allem im Dreieck Vendrell—Valls—Reus—Cambrils auf; in den landeinwärts gelegenen gebirgigen Teilen der Provinz erfolgt wieder beträchtliche Auflockerung der Bevölkerung.

Die mittlere Volksdichte der drei katalanischen Provinzen beträgt in Gerona 51, Barcelona 137, Tarragona 52. In Gerona und Tarragona mit starker Land- bzw. Forstwirtschaft erreicht naturgemäß die Volksdichte nicht so hohe Werte wie in Barcelona, wo zahlreiche blühende Industrien ansässig sind. Daher ist auch hier die Zahl der Wohnplätze mit über 2000 Einwohnern größer als in Tarragona und Gerona:

Zahl der Wohnplätze mit über 2000 Einwohnern.

Einwohner	Gerona	Barcelona	Tarragona
2000—5000	17	32	30
5000—10000	3	4	1
10000—50000	2	8	4
über 50000	—	1	1

Es kommen also allein von den Siedelungen über 5000 Einwohner 13 auf Barcelona und nur je 5 auf Gerona und Tarragona. Diese Anhäufung von Städten in Katalonien gibt uns Veranlassung, auf weitere anthropogeographische Aufgaben hinzuweisen. Es fehlt in Spanien noch vollständig an städtegeographischen Untersuchungen. Und doch liegt ein reiches Quellenmaterial schon vor. Ungeheuer groß ist die Zahl von Ortsgeschichten und -chroniken kleinsten und größten Umfanges, denen fast stets Pläne der betreffenden Stadt beigegeben sind; groß die Zahl der Stadtpläne auf den vielen Provinzkarten Coëllos, schon recht umfangreich die Zahl von Einzelplänen verschiedener Städte. Einem großen im Entstehen begriffenen städtebaulichen Werk, das monographisch einige zwanzig spanische Städte zur Darstellung bringt, will der Regierungsbaumeister O. Jürgens in Altona einen Atlas von Stadtplänen im gleichen Maßstab und Isohypsen beigeben. Auf Grund der Einsicht in verschiedene dieser Pläne läßt sich schon heute sagen, daß dieser Atlas eine Fundgrube für den Anthropogeographen bilden wird.

Fragen des Wachstums in räumlicher Beziehung wie hinsichtlich der Volksvermehrung der Städte sind in Spanien bisher fast noch gar nicht erörtert. Unter den katalanischen Städten dürfte eine monographische Bearbeitung Barcelonas am meisten zu empfehlen sein. Schon jetzt ist es möglich, an der Hand einer trefflichen Publikation[1]) die alljährlichen Fortschritte des Wachstums, des geistigen und wirtschaftlichen Lebens der katalanischen Handelsmetropole zu verfolgen und dem Problem der Großstadtbildung nachzugehen. Barcelonas Bedeutung beruht aber auf seinem Handel. Diesem verdankt es schon im Mittelalter seinen gewaltigen Aufschwung. Bis nach Griechenland, der Türkei, Persien und Armenien reichten im 13. und 14. Jahrhundert die Fäden des Handels der Kaufleute von Barcelona. Aber noch hat sich niemand gefunden, der diese alte Glanzzeit der Stadt, die an Bedeutung kaum hinter Pisa, Florenz und anderen italie-

[1]) Anuario Estadístico de la Ciudad de Barcelona. Bd. X, 1911. Barcelona 1913.

nischen Städten zurückstand, in erschöpfender Weise zur Darstellung bringt. Außer Barcelona warten aber auch noch andere Städte der spanischen Ost- und Südküste, wie Valencia, Tarragona, Alicante, Almeria und Cadiz auf die Geographen, die ihre Entwickelung darstellen und ihre Stellung im mittelalterlichen und neuzeitlichen Weltverkehr würdigen.

Tragen die drei katalanischen Küstenprovinzen einen vorwiegend industriellen Charakter, so überwiegt in den drei zum alten Königreich Valencia gehörigen Provinzen Castellón, Valencia und Alicante die Landwirtschaft. Hier bedarf aber infolge der langen sommerlichen Trockenheit die Landwirtschaft schon in ausgedehntem Maße der künstlichen Bewässerung. Diese ermöglicht intensiveren Anbau und Ausnutzung des Bodens, liefert ferner häufigere Ernten im Jahre und höhere Erträge, so daß hier der Boden eine größere Anzahl Menschen zu ernähren vermag, als in den katalanischen Landwirtschaftsgebieten. So drängen sich auf den reich bewässerten Fruchtebenen im Unterlauf des Mijares im Bezirk Castellón de la Plana 118, etwas südlich davon im Bezirk von Nules sogar 247 Menschen auf dem Quadratkilometer zusammen; aber schon wenige Kilometer landeinwärts drückt der wenig ergiebige und trockene Boden in dem Bezirke Vivér die Volksdichte auf 26, in Morella sogar auf 19 herunter! Die gleichen Verhältnisse weist auch Valencia auf. In den Ebenen südlich des Jucar mit ihren Reis-, Südfrucht- und Gemüsekulturen verdichtet sich die Bevölkerung ganz außerordentlich; im Bezirk Valencia kommen 92, Gandía 119, Sueca 182 und Alcira 192 Menschen auf das Quadratkilometer; unmittelbar westlich stößt an diese Fruchtebenen das Gebirge, dem die künstliche Bewässerung völlig fehlt; daher hier sehr niedrige Volksdichtewerte, die in Chíva 32, Requeña 26 und Ayora sogar nur 14 betragen. Für die Provinz Alicante liegen mir die genauen Angaben der Gemeindegrößen und ihre Einwohnerzahl vor, nur fehlt eine gute Karte zur Bearbeitung eines Volksdichtekartogramms. Im Gegensatz zur Provinz Murcia herrschen hier Gemeinden mit geringer Größe vor. Der Flächeninhalt jeder der 139 Gemeinden beträgt im Mittel 41,7 qkm; die mittlere Volksdichte der Provinz hat den Wert 81. Sieht man von dem Talzug Orihuela—Alicante ab, den die Alluvionen des Segura füllen und der die Fortsetzung der Vega von Murcia bildet, daher auch eine starke Volksverdichtung aufweist, so würde die Volksdichtekarte der Provinz ein ungemein verwickeltes Bild ergeben. Die reichere Gliederung der Provinz, die zahlreichen kleinen Gebirgsstöcke mit dazwischen geschalteten Talebenen, würde aus der Volksdichtekarte sofort ersichtlich werden.

In den zum alten Königreich Granada gehörigen Provinzen Almeria, Granada und Malaga, sowie in den andalusischen Provinzen Cádiz, Sevilla, Córdoba, Jaén und Huelva weisen in Volksdichte- und Siedelungsverteilung die gleichen Verhältnisse wie Murcia auf. Große Gegensätze in der Verteilung der Bevölkerung kennzeichnen vor allem die Gebiete, die von der bätischen Kordillere durchzogen werden; hier drängt sich an den Küsten die Bevölkerung eng zusammen; das warme Klima und eine reiche Bewässerung begünstigt hier die aufs intensivste betriebene Landwirtschaft; im Bezirk Almeria wohnen 82, in dem von Motril 85 und in dem von Malaga sogar 271 Menschen auf einem Quadratkilometer. Landeinwärts zu nimmt die Volksdichte überall schnell ab; nur die Täler und Beckenlandschaften mit künstlicher Bewässerung haben wieder hohe Volksdichteziffern. 90 Einwohner kommen im Mittel auf 1 qkm in dem fruchtbaren Becken von Granada; im allseitig von hohen Gebirgen umrahmten Trockengebiet des Beckens von Guadix—Baza ist die Volksdichte dagegen sehr gering (21 pro qkm). Wie in Murcia so treffen wir auch im Gebiete der bätischen Kordillere bald allseitig geschlossene Wohnplätze mit 2000—5000 Einwohnern (besonders im Trockengebiet), bald Wohnplätze, die von einem Kranz kleinerer Siedelungen umgeben sind (Malaga, Granada, Almeria), bald über weite Flächen zerstreute zahlreiche kleine Einzelwohnplätze. Charakteristisch ist auch in diesem Gebiete wieder die lineare Anordnung der größeren Siedelungen, die entweder durch die Lage in langgestreckten west-östlich oder meridional verlaufenden Talzügen bedingt ist (Almanzoratal, Alpujarraslängstal, Almeriatal), oder durch die an starke Quellen geknüpfte Lage am Fuß vieler ostwestlich streichender Gebirgsstöcke (Nordrand der Sierra Nevada). Von den drei niederandalusischen Provinzen hat Cádiz mit 60 Einw. pro qkm die größte mittlere Volksdichte; besonders dicht ist die Bevölkerung um die Bucht von Cádiz angehäuft, wo neben stellenweise intensivem Weinbau vor allem zahlreiche maritime Erwerbszweige (Fischerei, Salzgewinnung, Seehandel) einer zahlreichen Bevölkerung lohnenden Erwerb sichern. Rund 100 Menschen wohnen auf dem Quadratkilometer um die geräumige Bucht herum; landeinwärts nimmt die Volksdichte rasch ab, um erst wieder im Gebirgsland etwas anzusteigen. Die Volksdichte von Sevilla, Córdoba und Jaén sinkt infolge des Vorherrschens ausgedehnter Flächen, auf denen Ackerbau ohne künstliche Bewässerung stattfindet, auf 36 im Mittel herunter, doch fehlen auch hier nicht, wie z. B. in Südcórdoba Gebiete, wo die Volksdichte auf über 75 ansteigt; ebenso rufen die Bergbaudistrikte von Jaén und Huelva eine lokale Anhäufung der Bevölkerung hervor. Von ganz besonderem Interesse würde es sein, wenn einmal außer Volksdichtekarten der andalusischen Provinzen auch Wohnplatzkarten entworfen würden. Es würde sich dann bei vergleichenden Untersuchungen herausstellen, daß die Zahl der Wohnplätze von städtischem Charakter mit 5000 bis 50000 Einwohnern hier mit 91 recht groß ist; auf die sechs Provinzen Kataloniens und Valencias kommen nur 69 Wohnplätze dieser Kategorie. Ob diese größere Zahl städtischer Siedelungen auf historischen Gründen (Römerzeit) beruht, wie ich vermuten möchte, müssen erst weitere Forschungen ergeben.

Das Innere Spaniens kennzeichnen nun völlig andere Volksdichte- und Siedelungsverhältnisse. Drei Siedelungstypen lassen sich hier unterscheiden, von denen der **altkastilisch-leonesische Siedelungstypus** auf den kleinsten Flächenraum beschränkt ist. Dieser Siedelungstypus umfaßt ganz Valladolid, Ost-León, Palencia, West-Burgos, Nordwest-Segovia und Nordsalamanca. Gekennzeichnet wird dieser Siedelungstypus dadurch, daß hier alle zumeist kleinen, geschlossenen Siedelungen in ihrer Lage eine ganz auffällige wohl in ganz Spanien sonst nirgends wiederkehrende Abhängigkeit vom geologischen Bau des inneren altkastilischen Beckens aufweisen. Wie die neueren Untersuchungen von E. Hernández-Pacheco[1]) gezeigt haben, haben wir es im Innern dieses großen Tertiär-Beckens mit zwei in verschiedener Höhe gelegenen weiten Ebenen zu tun, die sich nach Westen hin sanft senken. Die höhere „Paramo"-Ebene wird gebildet aus harten horizontal gelagerten wasserdurchlässigen Kalken, die fast vollkommen vegetationslos sind und als Siedelungsgebiet völlig ausscheiden. Diese Paramo-Ebene ist vom Duero und seinen Nebenflüssen in zahlreiche durch breite Täler voneinander getrennte Riedelflächen zerschnitten; diese breiten Talböden bilden die „Campiñas"-Ebenen, die mit ihren fruchtbaren Böden die Hauptkornkammern Altkastiliens (tierra de pan) sind. Die Siedelungen meiden nun die Paramo-Hochflächen völlig, ziehen sich vielmehr ausschließlich in die Campiñasebenen zurück. Infolge des Vorherrschens der nordsüdlichen Flußrichtung folgen die Siedelungen fast alle dem Lauf der Flüsse; aus einer Volksdichtekarte dieser Landschaft wird man später die Para-

[1]) Geología y paleontología del Mioceno de Palencia. Madrid 1915. S. 20 ff.

mohochflächen sich äußerst scharf als fast siedelungsfreie Gebiete herausheben sehen. In der Provinz Palencia hat z. B. der Bezirk Palencia, der etwa zur Hälfte Anteil an den fruchtbaren Böden der Campos- oder Campiñasebenen hat, eine Volksdichte von 36; südöstlich davon geht sie am Bezirk Saldaña, wo die trockenen öden Paramohochflächen überwiegen, auf 18 herunter.

Den größeren Teil des nördlichen zentralen Spaniens nimmt das Gebiet vom **nördlichen kontinentalen Siedelungstypus** ein. Dieser wird gekennzeichnet durch das Vorherrschen vieler geschlossener Kleinsiedelungen, wie wir sie vor allem im Westen Guadalajaras kennen lernten; Streusiedelungen, kleine Einzelwohnplätze, wie sie in den mediterranen Provinzen in so großer Zahl vorhanden sind, fehlen hier völlig. Die Volksdichte ist im allgemeinen sehr gering: Der in dem ganzen Gebiet vorherrschende Getreidebau ist lediglich auf die spärlichen Herbst- und Winterregen angewiesen; die Methoden der Ackerbestellung sind ungenügend, die Erträge daher auch gering und großen Schwankungen unterworfen. Die Volksdichte dieses Gebietes ist gering, und erreicht nur an wenigen Stellen, so vor allem in der Provinz Madrid, einen höheren Wert. Die mittleren Ketten des kastilischen Scheidegebirges und weiter im Osten der Tajo bilden eine recht gute Grenze zwischen dem nördlichen und dem **südlichen kontinentalen Siedelungstypus.** Nur für diesen Typus trifft die Schilderung zu, die Th. Fischer ganz allgemein von dem zentralen Typus der Siedelung gab[1]). Der südliche kontinentale Siedelungstypus ist gekennzeichnet durch „wenige, meist große, weit auseinander gelegene geschlossene Siedelungen. Die spärliche Wasserführung des oft aut weite Flächen hin salzhaltigen Bodens hat hier wohl die Bevölkerung von Anfang an gezwungen, sich an wenigen Punkten, wo das Grundwasser leicht erreichbar war, anzusiedeln". Zu diesem Siedelungstypus gehören außer Cuenca, Albacete, Ciudad Real und Estremadura auch die trockenen Tertiärebenen Niederaragoniens mit wenigen großen weitauseinanderliegenden Siedelungen. Die Volksdichte dieser Gebiete erreicht sehr niedrige Werte; in einem Drittel aller Gemeinden von Ciudad Real kommen nicht einmal 10 Menschen auf das Quadratkilometer. Von den Siedelungen dieser Provinz haben 47 mehr als 2000 Einwohner; aber erst auf 217 qkm entfällt hier ein einziger Wohnplatz!

Eine gewisse Gleichförmigkeit der Volksdichte und Siedelungen

---

[1]) a. a. O., S. 720.

auf den weiten Flächen Zentralspaniens kann nicht abgeleugnet werden und wird zur Folge haben, daß allen Darstellungen der Volksdichte, in denen nach den Ursachen der ungleichen Verteilung der Bevölkerung geforscht werden wird, auch eine gewisse Einförmigkeit anhaften muß. Denn nur selten weisen die klimatischen, geologischen und wirtschaftlichen Verhältnisse Besonderheiten auf. Sowie aber der Versuch gemacht wird, nicht nur das heutige Bild der Besiedelungen zu zeichen, sondern man sich bemühen wird, auch der Frage nach dem Gange der Besiedelung in den binnenländischen Gebieten Spaniens näher zu treten, da häufen sich auch hier wieder anthropogeographische Probleme in Hülle und Fülle.

Unsere Darlegungen über die Entwickelung der Siedelungen in Westguadalajara haben zu dem Ergebnis geführt, daß sich der Ortschaftsbestand der Provinz Guadalajara am Ausgang des Mittelalters und zu Beginn der Neuzeit um 25% vermindert hat, mit anderen Worten, daß jene Zeit eine Periode negativer Besiedelung gewesen ist. Soweit ich bisher aber feststellen kann, scheint in allen spanischen Landschaften der Gang der Besiedelung derartige Unterbrechungen erfahren zu haben. Allerdings liegen für manche Gegenden erst ganz spärliche Andeutungen, für andere ein schon umfangreiches Material vor, das hier noch eine kurze Würdigung verdient. Schon früher wurde darauf hingewiesen, daß die Forschungen Kowalewskis über die Folgen des Schwarzen Todes in Spanien ein Ergebnis gezeitigt haben, daß im Norden des Landes vielfach eine starke Entvölkerung eingetreten ist. Schon etwas brauchbarere Angaben liefert J. Balari y Jovany in seinem wiederholt genannten Werk für Katalonien. Für die alt- und neukastilischen Gebiete wüßte ich keine derartige Arbeit zu nennen.

Von den Landschaften, die das altkastilische Becken umrahmen, liegen urkundliche Notizen über das Verschwinden von zahlreichen Siedelungen vor. So gibt N. Hergueta[1]) ein ausführliches Verzeichnis aller Ortschaften, die zum alten Bistum Calahorra gehörten. Von diesen Ortschaften werden nicht weniger als 121 als verschwunden bezeichnet. Leider ist die Zeit und die Ursache der Entstehung dieser Wüstungen nicht angegeben. Das Bistum Calahorra umfaßte auch einen Teil der Provinz Alava, aus der F. Fita[2]) 13 Wüstungen verzeichnet. Ein wichtiges Hilfsmittel zur Ermittelung dieser „Despo-

[1]) Rev. de Archivos, Bibliot. y Mus. 1908, II, S. 37 ff.
[2]) Bol. R. Acad. Hist. III, 1883, S. 223 ff.

blados" bilden die älteren spanischen Kartenwerke, da auf diesen die Wüstungen eingetragen sind. Kennzeichen für das Vorhandensein einer Wüstung ist zumeist eine Kirche oder Kapelle. „Die Kirchen in den Despoblados werden sorgfältig erhalten, oft stand auf freiem Felde eine Kapelle, wo nur an hohen Feiertagen eine Messe gelesen wurde. Solcher „Sagrados frios" (kalte Heiligtümer) gab es um 1800: 22318, zugleich ein Beweis für den enormen Rückgang der Bevölkerung"[1]). Die Karte der Provinz Palencia von Coëllo enthält nicht weniger als 39 Namen von Wüstungen. Aus dem Süden Altkastiliens nenne ich noch die Provinz Salamanca, auf deren Karte vom Jahre 1783 López die stattliche Zahl von 169 Wüstungen verzeichnet; besonders massenhaft finden sie sich hier um Ciudad Rodrigo. Leonhard ist geneigt, diesen starken Rückgang der Siedelungen durch das vom 12.—16. Jahrhundert erfolgten dauernde gewaltige Anschwellen des Kirchenlandes zu erklären, das die Landbevölkerung zur Aufgabe des Ackerbaues gezwungen hat. Gerade in den beiden Kastilien sei im 17. Jahrhundert diese Verödung erfolgt an der nach A. Manrique allein die Kirche mit ihrem Landerwerb schuld sei. Burgos hätte früher 7000 Haushalte gehabt, jetzt (d. h. 1624) kaum 900; León 5000, jetzt knapp 500; auch die anderen großen und mittleren Orte gingen denselben Weg . . . Die, welche sich noch am besten gehalten hätten, zählten kaum die Hälfte der früheren Volkszahl[2]).

Wir sehen diese Angabe z. T. bestätigt durch die Mitteilungen, die wir auch über das Eingehen mancher Siedelungen in Guadalajara machen konnten. Es sind also die wirtschaftlichen Folgeerscheinungen dieses Landerwerbes wohl der Hauptgrund für den Siedelungsrückgang in Altkastilien, der im einzelnen natürlich noch weiterer Aufklärung bedarf. Als eine weitere Ursache des Eingehens von Siedelungen sind wohl zweifellos auch jene eigentümlichen Herdenwanderungen in Altkastilien und vor allem in Estremadura zu nennen, durch die eine Lahmlegung des Ackerbaues und infolge dessen ein Rückgang der Bevölkerung in großem Umfang erfolgte. Auch über diese anthropogeographisch wichtige Frage dieser Herdenwanderungen, über die vor kurzem A. Fribourg[3]) eine erstmalige gute geographische Darstellung gab, dürften Spezialuntersuchungen noch manche Aufklärung bringen.

Im engsten Zusammenhang mit diesem Eingehen von Siede-

[1]) Leonhard: Agrarpolitik und Agrareform in Spanien unter Carl III. München 1909. S. 47.

[2]) Leonhard, a. a. O., S. 249 ff.

[3]) An. de Géographie XIX, 1910, 234—244, 2 Karten.

lungen steht die andere anthropogeographisch bedeutsame Frage: Wie vollzog sich nach der Eroberung Spaniens durch die Araber die Rückeroberung und die Neubesiedelung der mittleren und südlichen Teile Zentralspaniens während der Reconquista? Manche Hinweise zur Beantwortung dieser Frage enthält das treffliche Werk von Leonhard[1]). Ich möchte hier nur auf eine von ihm erwähnte Tatsache eingehen. Infolge der jahrhundertelang dauernden Grenzkriege zwischen Mauren und Christen entstanden eine Reihe von Ritterorden, deren Aufgabe es war, die Grenze zu bewachen und den Krieg in Feindesland zu tragen. Durch eigene Eroberungen wie durch königliche Schenkungen erwarben diese Orden einen recht ausgedehnten Grundbesitz, besonders in den umstrittenen Grenzgebieten zwischen Tajo und Guadiana. Diese Gebiete gehören aber, wie wir sahen, zu dem südlichen kontinentalen Siedelungstypus, den sehr geringe Volksdichte und wenige große weit auseinanderliegende Siedelungen kennzeichnen. Sollte hier nicht vielleicht ein innerer Zusammenhang bestehen? Das unruhige Grenzgebiet konnte niemand reizen, sich dort niederzulassen; wo Siedelungen gegründet wurden, da geschah es zumeist unter dem Schutz einer Burg. Die weiten Ländereien, die dem Ritterorden geschenkt wurden, dienten mehr als Viehweide, denn als Ackerland. Eine zahlreichere bäuerliche Bevölkerung, wie in den Gebieten nördlich des Tajo, konnte sich hier gar nicht ansiedeln, zumal auch der Umfang des von Natur für den Ackerbau günstigen Bodens in diesen Gebieten recht gering war.

V.
Die Aufgaben der Zukunft.

Zahlreiche anthropogeographische Probleme warten also, wie wir in dem vorhergehenden Abschnitt gesehen haben, noch ihrer Lösung und schwer ist die Frage zu beantworten, welche von den angeschnittenen Fragen zuerst ihrer Lösung näher gebracht werden sollen.

Nach zwei Richtungen hin möchte ich die zukünftigen Aufgaben kurz skizzieren.

---

[1]) a. a. O., S. 71 ff.

Als erste notwendige Aufgabe möchte ich die systematische Bearbeitung von Volksdichte- und Siedelungskarten einzelner Landschaften bezeichnen. Je nach Neigung und vorhandenem Material wären über größere oder kleinere Gebiete derartige Karten zu entwerfen und den Ursachen der Verbreitung der Bevölkerung nachzugehen. Erst dann wird es möglich sein, eine kartographische Darstellung der Volksdichte des ganzen Landes zu entwerfen. Denn was bisher an solchen Karten in verschiedenen unserer Atlanten vorliegt, ist eitel Phantasie. Ganz von selbst ergeben sich bei diesen Arbeiten neue Probleme; so wird sich bei verschiedenen Landschaften herausstellen, daß die Volksdichte, wenn man auch auf die früheren Zählungen zurückgreift, erhebliche Veränderungen erfahren hat, deren Ursachen zu ermitteln sind. An anderen Stellen wird sich zeigen, daß durch Aus- bzw. Einwanderung erhebliche Veränderungen der Volksdichte erfolgt sind und daß in einzelnen Landschaften eine recht bedeutende „Sachsengängerei" besteht, deren Ursachen zu ermitteln sind. Auch eine geographische Behandlung der wichtigeren Städte dürfte manch schönes Resultat zeitigen; die spanischen Mittelmeerhäfen, namentlich die kleineren Fruchtexporthäfen, locken zur monographischen Bearbeitung und zu einer Darstellung ihres Verkehrs in seiner Abhängigkeit von den Produktionsbedingungen des Hinterlandes.

Liegt in der hier angedeuteten Arbeitsrichtung schon die Anregung für eine große Zahl von Einzelarbeiten, die auf Grund von Beobachtungen und literarischen Studien dem einzelnen vielfach nicht allzu schwer ausführbar sein werden, so trifft dies für die zweite wichtige Aufgabe schon nicht mehr in vollem Umfang zu. Wollen wir Bevölkerung und Siedelung aus ihrer Vergangenheit erfassen, wollen wir das Wandeln und Werden der Siedelungen verstehen, so bedarf es dafür in Spanien ganz anderer Hilfsmittel, als sie bis heute vorliegen. Zwar wird es schon jetzt für räumlich eng umgrenzte Gebiete, z. B. Katalonien, möglich sein, eine Siedelungsgeschichte zu schreiben, da hier urkundliches Material in unendlicher Fülle veröffentlicht ist; aber für den größten Teil von Spanien fehlt es dazu noch an den notwendigen Unterlagen. Hier bietet sich nun den spanischen geographischen und historischen Gesellschaften ein großes Arbeitsgebiet für die Zukunft dar: Die Bearbeitung eines großen historisch-geographischen Atlasses der Einzellandschaften Spaniens. Wo immer man zurzeit tiefer in die Geschichte der Siedelungen einer Landschaft eindringen will, mag es sich um die Provinz Guadalajara oder die südlichen Pyrenäen handeln, immer stößt man zuletzt auf die schwierige Frage: wie und wo verläuft die Grenze einer Gemeinde, eines Gerichtsbezirkes; fällt die politische Grenze eines Gebietes mit der Grenze eines Bistums oder einer Pfarrei zusammen; bis wohin erstreckt sich das Gebiet dieser oder jener Klöster und Herrschaften. Zieht man Karten zu Rate, so versagen diese zumeist. Am schmerzlichsten wurden Karten vermißt, die die Besitzverhältnisse im Mittelalter zur Darstellung brachten, da diese für die Geschichte der Besiedlung wertvolle Auskunft geboten hätten. Erst an zweiter Stelle,wie z. B. für Katalonien und die Pyrenäen hätten wir für unsere Arbeiten neben Karten, die die Besitzverhältnisse veranschaulichen, auch Karten gewünscht, die uns die Grenzen der Bistümer, also des Kirchenbesitzes zur Darstellung bringen. Die Bearbeitung eines historischen Atlasses von Galicien, den Südpyrenäen oder Kataloniens wäre von fundamentaler Bedeutung für das Verständnis der Geschichte und Geographie dieser Landschaften. Zwar haben sich auch noch im 18. Jahrhundert beträchtliche territoriale Veränderungen in Spanien vollzogen, und Besitzstandskarten für diese Zeit wären recht erwünscht. Viel wichtiger aber sind Karten für die Zeit vom 11. bis 14. Jahrhundert, die den genauen Verlauf aller kirchlichen und politischen Grenzen veranschaulichen. Daß diesen Karten Erläuterungen beigegeben werden müßten, wie dies z. B. bei dem historischen Atlas der österreichischen Alpenländer geschehen ist, versteht sich von selbst. Auf jeden Fall aber möchten wir wünschen, daß das große und gewiß mit hohen Kosten verbundene Unternehmen der Herausgabe eines großen historischen Atlasses von Spanien bzw. einzelnen größeren Landschaften, recht bald in Angriff genommen wird. Der Akademie der Geschichte in Madrid und dem Institut d'Estudis Catalans in Barcelona würde der wärmste Dank der Historiker wie der Geographen gebühren, wenn sie ein derartiges monumentales Werk beginnen und zu erfolgreichem Abschluß bringen würden.

Quelle: Anthropogeographische Studien aus Spanien.

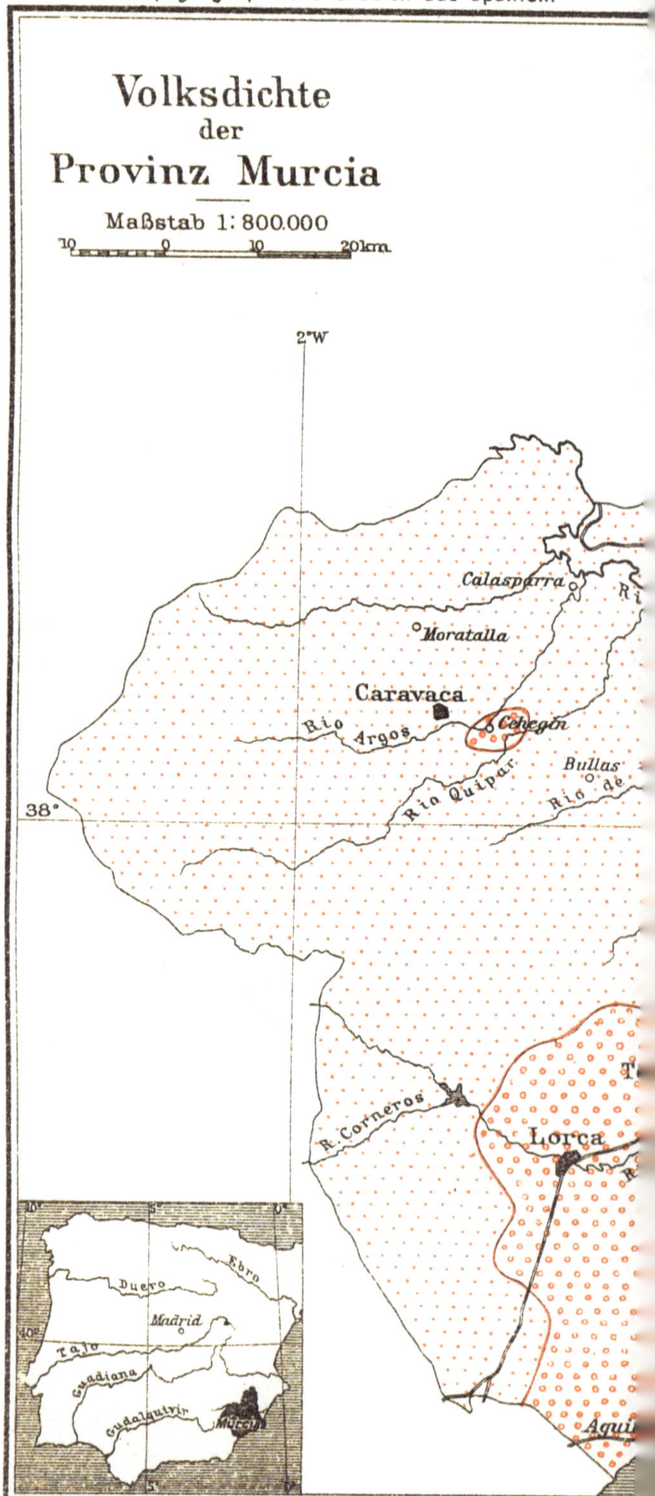

Verlag: L. Friederichsen & Co. Hamburg

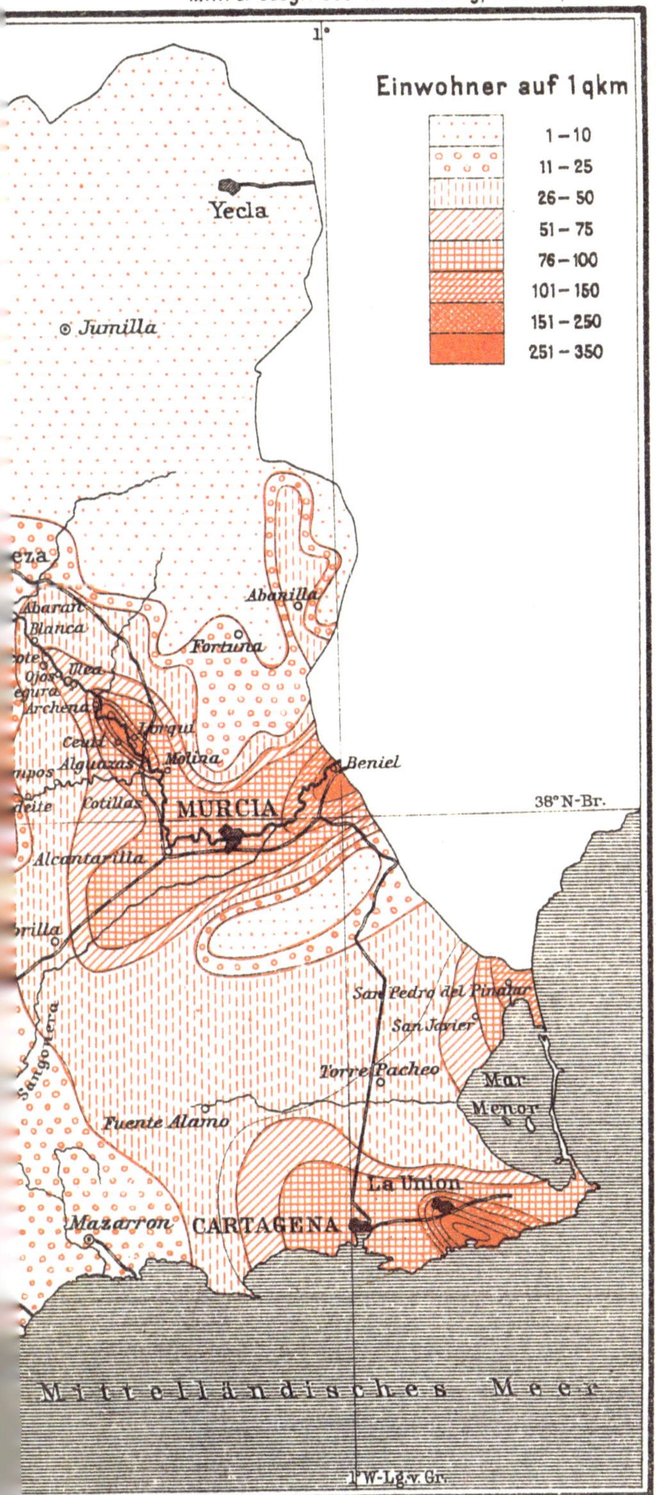

Geogr. Lith. Anst. von J. Köhler, Hamburg

Quelle: Anthropogeographische Studien aus Spanien.

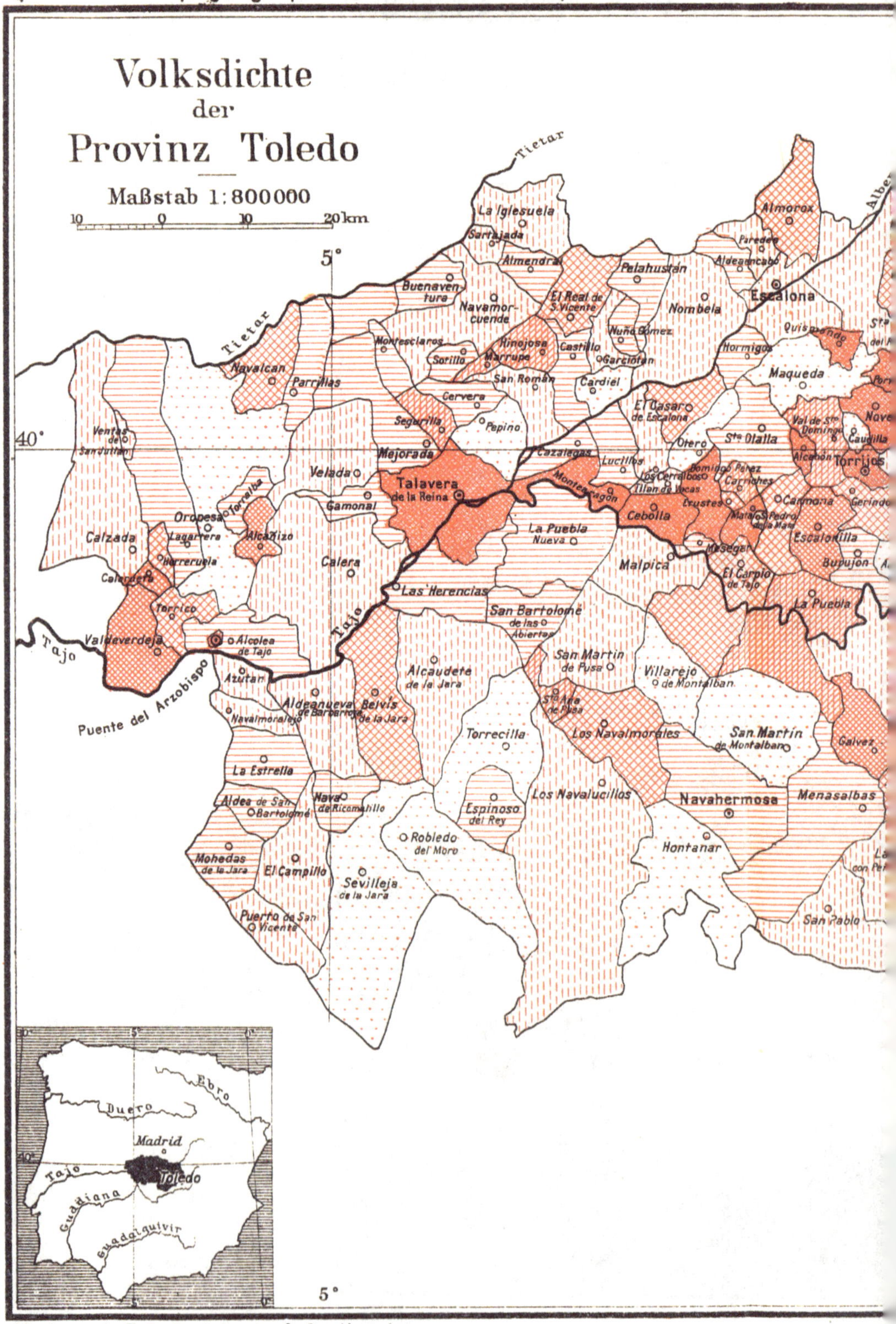

Verlag: L. Friederichsen & Co. Hamburg

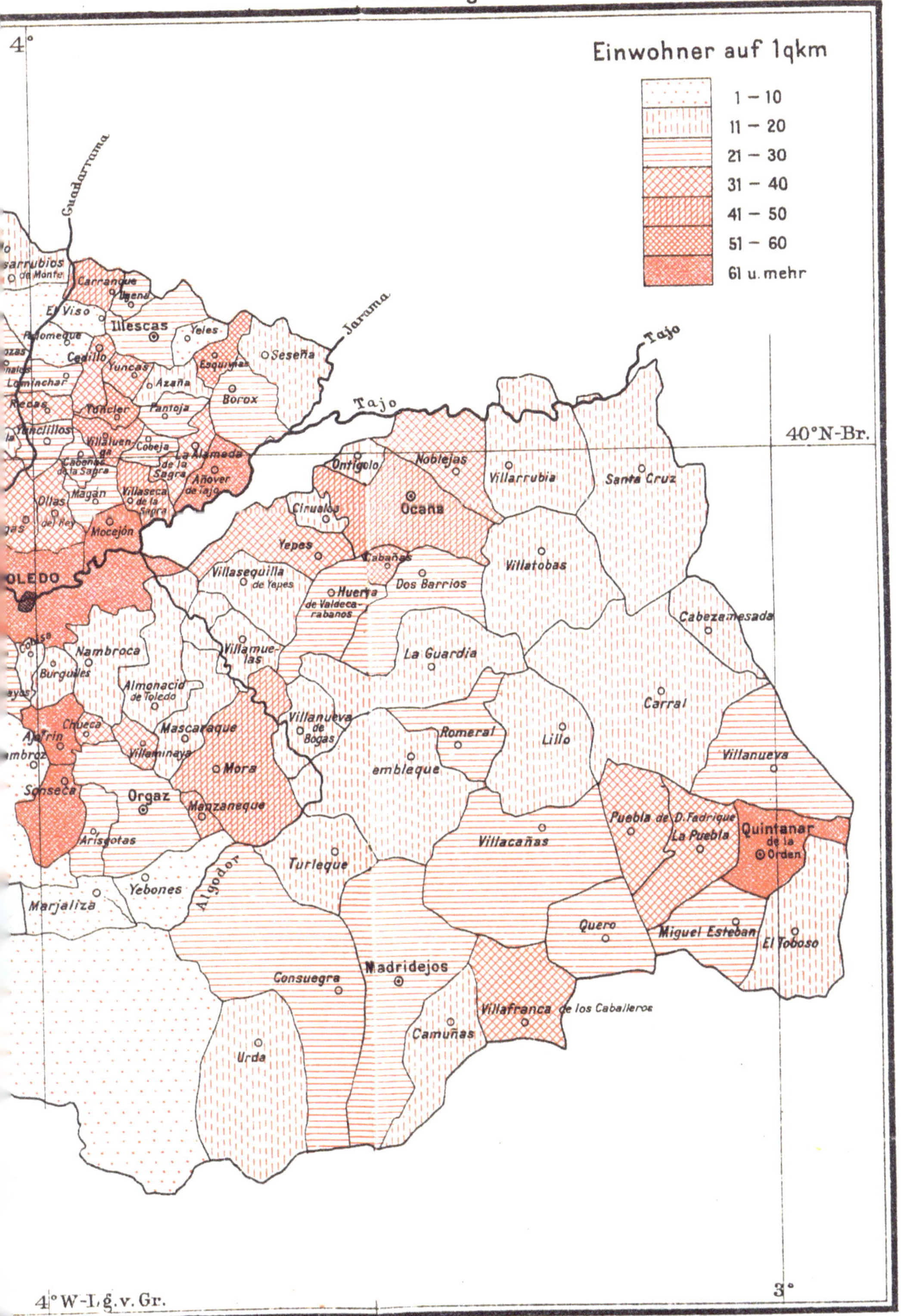

Geogr. Lith. Anst. von J. Köhler, Hamburg.

Quelle: Anthropogeographische Studien aus Spanien

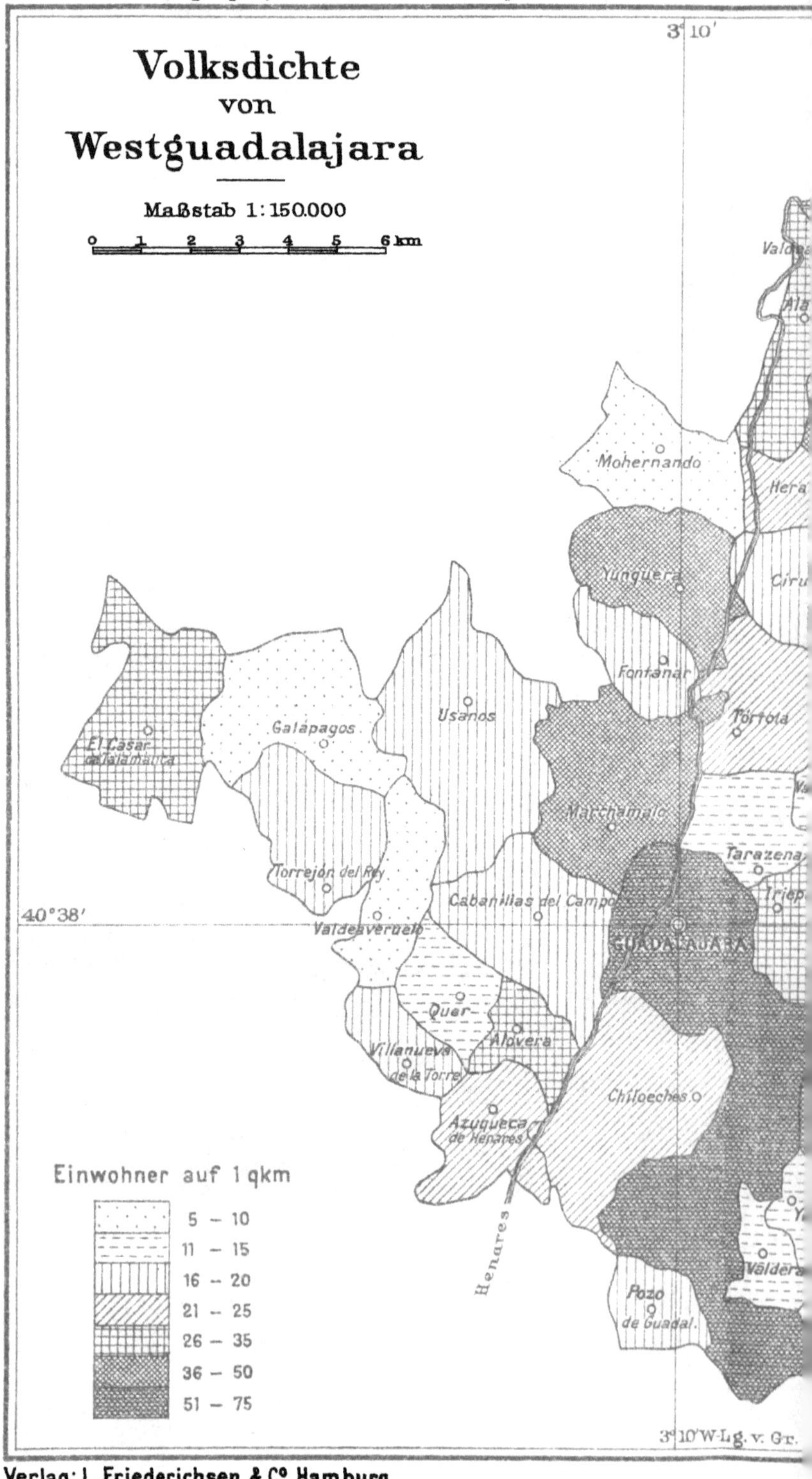

Verlag: L. Friederichsen & C° Hamburg.

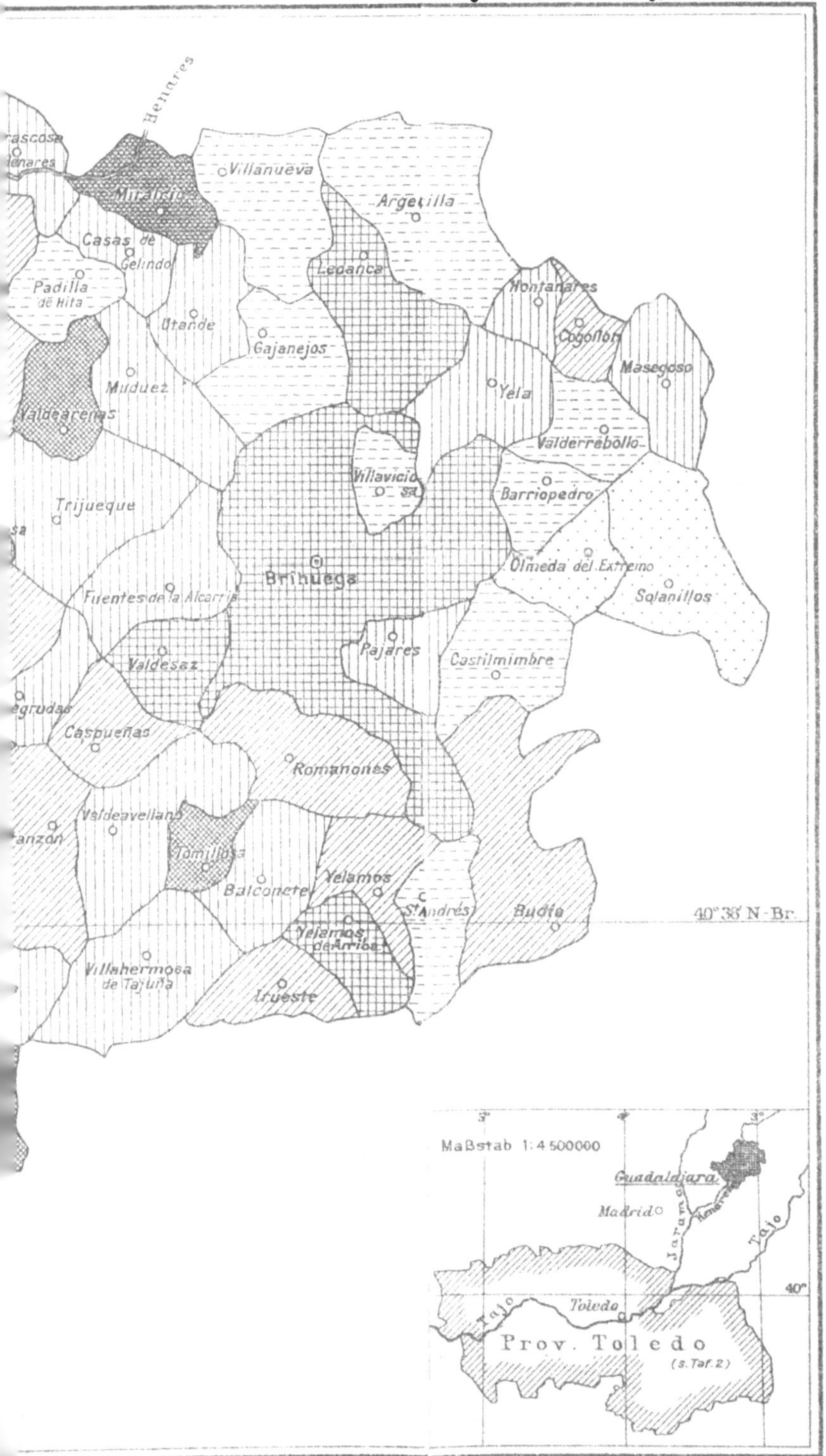

Geogr. Lith. Anst. von J. Köhler, Hamburg.

Aus **Barclay Raunkiaer,**

Auf dem Kamelrücken durch das Land der Wahabiten.

I. Geographische Übersicht von Nordostarabien.
II. Kuweit.

Übersetzt
von
Dr. Walther Schmidt.

Hierzu 14 Textfiguren.

Vorwort.

Raunkiaer hat im Jahre 1912 im Auftrage der Königl. Dänischen Geographischen Gesellschaft eine Forschungsreise durch einen der unbekanntesten Teile der Erde, das nordöstliche Arabien, unter Mühen und Beschwerden ausgeführt und darüber ein treffliches Buch unter dem vorstehenden Titel[1]) verfaßt. Der junge Forscher ist 1915 gestorben. „Aber es ist nicht zu spät, auf das an fesselnder Reiseschilderung reiche und von gründlicher geographischer Forscherarbeit zeugende Buch grade jetzt aufmerksam zu machen, wo das nordöstliche Arabien und sein Hafenort Kuweit eine weltpolitische Bedeutung erlangt haben. Der Verfasser schildert seine Eindrücke von Basrah bis Kuweit, malt uns das Leben und Treiben, spricht von den wirtschaftlichen Verhältnissen und erörtert die politischen Einflüsse der Türken und Engländer auf den Ort, der als Endpunkt der Bagdadbahn für uns so große Bedeutung hat. Von dort führt ihn seine Reise unter Entbehrungen und Gefahren aller Art bis nach Riadh mit seinen politisch so erregbaren und militärisch wohl ausgerüsteten Wahabitenstämmen, und von da zurück zur Küste nach Adjêr."[2])

Die an die Spitze gestellte Geographische Übersicht von Nordost-Arabien (Kap. *VIII* des Originalwerkes) besitzt unter allen Umständen bleibenden Wert. Die daran geschlossene Schilderung von Kuweit und seines damaligen alten Herrschers Mobarek (Kap. *II* des Werkes) würde heute, 1917, schon infolge der politischen Vorgänge stellenweise eine etwas andere Deutung und auch Ergänzungen erfahren können und müssen; wir verweisen auf Dr. F. Stuhlmanns große Studie „Der Kampf um Arabien zwischen Türkei und England" Hamburg 1916. Auch ist Mobarek inzwischen gestorben; von den neuesten, wechselvollen und nur schwierig übersehbaren Verhält-

---

[1]) Gennem Wahhabitenes Land paa Kamelryg. København, Gyldendalske Boghandel. 1913. 304 S.

[2]) Aus einer Besprechung des Buches durch Dr. W. Schmidt in der Zeitschrift der Ges. f. Erdkunde zu Berlin 1916. S. 567.

nissen während des Weltkrieges an diesem äußersten NW-Zipfel des Persischen Golfes, von den Kämpfen gegen England u. a. m. spricht z. B. Dr. Frhr. von Mackay in der Deutschen Kolonialzeitung, Nr. 1 des Jahres 1917.

Aber die geradezu plastische Schilderung von Kuweit vermag besser wie alles andere einen klaren Einblick in diese Gegend zu gewähren, von der wir trotz allem wünschen müssen, daß sie wieder von Englands Vorherrschaft frei werde: handelt es sich doch um den Ausgang des NW-SO gelagerten Bereiches der Mittelmächte und des osmanischen Reichs zum Indischen Ozean!

Dabei braucht man in manchen Auffassungen mit Raunkiaer nicht überein zu stimmen, z. B. in seiner Bewertung Kuweits als eines „guten Hafens" und mit der angeblichen Notwendigkeit, grade hier die Bagdadbahn münden zu lassen — sie hat ihr vollkommen brauchbares Ende einmal auch in dem Flußhafen eines nichtenglischen Basrah—; jedenfalls ist es von reizvollem Interesse, einen Neutralen über die politischen Probleme dieser Gegenden zu hören.

Die Schreibweise der arabischen Namen wurde nach der im Original benutzten beibehalten.

Der Herausgeber dieses Bandes dankt schließlich im Namen der Geographischen Gesellschaft zu Hamburg sowohl dem sachkundigen Übersetzer als auch besonders der Königl. Dänischen Geographischen Gesellschaft, ferner der Mutter des verstorbenen Forschers, Frau J. Raunkiaer, und dem Gyldendalske Boghandel für die freundliche Erlaubnis zur Übersetzung und die leihweise Hergabe verschiedener Klischees. Möge durch diese Übersetzung die Arbeit B. Raunkiaers noch eine weitere Beachtung und Verwertung finden, die sie verdient.

1. April 1917. G. Schott.

Inhalt.

I. Geographische Übersicht von Nordostarabien.

Unter Ausnützung von Lewis Pelly's vorzüglicher Arbeit vom Jahre 1865, auch mit einiger Auswertung von Palgraves' Bericht wird es auf der Grundlage meiner von Basrah bis Adjêr geführten Tage- und Marschbücher möglich sein, folgende Übersicht über die Geographie von Ost- und Zentralarabien zu geben.

1. Physikalische Verhältnisse.

Das Küstenland von Kuweit bis Katîf ist eine schwachgewellte, sandig-lehmige Steppe, über welche sich hier und da Sandsteinklippen von geringer Höhe und von ähnlicher Form erheben wie der Wârah, südlich von Kuweit. Dieser Steppengürtel, der wahrscheinlich eine unmittelbare, aber mehr sandige Fortsetzung der Syrischen Wüste darstellt, und den wir in seiner ganzen Ausdehnung mit dem Namen Debedebeh bezeichnen, hat bei Kuweit eine ungefähre Breite von 170 km. Er wird südwärts immer schmaler, und seine Breite übersteigt bei Katîf kaum 70 km. Längs der Küste des Persischen Golfes zeigt das Gebiet von Debedebeh meist unruhige Formen. Wir finden in diesem zerschnittenen Küstenlande eine beträchtliche Anzahl von Brunnen, wohingegen die eigentliche, nahezu ebene Debedebeh von Brunnen frei ist. Debedebeh wird in Ḥasa von einer Flugsandwüste abgelöst, die in einer Breite von 40—50 Kilometern der Küste nach Süden zu folgt. Der Grundwasserspiegel liegt hier nicht sehr tief, in den Niederungen oft nur wenig mehr als 1 m. Das Wasser ist im allgemeinen brakisch und übelschmeckend. Die Vegetation ist sehr dürftig. Die Dünen sind hauptsächlich von einem halmähnlichen Gras bestanden, während man in den dazwischenliegenden Senken häufig Gestrüpp wilder Dattelpalmen findet. Hier und da dehnen sich auch weite, ganz flache Ebenen aus, denen jede Vegetation fehlt und die von auskristallisiertem Salz weiß sind, wie z. B. die große Sabcha, südlich des Weges von Hofûf nach Adjêr.

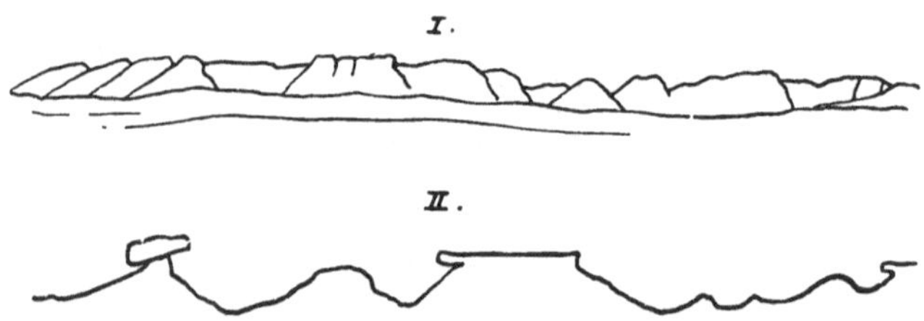

Fig. 1.
Terrainformen am Ostrande von Sumân.
I. Profit des Abul-Kâh, gesehen vom Tal des Al-Sâfah aus.
II. Terrainformen beim 9. Lager.

Debedebeh wird im Westen von dem noch höheren Sandsteinplateau Sumân begrenzt. Dieses besitzt auf der Strecke Kuweit — Zilfi eine Breite von ungefähr 150 km; südlich auf Pelly's Reiseweg eine solche von rund 90 km. Dann nimmt die Breite der Steinwüste südwärts wieder bis ca 140 km auf dem Wege Riâdh — Hofûf zu. Der östliche Abfall Sumâns gegen Debedebeh hin ist in ein Wirrwarr von Tälern, kleinen Wadis und kesselförmigen Vertiefungen aufgelöst. Jn diesen Senken finden wir auf dem Grenzgebiet zwischen Sumân und Debedebeh eine Reihe von Quellen und Brunnen, die von der allergrößten Bedeutung sind, da sie die Handelsverbindungen zwischen Nedjd und der arabischen Ostküste ermöglichen.

Von diesen Brunnen kennen wir folgende: 1. Leihnah bei Darb-Samawa (auf der Karawanenstraße Samawa — Haïl), ca 340 km westlich von Kuweit (5 Tagereisen von Samawa, 8 von Haïl).

2. Hafar an der Karawanenstraße Zobêr — Bereidah (8 Tagereisen, ungefähr 300 km von Zobêr; 6 Tagereisen, ungefähr 250 km von Bereidah).

3. Al-Sâfah auf dem Wege Kuweit — Zilfi, ungefähr auf 28° n. Br., 47° ö. L. v. Gr., 5 Tagereisen, d. h. 190 km von Kuweit (meine

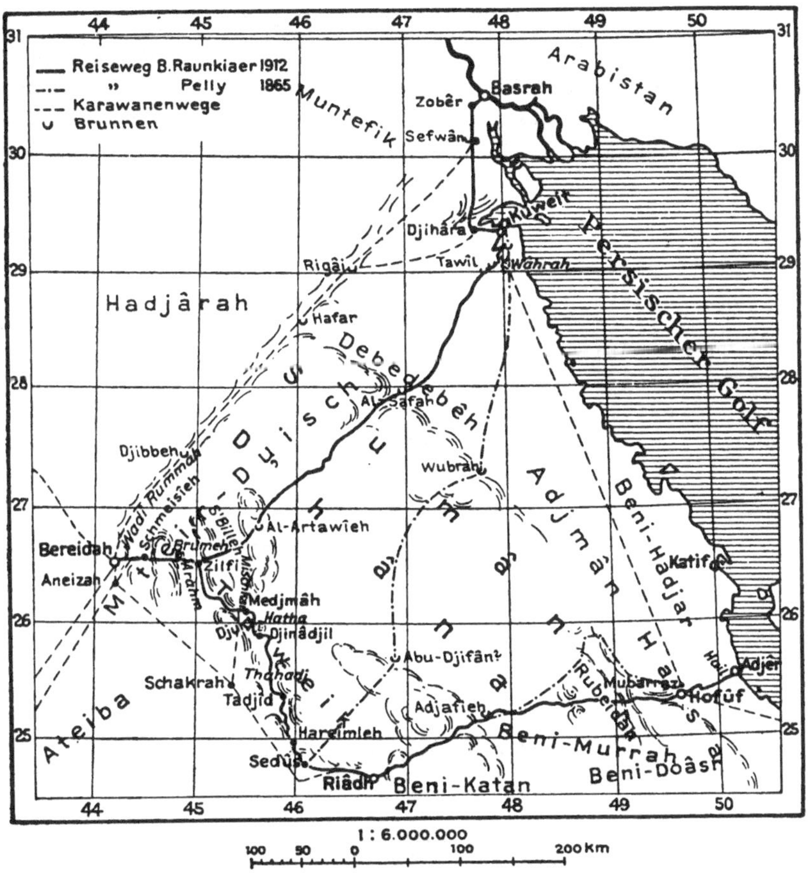

Fig. 2.
Nordostarabien
nach Barclay Raunkiaer. 1912.

eigene Karawane brauchte 9 Tagemärsche); 6 Tagereisen, d. h. 250 km von Zilfi.

4. Wubrah auf der Route Kuweit — Riâdh (Pelly) 6 Tagereisen, ca. 230 km von Kuweit; 8 Tagereisen, ca. 300 km von Riâdh. Und schließlich noch

5. Hofûf mit einer Fülle von Quellen, denen die Oase ihre große Üppigkeit verdankt.

Sumân selbst besitzt keine Brunnen. Es ist auf weite Strecken hin ganz flach, an andern Stellen wieder gradlinig zerschnitten; hier und da trifft man in dem sonst ebenen Terrain kesselförmige Täler, deren Boden mit Flugsand bedeckt ist, der eine recht üppige Buschvegetation trägt. Nach Norden setzt sich Sumân in der Hadjârahwüste fort. Im Westen wird es von der Sandwüste D'hâna begrenzt.

D'hâna besteht aus einem mehr oder weniger großen Anteil NW — SO streichender Dünengürtel, welche ihre Bildung hauptsächlich

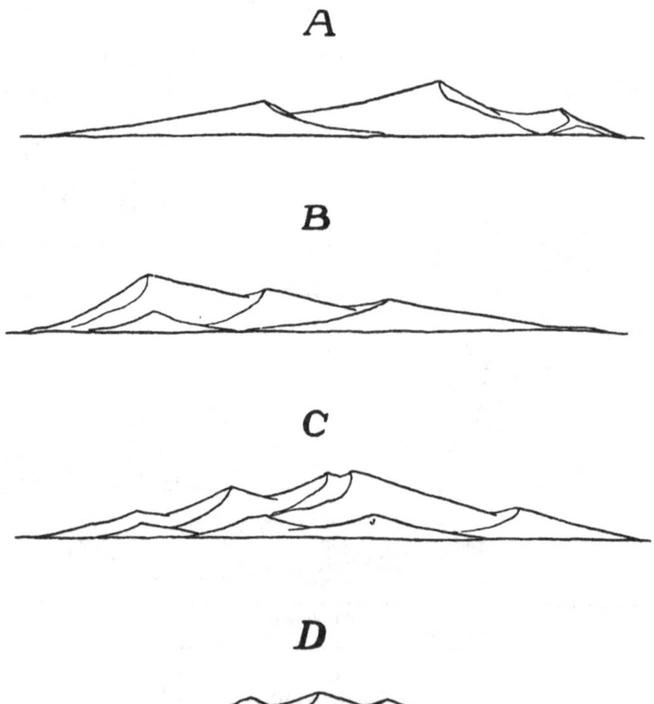

Fig. 3.

Dünenformen in D'hâna (auf dem Wege von Kuweit nach Zilfi) A: Düne, von Südosten gesehen. B, C und D Dünen, von Nordwesten gesehen.

dem Südwestwinde zu verdanken scheinen. Die Dünen bestehen — wie die des nordarabischen Nefûd und ebenso wie gewisse Gegenden in Nubien — aus dem wohlbekannten rotgelben Lateritsand und erreichen oft beträchtliche Höhen. Zerstreut wachsende Büsche von

Tamarisken und ein einheimisches Gras bekleiden die Dünen von D'hâna mit Ausnahme der höchsten, die vegetationslos sind. Die Mulden zwischen den Dünenwällen werden von Felsboden gebildet, der mit einer dünnen Tonschicht bedeckt ist und eine Vegetation trägt, die der von Debedebeh gleicht. In D'hâna finden wir keine Brunnen. Die Breite von D'hâna mißt auf dem Wege von Kuweit nach Zilfi ca 30 km, auf der Pelly'schen Route 100 km und auf der Strecke von Riâdh nach Hofûf ungefähr 55 km.

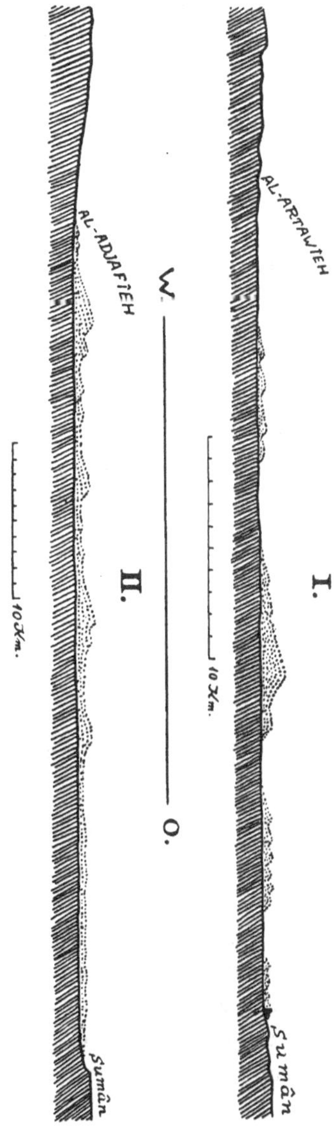

Fig. 4. Schematisches Profil von D'hâna I. auf dem Wege von Kuweit nach Zilfi, II. auf dem Wege vonRiâdh nach Hofûf.

Nach NW setzt sich D'hâna in der nur geringen Breite von kaum 50 km fort und geht augenscheinlich in die nordarabische Nefûd zwischen Khâdrah und Haïl über. Nachrichten besagen, daß die Breite von D'hâna auf dem Wege Zobêr — Bereidah einen Tagemarsch (d. s. 40 km) beträgt und zwischen Darb und Zobeidah nur um ein geringes größer ist.

D'hâna wird im Westen von einem höher liegenden Plateaulande begrenzt, welches man nach dem Felsenland, das den Kern des Nedjd ausmacht, mit dem gemeinsamen Namen „Gebiet von Tuweik" bezeichnen kann. Wie auf dem Ostrande von Sumân, so findet sich auch auf dem Osthange von Tuweik gegen D'hâna hin eine Reihe von Brunnen: Al-Artawîeh, Abu-Djifân, Adjafîeh. Auch das Bergland von Tuweik ist seinerseits in eine Anzahl mehr oder weniger scharf abgegrenzter Plateaus aufgelöst, deren orographische Verhältnisse die Eigentümlichkeit aufweisen, daß sie sich nach Osten zu schwach abdachen, während sie sich an der Westseite über die sie umgebenden Ebenen steil erheben. Westlich von diesem steilen Plateaurande finden sich schmale Streifen der Flugsandwüste, die in nord-südlicher Richtung sich erstrecken, z. B. in dem nördlichen Teil von S'billeh, westlich von Zilfi und von Schmeisîeh. Der Erdboden besteht aus Sandstein; einige der höheren Partien sind mit Kalk bedeckt. Ihre Höhe darf auf 800 m über dem Meeresspiegel und 200 — 300 m über der umliegenden Ebene veranschlagt werden. Darnach sind die Angaben Palgraves von 3000 Fuß selbst für die höchsten Stellen zu hoch berechnet. Hier und da bricht das gelbweiße Plateau in rötlich-schwarzen Felslandschaften vulkanischen Ursprungs ab (Brumeh, Arahm, Hatha).

Was die Bewässerungsverhältnisse anbetrifft, so hat der nörd-

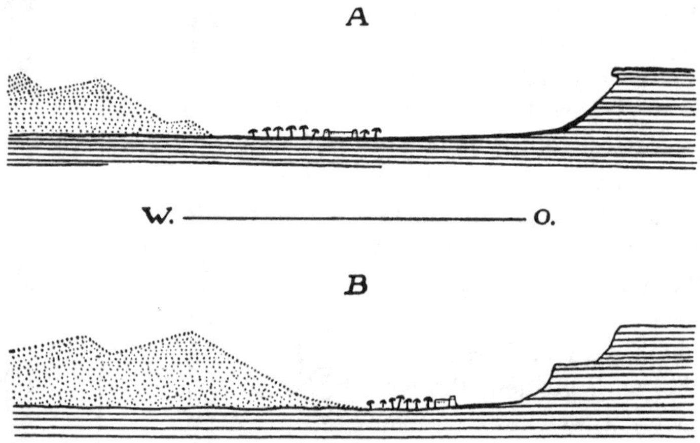

Fig 5.
Schematische Profile für das Tal von Zilfi (A) und das Tal von Schmeisîeh (B).

liche Teil des Tuweikgebietes seinen Abfluß zum Wadi Rummah, der nordostwärts durch die ostarabische Wüste fließt, um dicht westlich von Zobêr im Euphrat zu münden (und nicht bei Djihâra, in der Kuweitbucht, wie die Stielersche Karte angibt). Auch der Teil von Tuweik, der westlich des Mischkartales liegt, wird zum Wadi i Rummah hin entwässert. Das Gebiet östlich des Mischkar und südlich von Medjmâh bis Thahadj erhält seinen Abfluß durch eine Reihe kleiner Wadis, die nach Osten fließen, wo sie sich in der Wüste verlieren. Zu ihnen gehören der Wadi Medjmâh und der südlich davon führende Wadi, an dem die Oase Djui liegt. Letzterer wird von Palgrave als ein perennierender Wasserlauf erwähnt; das ist nicht richtig, da kein Bach- oder Flußbett in Zentral- und Ostarabien Wasser führt, ausgenommen unmittelbar nach starkem Regenfall. Nur in den Oasen Hasas finden sich wasserreiche Plätze und stets rinnende Quellen, die eine Reihe armseliger Bäche von nur wenigen km Länge hervorrufen.

Südlich von Thahadj beginnt das Abflußgebiet des Wadi Hanîfah. Die Wadis erstrecken sich in südlicher und südöstlicher Richtung; aber über ihren weiteren Verlauf läßt sich nichts mit Bestimmtheit sagen. Unmöglich ist es nicht, daß sie ähnlich dem Wadi Rummah vom 24⁰ n. Br. an ihren Weg zum Persischen Golf finden.

Die Vegetation in Tuweik zeichnet sich durch ihre besondere Armut aus, das Land ist — abgesehen von den Tälern — eine ebenso trostlose Steinwüste wie Sumân. Wie Palgrave zu der Behauptung kommt, daß das Land rundum von üppigen Grasfluren bekleidet sei, ist unverständlich.[1]) Nur die Täler bieten ab und zu etwas Buschvegetation, die an die von Debedebeh erinnert, ja wohl noch üppiger ist; das Plateau selbst aber ist nicht viel fruchtbarer als eine wohl makademisierte Landstraße. Meine Kamele, die immer nach Genießbarem ausschauten und deshalb immer hin und her suchten, gingen denn auch in Tuweik auffallend aufrecht, offenbar sich dessen bewußt, daß hier doch nichts zum Fressen zu finden sei, und ich mußte in den Oasen Grünfutter für die Tiere kaufen.

Das Klima Zentralarabiens zeichnet sich durch Trockenheit, klare Luft und beträchtliche Temperaturschwankungen von der Nacht zum Tage hin aus. Da regelmäßige Temperatur- und Barometermessungen nicht durchzuführen waren, so läßt sich keine genaue Übersicht über die Temperatur- und Barometeränderungen geben. In den zwei Frühlingsmonaten März und April 1912 war der tägliche Temperaturverlauf ungefähr der folgende:

	März	April
7h morg. . . .	11^0—12^0 C.	12^0—13^0 C.
1h mitt.	25^0—30^0 „	30^0—35^0 „
9h abends . .	12^0—15^0 „	14^0—17^0 „

Die Erdoberfläche hatte, wenn das Wetter klar war, in 0.5 Zentimeter Tiefe gewöhnlich eine Temperatur von 45^0 — 48^0. Frost tritt südlich der Breite von Kuweit nur sehr selten ein.

Was die Niederschläge anbetrifft, so ist Schnee unbekannt und

[1]) Palgrave, Central and Eastern Arabia Chap. VII.

Regen selten; er ist hauptsächlich auf den Zeitraum von Oktober bis April beschränkt. Der Regen fällt in gewaltsamen Schauern und zwar in Zentralarabien gewöhnlich bei südwestlichem Winde, oder — um einen Ausdruck der Nedjd-Araber zu gebrauchen — bei „Kiblah". Auch nördliche Winde sind (namentlich in Ostarabien) nicht ungewöhnlich; sie sind aber trocken.

Gegenüber dem trockenen ost- und zentralarabischen Klima bildet der Küstenstreifen längs des Persischen Golfes und namentlich El-Hasa eine Ausnahme. Das Klima in El-Hasa ist ganz gewiß ebenso regenarm wie in dem übrigen Arabien; aber die Luftfeuchtigkeit ist sehr groß, und der Nebel ist zumal nahe der Küste nicht selten. Dies, in Verbindung mit den beträchtlichen Temperaturen, macht Hasa und Bahrein neben Maskat zu den unbehaglichsten Orten innerhalb des Persischen Golfes.

Die Tierwelt ist äußerst dürftig; und den wenigen Tieren, die sich finden, sich zu nähern, verbietet der Fanatismus und das Mißtrauen des Arabers. Von den Säugetieren trifft man Springmaus, Hase und Gazelle. Vögel sieht man nur wenige. In der ostarabischen Steppe ist ein der Bachstelze ähnlicher Vogel, nicht größer als ein Sperling, häufiger; Kopf und Hals sind schwarz mit Ausnahme der weißen Kopfseiten, die Unterseite ist weiß, der Rücken grau, der Schwanz ziemlich lang und schwarz, nur die äußerste Steuerfeder wiederum weiß.

Unter den Kriechtieren fällt vor allem eine gelbe Giftschlange von ungefähr 1 m Länge auf. Ihre Art war genauer nicht zu erkunden, da ich mir — ebenso wie Pelly — wegen der feindseligen Haltung der Araber kein Exemplar verschaffen konnte. Man sagt, ihr Biß sei tödlich; aber der Eingeborene glaubt, daß man sich retten könne, wenn man sich, nachdem man gebissen worden sei, drei Tage wacherhalten könne. Diese Schlange tritt besonders in Debedebeh und in D'hâna in großen Massen auf, und nach einer Reise durch Ostarabien versteht man wohl die Furcht vor Schlangen und die Sorge des Baron Nolde, als er im Jahre 1892 Mesched Alî aus dem Lager Ibn Raschids von Darb nach Zobeidah begleitete. Die Eingeborenen in meiner Karawane griffen stets sehr begierig nach einer getöteten Schlange; und beim Durchqueren von D'hâna töteten die Perlenfischer auf dem Wege zwischen Rhiâd und Hofûf täglich fast ein halbes Dutzend von ihnen.

Trotzdem ich alle Zeit auf dem Erdboden schlief, bin ich indessen nie von andern Tieren als denen belästigt worden, die ich selbst an mir gehabt habe, oder die von den Kamelen ausgingen.

In sandigen Wüstenstrecken finden sich meist auch mehrere Uromastix-Arten, die den aus Nordafrika bekannten vollkommen gleich sind. Auf der Reise von Riâdh nach Hofûf töteten wir viele dieser Tiere, da sie den Perlenfischern als Nahrung dienten. Weiterhin kommt in den sandigen Gegenden gleichfalls der graugelbe Scincus muscatensis vor, der z. B. von Hofûf aus in die verschiedensten Gegenden der Türkei, ja sogar bis Konstantinopel versandt wird, wo er — verdienter oder unverdientermaßen — als Aphrodisiacum besonders begehrt erscheint.

Insekten sind nicht besonders zahlreich vertreten. Am meisten verbreitet findet man Käfer; und unter ihnen wiederum häufig Ateuchus sacer, Pimelia arabica und eine Art Adesmia. Dazu kommt schließlich noch das Ungeziefer, mit dem jeder behaftet ist. Pediculus vestimenti spielt dabei entschieden die Hauptrolle; zu Zeiten gesellt sich auf den Kamelen zu ihnen noch ein gewöhnlich mehr als erbsengroßer Schmarotzer.

2. Bevölkerung.

Die Bevölkerung in Ost- und Zentralarabien zerfällt in zwei außerordentlich scharf zu trennende Gruppen: in die Nomaden und die nahezu seßhaft gewordene Bevölkerung.

Den Nomaden gehören hauptsächlich folgende Stämme an:

Adjmân	Beni Yâss
Ateiba	Harb
Beni Doâsr	Kuweit
Beni Hadjar	Mteir-Duisch
Beni Katan	Muntefik
Beni Murrah	

Die Adjmân bewohnen das Land zwischen Dj. Tuweik und dem Persischen Golf; die Ateiba das zwischen Dj. Tuweik und Mekka; die Beni Doâsr die Wüste zwischen Hofûf und Riâdh, Hasa und der Halbinsel El-Katr; die Beni Hadjar Hasa; die Beni Katan das Land südlich und südwestlich von Riâdh; die Beni Murrah das zwischen Riâdh, Katr und der Piratenküste; die Beni Yâss das Küstenland am Persischen Golf östlich der Piratenküste von Katr; die Harb die Wüste zwischen Bereidah und Medina; die Kuweitnomaden die Umgebung von Kuweit; die Mteir-Duisch das Gebiet zwischen Aneizah und Tawîl und die Muntefik das zwischen Djihâra und Kerbela.

Über die regelmäßigen Wanderungen einiger dieser Stämme läßt sich folgende Übersicht geben: die Adjmân halten sich im Winter in Sumân und D'hâna, im Sommer an den Brunnen von Debedebeh auf.

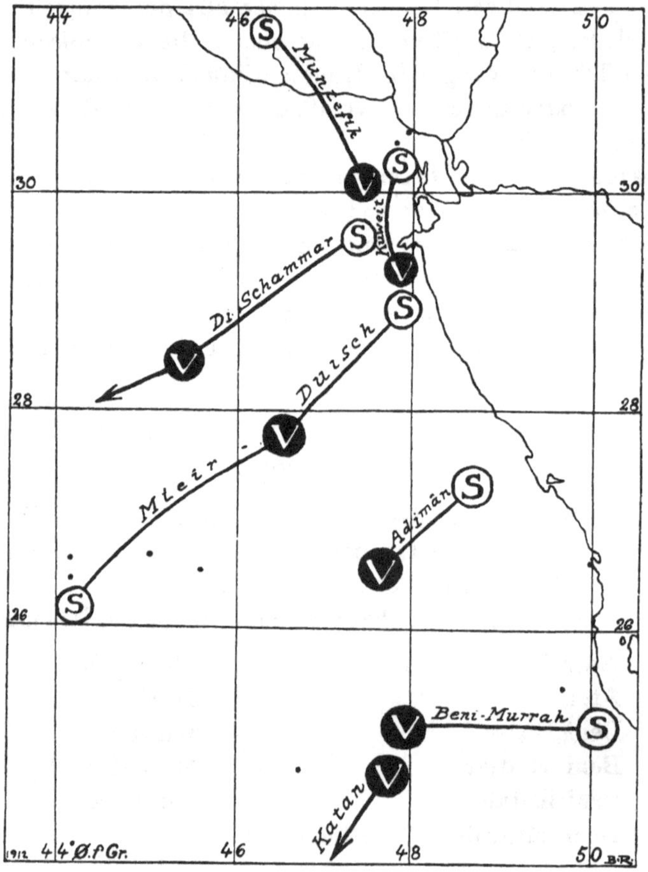

Fig. 6.
Ostarabische Nomadenwanderungen.
V: Winterquartiere.
S: Sommerquartiere.

Die Beni Doâsr schlagen während der Wintermonate gleichfalls ihr Lager in Sumân und D'hâna, im Sommer aber an den Brunnen in Hasa auf. Die Beni Katan trifft man zur Winterszeit in der Wüste bis zur Breite von Riâdh, aber im Sommer gehen sie süd- und südwestwärts und lassen sich an den Brunnen von Hasâth und dem Wadi Duâsir nieder. Die Beni Murrah halten sich im Winter in Sumân und D'hâna, im Sommer an den Brunnen in der südlichen Hasa auf. Die Kuweit-Nomaden weiden ihre Herden während des Winters im Süden von Kuweit und gehen den Sommer über nach Norden in die Umgebung von Zobêr. Die Mteir-Duisch bewohnen im Winter Sumân und D'hâna und wenden sich während des Sommers teils zu den südlich von Kuweit liegenden Brunnen, teils nach Kasîm, im Süden von Aneizah. Und schließlich läßt sich ein Teil der Muntefik im Winter zwischen Djihâra und Zobêr, im Sommer bei Schatt-el-Gharaf nieder. Über die Wanderzüge der Beni Hadjar, Beni Yâss und Harb wissen wir nichts. Zwischen Haïl und Zobêr endlich wohnen noch die Nomaden des Schammar-Berglandes, von denen ein Teil während des Winters in der Wüste von Hadjâra, während des Sommers westlich von Djihâra anzutreffen ist.

Die für den Karawanenhandel wichtigsten Brunnen werden also von folgenden Stämmen beherrscht: Djibbeh, Hafar, Khadrah und Leinah von den Gebirgsbewohnern des Schammar; Tawîl von den Kuweititen; Al Sâfah und Al-Artawiêh von den Mteir-Duisch; Abu-Djifân und Wubrah von den Adjmân und Al-Adjafiêh von den Adjmân, Beni Doâsr, Beni Murrah und Beni Katan.

Bemerkenswert erscheint die Art, in der die Stämme von Riâdh und dem Persischen Golf in einander eingekeilt wohnen. Dieser Umstand spielt eine wesentliche Rolle in politischer Hinsicht, da dem Vordringen der Türken nach Riâdh von Hasa aus hier Halt geboten wird. Selbst Hasa schon glich einem Wespennest, als ich es berührte, und zwischen Hasa und Riâdh sind die Verhältnisse wenn möglich noch ärger. Überall in Zentral- und Ostarabien ist die öffentliche Sicherheit gering. Nur Kuweit macht eine Ausnahme; dafür findet man aber zwischen Riâdh und dem Persischen Golf auch nicht das geringste Anzeichen öffentlicher Sicherheit. Sucht man Schutz bei den Beni Murrah, so überfallen einen die Beni Doâsr und umgekehrt, und vertraut man sich den Adjmân, Beni Doâsr, Beni Katan und Beni Murrah an, so wird man von den Beni Hadjar bedroht. Da es nur selten glückt, einen Mann aus jedem der Stämme sich zu verschaffen, so gehören Überfälle zur Tagesordnung, und jeder einzelne Stamm wälzt selbstverständlicher Weise die Schuld auf den andern. Diese Zustände schwächen — zum Vorteil Kuweits — in hohem Maße den Inlandhandel von Hofûf. Die 14-tägige Reise von Kuweit nach Riâdh ist ungleich sicherer als die 8-tägige von Hofûf nach Riâdh.

Die Herden der Nomaden bestehen besonders aus Kamelen, Schafen und Ziegen. Pferde sind ungewöhnlich und werden nur im Kriege verwendet. Esel dagegen werden häufiger von den nördlichen Nomaden gehalten. Die Nomaden lagern sich zur Sommerszeit in der Nähe der Brunnen, im Winter aber und namentlich in den Frühlingsmonaten Februar, März, April und teilweise im Mai sind sie vom Wasser unabhängig, da die Tiere durch die saftige Grasweide hinlänglich Wasser erhalten, die Menschen aber Milch trinken können. In dieser Zeit durchstreifen dann die Nomaden ungeheure Strecken der sonst unbewohnten Wüste, und die Tiere entbehren für Wochen des Wassers.

Eine Expedition zur Erforschung der südarabischen Wüste sollte sich stets diese Kenntnisse von der Beschaffenheit der ostarabischen Wüste und zumal von dem Leben der Nomaden zur Frühlingszeit zu Nutze machen. Sie wird nur in den Frühlingsmonaten ihr Unternehmen durchführen können, ohne sich der Gefahr auszusetzen, den Unbilden der Natur zum Opfer zu fallen. Hinter ihnen bleiben die Schwierigkeiten, die einem von Seiten der Bevölkerung in den Weg gelegt werden, bei weitem zurück, wenngleich sie einem dafür um so häufiger entgegentreten.

Die Existenz der seßhaften Bevölkerung ist mit Ausnahme der von Kuweit auf Oasenkultur gegründet. Wenn man Kuweit ausscheidet, so ist die seßhafte Bevölkerung auf die Gebiete von Nedjd und

Fig. 7.
Ost- und zentralarabische Hausformen.

Hasa beschränkt, während die ostarabische Wüste zwischen dem Bergland von Tuweik und dem Persischen Golf mit Ausnahme der Oase von Hasa von jeder Besiedlung frei ist.

Die Häuser sind überall aus Lehm erbaut, der an der Sonne getrocknet ist. Nur selten formt man den Lehm zu Mauersteinen. Wo aber auch immer man eine Mauer errichtet, bindet man den nassen Lehm durch Dung, Stroh oder Reisig, ein Verfahren, das den Mauern unten sowohl als auch oben eine beträchtliche Stärke gibt. Das Dach liegt 3—4 m über dem Erdboden. Es besteht aus einer horizontalen Lage einige Meter von einander entfernter Palmenstämme. Quer über sie legt man Tamariskenzweige und darauf eine Schicht von Palmenblättern, die ihrerseits die Unterlage für eine Decke festgestampften Lehmes bilden. Das flache Dach wird oft von einer ganz niedrigen Brüstung umzogen, die in den Hausecken in kleine Spitzen ausläuft. Eigentliche Fensteröffnungen kennt man nicht; aber die Mauern sind vielfach durchbrochen von schmalen, meist dreieckigen Löchern, die eine Seitenlänge von $1^1/_2$ — 2 Dezimetern haben und gern in Gruppen nebeneinander angebracht sind, die wiederum die Form eines Dreiecks oder wohl auch eines Kreuzes haben. Durch diese Löcher dringt ein gedämpftes Licht in das Haus, und durch sie zieht andererseits der Rauch des Feuers hinaus.

Besondere Nebengebäude, wie Ställe, gibt es nicht. Man braucht dazu einen als menschliche Wohnung nur wenig benutzten Raum. Zu allen Häusern gehört ein kleinerer oder größerer Garten, der von vornherein zum Aufenthaltsort der Haustiere und Kinder bestimmt ist und zugleich als Misthaufen verwendet wird. Nur in den Wohnungen der „Fürsten und Magnaten" findet man besondere Räumlichkeiten zur Verrichtung seiner Bedürfnisse, und so kommt es, daß man die unbehaglichen „Hinterlassenschaften" überall antrifft, im Garten, auf dem Dache, den Treppen, den Straßen und Fluren, kurz gesagt allüberall, nur vielleicht mit Ausnahme des eigentlichen Wohnraumes selbst — doch, was tut ein Araber nicht alles in der Verlegenheit. Die wenigen Bedürfnisräume, die sich finden, sind nach dem bekannten Prinzip errichtet, das sie alle beherrscht, vom Atlantischen Ozean an bis hinüber zum gelben Meer: ein kleiner Raum mit einer dezimeter breiten Spalte im Fußboden

Der Hauseingang besteht gewöhnlich aus einer Öffnung nach der Straße hin, die mit einer Tür versehen ist. Diese besteht aus Holz und ist hin und wieder mit Eisen beschlagen. Sie dreht sich an einem Pfosten, der oben und unten je in einem Loch des Türrahmens steckt, und durch den Querbretter geschlagen sind, die die Türfüllung bilden. Der Verschluß ist meist aus Holz, möglichst roh, und besteht in der Hauptsache aus einem Querriegel, der durch ein Paar Querbügel der Tür in ein Loch der Mauer gleiten kann. Das Haus hat häufig nur ein Stockwerk.

Das Innere des Hauses zeichnet sich dadurch aus, daß Möbel ‚sozusagen' unbekannt sind. Divans, Bänke und Tische — kurz gesagt alle aufrechtstehenden Möbel finden sich nicht. Oftmals — keinesfalls aber immer — ist der Boden, der mit der staubigen Erdoberfläche eins ist, ganz oder teilweise mit Matten bedeckt, die aus Palmblättern geflochten sind, oder in den Häusern der Reichen auch wohl mit persischen Teppichen; aber das ist auch der einzige Schmuck im Innern. Die Feuerstellen sind stets offen und bestehen einfach aus einer Vertiefung im Boden, die von einem aufrechtstehenden Rande gekneteten Lehms umgrenzt wird. Zur Feuerung benutzt man Tamariskenzweige und getrockneten Kameldung. Zum Anzünden des Feuers bedient man sich Streichhölzer europäischer Herkunft, und zum Unterhalten desselben benutzt man aus Palmblättern gefertigte Wedel. Ab und zu sieht man auch Blasebälge aus Leder; aber sie stammen alle aus Bombay, da es außerhalb der Grenze der Fähigkeiten der eingeborenen Techniker liegt, einen solchen Apparat zu verfertigen.

Fig. 8.
Hütte von Palmenblättern außerhalb Hofûfs. Hütten von diesem Typus befinden sich in beträchtlicher Zahl in der Nähe von Hofûf und werden von Leuten bewohnt, die sich auf der Übergangsstufe vom Nomaden zu seßhafter Bevölkerung befinden. Diese Araber treiben Getreidebau mit „Tscherd"-Bewässerung.

Außer dem Licht, das das Feuer bietet, kennt man nur in geringer Ausdehnung noch andere Beleuchtung. Höchstens in den Häusern der Reichen findet man Petroleumlampen, die zwar kräftig blaken, aber im Verhältnis zu ihrem voluminösen Umfang ein verschwindend geringes Licht aussenden. In den Lampen brennt russisches Petroleum. Sie selbst aber gehören zu den dürftigsten Klempnerarbeiten, die in Bagdad oder Bombay ausgeführt werden, und die dann von Kuweit aus unter erheblichen Mühen und Kosten auf dem Rücken der Kamele in das Innere des Landes gebracht werden.

Das Hausgerät, das in der Hauptsache aus Kochgeschirr, Schüsseln und Kaffeekannen besteht, ist fast immer aus verzinntem Kupfer gearbeitet und stammt aus Bagdad oder Bombay, denn die einheimische Industrie dieses und aller andern Gebiete steht noch auf einer recht niedrigen Entwicklungsstufe. Besondere Formen, die für Nedjd eigentümlich wären, finden sich deshalb nicht.

Was die tägliche Lebensweise anbetrifft, so nimmt man im Verlauf eines Tages nur eine Hauptmahlzeit bei Sonnenuntergang, die aus einer Art Brei aus Reis, Gerste, Weizen und aufgeweichtem Brot besteht und mit zerlassener Butter gekocht wird. Zur Mittagszeit nimmt man nur einen kleinen Imbiß, vorwiegend aus Datteln, Brot und Kälberlab, ein. Im übrigen trinkt man zu allen Tageszeiten, bis auf die wenigen Nachtstunden nach Mitternacht, Kaffee. Fleisch, und zwar immer Schaffleisch, gibt es nur in geringen Mengen. Das Brot ist allenthalben von einer flachen, pfannkuchenähnlichen Gestalt und wird im heißen Feuer gebacken oder — in bessergestellten Häusern — auf einer Eisenplatte, die man über die Glut eines glimmenden Feuers legt. Die Mahlzeiten werden auf runden, mitunter bunten Palmblattmatten von 1 — $1^1/_2$ m Durchmesser angerichtet. Mitten auf der Matte steht die Schüssel mit dem obenerwähnten Brei und gegebenen Falls auch mit dem Fleisch; rund um die Schüssel stehen Schalen mit zerlassener Butter und Kälberlab sowie kleine Mengen von Brot und Datteln.

Die Genußmittel, mit denen die Bevölkerung von Zentral- und Ostarabien ihr Dasein versüßt, sind von primitivster Beschaffenheit. Die puritanischen Glaubenssätze des Wahabismus haben in dieser Hinsicht hindernd gewirkt. Tabak wird nur in geringem Maße und nur heimlich genossen. Im Nedjd raucht man innerhalb seiner vier Wände ein grünlichgelbes, nur wenig nach Tabak aussehendes Zeug aus einer kleinen Lehmpfeife, und sobald man Schritte in der Nähe hört, verbirgt man die Pfeife hastig in den Falten des Kleides und pustet den Qualm beiseite.

Der Genuß des Haschîsch ist in Zentralarabien nur selten, in Ostarabien und besonders in Kuweit und Hasa dagegen als eine Folge des persischen Einflusses etwas häufiger zu treffen. Der Genuß des Opiums kommt bei den Küstenbewohnern des Persischen Golfes nur sporadisch vor und steht in Verbindung mit dem schiitischen

Pilgerhandel zwischen Indien und dem Irak. Auf den Pilgerdampfern ist sein betäubender, süßlicher Geruch nicht selten.

Was der Wahabit auf die eine Weise nicht bekommt, verschafft er sich auf die andere, indem er in solchen Mengen Kaffee trinkt, wie man es sonst nirgends wieder findet. Kaffee wird zu jeder Zeit zubereitet und namentlich zusammen mit Datteln in unglaublichen Mengen genossen.

Die Bohnen werden in einer kleinen Pfanne geröstet, dann in einem Mörser zu einem groben Pulver zerstoßen und darauf in das kochende Wasser geschüttet. Schenkt man den Kaffee ein, so stopft man in die Schneppe der Kaffeekanne einige Palmfasern, um den Kaffeesatz zurückzuhalten.

In körperlicher Hinsicht ist die Bevölkerung durchgängig recht klein von Wuchs, und die Einmischung von Abyssinier- und Negerblut ist trotz der Sklaverei nicht sehr auffällig. Die Männer tragen das schwarze Haar im allgemeinen in der Mitte gescheitelt. Es fällt in einer mehr oder weniger großen Anzahl 1 — $1^1/_3$ Dezimeter langer Flechten oder gedrehter Strähnen zu beiden Seiten herab[1]). Der Bartwuchs ist nicht sehr stark; der Bart wird gestutzt getragen, aber nicht kurz geschnitten und fast niemals abrasiert.

Die Augenbrauen und die Augenwimpern werden mit einem Farbstoff geschwärzt, wobei die Schwärzung manchmal noch ein Stück über beide Seiten hinausgezogen wird nach ganz der gleichen Art, die genugsam von den altägyptischen Menschendarstellungen bekannt ist. Zur Färbung der Fingernägel verwendet man ebenso wie häufig zu der des Bartes Henna.

Die Kleidung bilden folgende Stücke: ein baumwollenes Unterhemd und darüber eine „Aba", ein wollenes, ärmelloses Oberkleid; auf dem Kopfe ein „Keffîyeh", ein baumwollenes Tuch, das von einer „Akâl", einer Schnur aus Ziegenhaaren, zusammengehalten wird und an den Füßen Sandalen.

Die Hemden sind stets aus weißer Baumwolle und reichen bis zu den Knöcheln, die Ärmel sind ziemlich weit; ein Schlitz zieht sich von der Halsöffnung des Hemdes bis zur Mitte der Brust. Knöpfe sind nicht bekannt, aber der Schlitz ist mit einer Art Stickerei aus weißem Garn besetzt. Die Hemden werden sozusagen niemals gewaschen, nehmen deshalb schnell eine erdige Farbe an und werden so lange getragen, bis sie als Lumpen vom Körper fallen. Ist ein Hemd

---

[1]) Burton: Pilgrimage to Al-Madinah and Meccah II. Seite 80—81.

zu unansehnlich geworden oder derart durchlöchert, daß es nicht länger mehr Schutz bietet, so zieht man ein neues Hemd über das alte.

Der „Aba" hat die Form eines Sackes, dessen eine Seite grade herunter bis zum Saume aufgeschlitzt ist und in dessen Ecken Löcher für die Arme angebracht sind. Man hat in Zentral- und Ostarabien zwei Arten von „Abas", nämlich einen dunkleren, aus schwarzem Stoff mit einigen wenigen schmalen weißen Streifen und dann den sogenannten „Hasa-Aba" aus ganz dünnem Stoff, der am Halse mit einer Kante aus Silber- oder Goldstickerei versehen ist. Der „Hasa-Aba" ist der teuerere von beiden und wird nur von den wohlhabenen Männern getragen. Die Frauen tragen ausschließlich diesen „Aba", aber er ist dann ohne jeglichen Schmuck oder mit einer ganz schmalen karmoisinroten Kante ausgestattet. Sie haben ihr Gesicht immer mit einem dichten, schwarzen Schleier verhüllt, was die Nomadenfrauen übrigens nicht tun. Die Kopfbedeckung der Männer besteht häufig aus dem weiß- und roten „Keffîyeh". Nicht selten sieht man auch ganz weiße „Keffîyeh", und Kaufleute aus Aneizah und Bereidah, die auf ihren Reisen sowohl nach Syrien als auch nach dem Irâk kommen, tragen häufig den blau- und weißen „Keffîyeh" Bagdads. „Akâl" ist entweder eine ganz glattgedrehte Schnur aus weißer Wolle, eine Form, wie sie hauptsächlich von den Nomaden benutzt wird, oder eine lose gedrehte Schnur aus weißer oder brauner Wolle, die teilweise mit Messingdraht umwunden ist. Der „Keffîyeh" wird lose herabhängend getragen, ausgenommen in blendender Sonne oder bei Sandtreiben; in solchen Fällen zieht man die Ecke des Keffîyeh's quer über das Gesicht und klemmt sie so unter den „Akâl", daß ein schmaler Spalt für die Augen offen bleibt.

Das Hemd wird gewöhnlich am Leibe durch einen Gürtel zusammengehalten, meist einen Patronengürtel, denn die Bewaffnung gehört mit zur Kleidung. Schußwaffen sind fast ausschließlich Karabiner; Pistolen und Revolver sind äußerst selten. Jeder Mann trägt außerdem einen Dolch. Die in Nedjd am meisten gebrauchten Dolche gehören jener Gruppe von Dolchen an, die unter dem gemeinsamen Namen „Khandjar" von Hindustan bis zum Mittelmeergebiet verbreitet sind. Die in Nedjd benutzten Dolche werden zum größten Teile in Haîl geschmiedet. Das muß deshalb angenommen werden, weil der Pilgerhandel von Irâk durch Nord-Nedjd nach Hedjaz im Laufe der Jahrhunderte den persischen Einfluß bis Nedjd getragen hat, während sich Ostarabien in kultureller Hinsicht mehr an Omân und Südarabien angeschlossen hat. Zum Kriegsgerät gehört ferner ein Schwert, das der von Persien her wohlbekannten Form ähnlich ist. Von andern Waffen gebraucht man zuweilen eine ungefähr 3 — 4 Meter lange Lanze.

Fig. 9.
Kampf zwischen Kultur und Flugsand. Der Flugsand breitet sich über einen Zentralarabischen Dattelhain aus. Bereidah.

Für die Ernährung spielt die Jagd nur eine geringe Rolle. Es gibt nicht viel zu jagen, vorwiegend Gazellen; doch die Jagd ist mehr ein Vergnügen, zu der in weitem Umkreise der Falke benutzt wird.

Fig. 10.
Hofûf. Aussicht auf Oase. Offene Stelle in einem Dattelwäldchen mit Getreide und Gemüsefeld.

Auch die Viehzucht ist für die seßhafte Bevölkerung von untergeordneter Bedeutung. Die notwendigsten Haus- und Schlachttiere kann man durch Verkauf von Getreide und Datteln an die Nomaden erhalten; und deshalb hält man sich nur eine begrenzte Anzahl von Kamelen, Eseln und Pferden, und hier und da wohl auch einen kleinen, zebuähnlichen Buckelochsen.

Die Ackerwirtschaft richtet sich besonders auf den Anbau von Dattelpalmen, Weizen und Gerste und nur in geringerem Maße auf den von Obst. Um den Boden zu düngen, verbrennt man häufig die Halme und getrockneten Palmblätter und hackt deren Asche ein.

Überall ist künstliche Bewässerung notwendig. An den Brunnen, die in Nedjd eine wechselnde Tiefe von 4 — 20 m haben, wird als Schöpfwerk überall ein „Tscherd" angewandt. Jn Hofûf dagegen, wo sich zwar eine Menge Bäche von den wasserreichen Quellen aus durch die Oasen hinziehen, wo es aber nur wenig Wasser geben soll, bedient man sich einer Wippe mit einem Ledereimer.

Zur Vermittlung des Transportes zwischen den verschiedenen Orten und Wohnplätzen dient in erster Linie das Kamel, in geringerem Grade der Esel. Wege gibt es nicht. Nur hier und da kann man in der Nähe der Orte oder da, wo der Durchgang von Terrainwellen eingeengt ist, dann und wann die Andeutung von einem Fußsteig finden. An verschiedenen Stellen, namentlich im eigentlichen Nedjd sind auf den Felsspitzen Steinwarten von mehreren Metern Höhe errichtet, nach denen sich die Eingeborenen zu orientieren verstehen. Diese Steinwarten nennt man „Redjm". Wagen kennt man nicht. Jeder Transport geschieht auf dem Lasttier, dem Kamel oder dem Esel. Die benutzten Sättel sind von derselben Konstruktion wie die des umliegenden Gebietes, wo das einhökrige Kamel und der Esel Verwendung finden. Benutzt man den Esel zum Ziehen des „Tcherd", so legt man über die Vorderbeine des Tieres einen ganz kleinen Sattel, woran die Zugleinen befestigt sind.

Zum Transport der Frauen bedient man sich einer Trage aus Holz, die auf der einen Seite des Kamelsattels herabhängt und mit Leinwand überzogen ist. Der in der Leinwand ruhenden, oft recht dicken Schönen wird auf der andern Seite des Kamelsattels durch ein Paar Warenballen das Gleichgewicht gehalten. Diese Vorrichtung nennt man in Arabien ebenso wie in Jrâk und Persien „Kedschâweh".

Technisch steht die Bevölkerung Ost- und Zentralarabiens außerordentlich tief; die einheimische Jndustrie ist bei weitem nicht imstande, die wenigen einfachen Gebrauchsgegenstände zu Wege zu bringen, die zum täglichen Leben notwendig sind. Tonwaren braucht man nur in sehr geringem Umfange. Die Korbmacherarbeit beschränkt sich hauptsächlich auf die Herstellung der wenigen Matten, die zum Anrichten der Mahlzeiten gebraucht werden. Das Material hierfür liefern Palmblätter. Zuweilen benutzt man solche von verschiedener Farbe, rot und blau, womit man ein möglichst einfaches Muster hervorbringt. Auf die Auswahl und Sortierung der Palmenblätter verwendet man wenig Sorgfalt, und die Arbeit ist oft recht nachlässig. Noch plumper als diese Matten sind die Fußmatten, die gewöhnlich aus ungefärbten Blättern hergestellt sind.

Von anderer Flechtarbeit seien noch die Fächer genannt, die man zum Unterhalten des Feuers gebraucht. Schließlich mögen die Besen und Wedel erwähnt sein, die aus Palmenblättern und einem kurzen Stiel bestehen, und die dazu dienen, von Eßwaren und Standespersonen die Fliegen zu verscheuchen.

Die Webkunst steht durchweg auf tiefer Entwicklungsstufe. Teppiche werden nur in geringem Maße gewirkt und zwar aus grober Ware und in einfachem Muster.

Ebenso sind die Satteltaschen von einem wenig auffälligen Aussehen, einfarbig braun oder braun- und weißgestreift. In einzelnen Orten, wie z. B. in Hasa, werden gute „Abâ's“ gewebt.

Bei der Zubereitung und Verarbeitung des Leders erweist man sich nur von geringer Kunstfertigkeit. Das Leder benutzt man hauptsächlich zum Herstellen von Sandalen, Gewehrriemen und Sätteln; und das weitgehendste, das man sich in der Ausschmückung leistet, besteht in dem Zusammennähen der Lederstriemen zu einem Zickzackmuster.

Die Metalltechnik beschränkt sich auf die Herstellung des Hausgerätes aus schlecht verzinntem Kupfer. Die auch auf diesem Gebiet unbeholfene einheimische Industrie kann bei weitem nicht den Verbrauch befriedigen; und deshalb werden eine Menge Kupfergeräte aus Bagdad und Bombay eingeführt. In manchen Orten findet man jedoch eine nicht geringe Geschicklichkeit in der Metallbearbeitung, so in Hasa für Kaffeekannen und in Haïl für „Khandjars“.

Den Handel in Ost- und Zentralarabien kann man erstens in Ortshandel und zweitens in Karawanenhandel teilen.

Der Lokalhandel umfaßt den Handelsverkehr zwischen der seßhaften Bevölkerung und den Nomaden. Es ist zum größten Teil Tauschhandel, da der Nomade Haustiere, Häute und Wolle an die Bewohner der Oase verkauft, der dem Nomaden als Gegenleistung Datteln, Getreide, Zeug, Waffen, Hausgerät usw. liefert; bringt doch

Fig. 11.
Hofûf. Marktplatz südlich der Mauer, die quer durch den Ort geht.

der Nomade selbst nur wenige Vieherzeugnisse hervor. Ein wichtiger zentralarabischer Handelsartikel ist das Salz, das von der salzreichen Gegend in Kasîm bis zu den Oasen von Tuweik und Djebel Schammar gebracht wird.

Bazare von einiger Bedeutung befinden sich nur in wenigen Orten, die größten in Kuweit und Hofûf, dann in Riadh, Aneizah, Bereidah und Schakrah; man erhält auf ihnen nicht viel mehr als die einfachsten und notwendigsten Dinge.

Der Karawanenhandel dient zum Austausch der Landesprodukte mit den Handelsartikeln verschiedenster Art, hauptsächlich mit solchen europäischen Ursprungs. Baumwollzeuge, Hausgerät und Waffen werden in großem Umfange über die Küstenorte eingeführt.

Die Karawanen müssen stets den Nomaden einen bedeutenden Tribut bezahlen, damit sie ungehindert das Land von der Küste nach dem Innern passieren können; doch gewährt ein solcher Tribut durchaus keine Garantie, und die Sicherheit ist äußerst gering.

Die wichtigsten Karawanenstraßen sind (nach ihrer Bedeutung geordnet) folgende:

1. Kuweit ‹ Al-Sâfah—Zilfi / Hafar › Bereidah, Aneizah.
2. Adjêr—Hofûf—Riâdh.
3. Kuweit—Al-Sâfah ‹ Medjmâh-Riâdh. / Schakrah.
4. Yambo—Medinah—Bereidah, Aneizah.
5. Basrah—Zobêr ‹ Bereidah, Aneizah. / Haïl.
6. Damaskus—Haïl—Bereidah, Aneizah.

Als Zahlmittel wendet man in Ost- und Zentralarabien — mit Ausnahme von Hasa — vor allem den „Riâl", den Maria-Theresia-Taler, an, dessen Wert 1,5 Rupien beträgt, von denen 10 auf 1 £ gehen. In Kuweit und Hasa gebraucht man mehr die indische Rupie; und beim Umsetzen der Rupien im Innern des Landes setzt man sich leicht großen Verlusten aus, da der Eingeborene die Münze nur mit $^2/_3$ ihres Wertes bezahlt.

Weniger gern gesehen ist das türkische Geld. Nur in Hasa benutzt man das türkische Geld infolge der türkischen Herrschaft in größerem Umfange. Im Innern nimmt man das türkische £ sehr ungern, das türkische Silbergeld niemals. In Kuweit gebraucht man viel das persische Kleingeld, das türkische aber wiederum nur in geringerem Maße.

3. Die politischen Verhältnisse.

Zentral- und Ostarabien lassen sich in vier große politische Gebiete zerlegen, nämlich drei „unabhängige" Staaten und das türkische „Mutessariflik" (d. i. der wirkliche Besitz) El-Hasa. Von den unabhängigen Staaten ist Kuweit bereits an anderer Stelle ausführlich behandelt worden[1]; so bleiben nur noch die beiden zentralarabischen Staaten, deren Hauptstädte Haïl und Riâdh sind und die von den Familien des Ibn-Raschîd, beziehungsweise des Ibn Sa' ûd regiert werden.

---

[1]) Vgl. das folgende Kapitel: Kuweit. Anm. der Schriftleitung.

Davon wollen wir Haïl nicht zum Gegenstand einer eingehenderen Besprechung machen, da der Nord-Nedjd außerhalb desjenigen Gebietes liegt, das ich aus persönlicher Erfahrung kenne.

Süd-Nedjd mit der Hauptstadt Riâdh ist der eigentliche wahabitische Staat, dessen Herrscher, den Imâm, wir zugleich als das religiöse Oberhaupt der Wahabiten ansehen müssen. Seitdem Haïl in der letzten Hälfte des 19. Jahrhunderts die politische Vormacht in Zentralarabien an sich gerissen hatte, führte das Herrscherhaupt in Riâdh eine längere Reihe von Jahren hindurch nur noch ein Schattendasein; aber im Verlauf der letzten fünfzehn Jahre haben sich diese Verhältnisse verschoben, und der energische Herrscher Abderrahmâh Ibn Sa'ûd und sein Sohn Abdul Azîz haben die Macht Ibn Raschîd's gebrochen; so daß das wahabitische Reich heute folgende politische Stellung einnimmt:

Nicht nur alle kleinen Oasen im Gebiete von Tuweik, sondern auch die großen Riâdh (die Hauptstadt), Schakrah und Bereidah unterstehen heute unmittelbar dem Willen des Imâm. In allen diesen Oasen wird der Imâm durch einen Bevollmächtigten, einen Emir vertreten, der in einigen Fällen aus diesen Oasen selbst stammt, in andern aber von Riâdh ausgesandt ist. Der Einfluß der Emire ist oft recht gering; sie stützen sich, was besonders wichtig ist, am liebsten auf einen mehr oder weniger großen Anhang der Imâm-Leute.

Namentlich in Bereidah ist es notwendig, einen solchen Anhang sich wegen der lebhaften Verbindung der Stadt mit Haïl zu sichern. Wie jedes Grenzvolk, so sind auch die Bewohner Bereidahs stets mit den vorhandenen Verhältnissen unzufrieden; gehören sie zu Haïl, so wünschen sie sich am liebsten unter Riâdh, und im umgekehrten Falle ständen sie wiederum am liebsten unter Haïl.

Nur indirekt unter der Macht des Imâm stehen die Oasen Aneizah und Medjmâh. Beides sind Vasallenstaaten Ibn Sa'ûds und erkennen dessen Oberhoheit an, haben aber im übrigen ihre selbstständige Regierung. Dieses Abhängigkeitsverhältnis Medjmâhs wird durch folgende Tatsache beleuchtet: Erst als Ibn Sa'ûd vier Jahre lang vergebens versucht hatte, den Ort einzunehmen, was — nebenbei gesagt — einen beträchtlichen Abfall von beiden Seiten im Gefolge hatte, wurde man sich dahin einig, daß der Herrscher Medjmâh's formell die Oberhoheit Riâdhs anerkennen, sonst aber seine Selbständigkeit bewahren sollte. Der gegenwärtig in Medjmâh residierende Emir heißt Abdallah Ibn Asger.

Neben der mehr oder weniger seßhaften Bevölkerung, die das Wahabitenreich Jbn Sa'ûds umschließt, umfaßt es zugleich einen Teil der Nomadenstämme, da ein Teil der Nomaden formell die Oberhoheit Ibn Sa'ûds anerkennt. In Wirklichkeit hat das wenig zu sagen, da die Nomaden im allgemeinen tun und lassen, was ihnen beliebt und sich nur helfend auf Ibn Sa'ûds Seite stellen, wenn ernstliche Streitigkeiten ausbrechen, z. B. zwischen Riâdh und dem türkischen Machtbereich in Hasa. Namentlich auch die ostarabischen Nomaden können — mit obenerwähnter Modifikation in der Bedeutung des Wortes — als Untertanen des Imâm gelten. Die zwischen dem Bergland von Tuweik und dem Hedjâz lebenden Ateiba-Araber sind die fortwährende Veranlassung für die Kriegszüge des Imâm, da es die Ateiba nicht unterlassen können, Karawanen zu plündern und Raubzüge gegen die Oasen von Tuweik zu unternehmen. Ein weiterer und äußerst wichtiger Grund zu den Unruhen der Ateiba ist übrigens auch der Umstand, daß der Scherif von Mekka die Herrschaft über die Ateiba fordert.

Was das Geschlecht Sa'ûds angeht, so ist die Thronfolge erblich. Der Thronwechsel scheint sich friedlich abzuspielen und nicht in so hohem Grade Vater- und Brudermord im Gefolge zu haben, wie das in den Kleinstaaten an der Küste des Persischen Golfes der Fall ist. Die Macht des Geschlechtes des Sa'ûd stützt sich teils auf den religiösen Nimbus, der das Geschlecht deshalb umgeben muß, weil es von Anfang an die treibende Kraft der wahabitischen Bewegung war, teils auf die zähe Tapferkeit, die unter gewissen Umständen diese Bewohner des Nedjd auszeichnet, und schließlich auch auf gewisse politische Verbindungen, die sie sich in den letzten Jahren zu verschaffen verstanden haben.

Zwischen Ibn Sa'ûd und dem Scheich Mobarek in Kuweit hat sich ein festes Freundschaftsverhältnis herausgebildet; und der neue Imâm Abdul Aziz Ibn Sa'ûd steht einer englischen Annäherung nicht ablehnend gegenüber, trotzdem die Araber des Nedjd im allgemeinen fanatische Europahasser sind. Dagegen ist der türkische Versuch, das Herz Ibn Sa'ûds durch monatliche Subsidien zu gewinnen, teilweise fehlgeschlagen, eine Folge des Unwillens, den alle Araber den Türken gegenüber hegen.

Der türkische Besitz in Ostarabien umfaßt hauptsächlich die seßhafte Bevölkerung in dem Dreieck Katîf — Hofûf — Adjêr. Hofûf zeichnet sich mit den kleinen Oasen seiner Umgebung durch eine ganz außerordentliche Fruchtbarkeit aus. Auch Katîf ist eine reiche Oase, wohingegen Adjêr nur aus einem Landungsplatz, einer Karawanserei und einem Fort aus Lehm besteht, ohne irgendwelche Kulturen.

Sämtliche zentral- und ostarabischen Plätze sind, vom kleinsten bis zum größten — mit Ausnahme von Kuweit — befestigt. Außer den Gärten, die mit einer Lehmmauer von 3—4 Meter Höhe umgeben sind, sind die Orte von einer ebensolchen Mauer umzogen, die aber je nach der Größe und dem Reichtum des Ortes von wechselnder Festigkeit und von einer Höhe ist, die zwischen 4 und 15 Metern schwankt. Die Mauern sind gewöhnlich von der Außen- und der Innenseite gleich unzugänglich und in der Regel nicht mit Schießlöchern ausgestattet, dagegen mit Zinnen versehen. Höhere Lehmtürme, die sich teils in den Ecken, teils auf der Mauer selbst befinden, sind von zahlreichen Schießscharten durchbrochen, von denen man zwei Arten zu unterscheiden hat: Entweder bestehen sie aus einfachen runden oder länglichen Löchern in der Wand, oder sie bilden kleine, erkerähnliche bis $^1/_2$ Meter herausspringende Vorbauten mit einem Schußloch im Boden.

Das sind die Vorkehrungen, mit deren Hilfe die niedrigstehende und armselige Bevölkerung ihre dunkelgrünen Oasen verteidigt gegen die begehrlichen Nachbarn und gegen die noch herabgekommeneren Nomaden, in deren Nähe das Wasser aufhört, in den Kanälen zu fließen, und in deren Fußtapfen Orte- und Palmenhaine eins werden mit der graugelben Öde, die das Innere Arabiens erfüllt.

Während das Leben in Zentral- und Ostarabien seinen gewohnten Gang geht, während türkisches und arabisches Blut wie immer den Sand der Hasa färbt, während die Nomaden unter stetigem Plündern des Viehes dem tödlichen Sommer der Wüste entfliehen und an den Brunnen von Debedebeh Schutz suchen, und während der Imam der Wahabiten — Allah mag wissen weshalb — die zerlumpten Ateibaer bekriegt, schreitet die von der fanatischen Gemeinde der Wahabiten verachtete und verhaßte Welt außerhalb Arabiens ihre zielbewußte Bahn.

Und doch spielt das Land zwischen Europa und Indien in der Weltpolitik eine stets wachsende Rolle und die Verhältnisse auch des abgelegensten Winkels des beschriebenen Erdstriches sind für sie von einschneidender Bedeutung.

Heute wie ehedem führen die Orte, Kleinstaaten und Nomaden

zwischen Kuweit und Aden, Maskat und Sinai ganz aus eigenem Antrieb in naivem Glauben ihre blutigen und wilden Kriege, um ihre wirklichen oder eingebildeten Beleidigungen zu rächen oder um ihr eignes Schäfchen zu scheren. Und doch wissen sie nicht, daß sie in ihrem scheinbaren Freiheitsdrange einen großen politischen Plan verwirklichen helfen, indem sie sich durch das unwiderstehliche Gesetz des „divide et impera" wie willenlose Schachfiguren hin- und herschieben lassen, durch jenes Prinzip, das sie hindert, ihre alten Sitten und Gebräuche zu bewahren, sich ihre Freiheit zu retten und ihre malerische Zerlumptheit und all ihr sonnendurchwirktes Äußere sich zu erhalten, und das verhindert, ein Volk zu entdecken, dessen Tage gezählt sind.

Seit 1912 aber gehen nun in Ostarabien große Veränderungen vor, die vielleicht nur wenig augenfällig, aber von desto tieferer Bedeutung sind. Der Polizeidienst der britischen Kriegsschiffe längs der Küste ist nicht ausgedehnter geworden, und nirgends haben an Land gesetzte „Seapoys" dem unbändigen Freiheitsdrang eines früheren Seeräubervolkes irgendwelche Fesseln angelegt. Im Gegenteil, das Land ist wenn möglich heute noch verschlossener und unzugänglicher als früher, und die Macht der eingeborenen Fürsten ist sogar — so scheint es — verstärkt worden.

Der Scheich von Kuweit ist von seiner Abhängigkeit zur Türkei befreit worden, und Ibn Sa'ûd hat seinen Einfluß in hervorragendem Maße in Hasa gesteigert.

Eingelullt in dem stolzen Bewußtsein eigener Machtvollkommenheit, in vollem Maße die hochgepriesene Freiheit genießend, freundschaftliche Nachbarschaft mit den andern großen Mächten jenseits des Meeres pflegend und von ihnen wohl zu Zeiten einen guten Rat entgegennehmend, so gleiten die Eingeborenen-Staaten still und unmerklich ihrem Ziele zu, das sie verschlingen wird. Und so würden diese an sich kulturell wertlosen Völkergemeinschaften dabei — wenn auch indirekt und unbewußt — eine Kulturmission erfüllen, indem sie — gleich der Mücke, die ins Licht fliegt — größere Klarheit bringen, während sie vernichtet werden.

In Wahrheit, die geniale Politik, die mit so geringer Reibung und so überlegener Geschicklichkeit den Volksstamm zu meistern versteht, der die Erde am meisten in seiner anmaßenden Bigotterie beunruhigt, kann einen Beobachter moderner Orientpolitik nur mit der tiefsten Bewunderung erfüllen.

II. Kuweit.

1. Das Leben im Palast des Scheichs.

An einer von SW nach NO verlaufenden Küste, [1]) die sich ganz sanft aus der an Schlamm des Schatt-el-Arab reichen Kuweitbucht erhebt, liegt die Residenz Mobareks, einer der heiß umstrittensten Punkte in dem Wettstreit Englands und Deutschlands im vorderen Orient. Es ist hier nicht der Ort, auf die hochpolitische Bedeutung des Ortes und auf die zur Zeit bestehenden Verhältnisse näher einzugehen. Aber auch davon ganz abgesehen, verdient Kuweit unser lebhaftestes Interesse, ist es doch — vielleicht mit Ausnahme von Makalla an der Südküste — der von fremder Zivilisation unberührteste der wenigen „unabhängigen" Küstenorte, die von einiger Bedeutung sind.

Der Ort erstreckt sich am weitesten — etwas über 2 km — längs der Küste, während er sich gegen das Land hin in beträchtlich geringerem Maße ausdehnt. Die größte Breite beträgt kaum 1 km.

Ungefähr in der Mitte der Seeseite liegt der Palast des Scheichs, ein größerer und sehr unregelmäßiger Gebäudekomplex, dessen Erweiterungsbauten zu verschiedenen Zeiten und von verschiedenen Baumeistern errichtet wurden und deshalb bald arabischen, bald mesopotamischen, bald wieder persischen Baustil aufweisen. Der Palast kann seinem Grundriß und der Verwendung der einzelnen Gebäude entsprechend in drei Abschnitte gegliedert werden: nämlich auf der Höhe des Hanges, der von dem Strande ansteigt, die Privatwohnung des Scheichs mit dem Harem; an dem Abhange die Gebäude für die Leibwache, die Dienerschaft, die Sklaven und die Gäste; und endlich am Strande der Seraj, d. h. das Regierungsgebäude.

Die Wohnung des Scheichs bildet ein großes, festungsartiges Gebäude, das von einem viereckigen Garten umgeben ist. Die eisenbeschlagene äußere Mauer hat keine Fenster, dafür aber hier und da einige Schießlöcher. Das ganze von außen so ungastlich scheinende Gebäude steht mit der Umwelt in Verbindung nur durch eine Tür, die auf die 3—4 m breite Gasse hinausführt, die die beiden obersten

[1]) Diese Richtung gilt nur für den Südrand der Kuweit-Bucht selbst. Die allgemeine Richtung der arabischen Küste ist hier NNW—SSO. Anm. d. Schriftl.

Abteilungen des Palastes trennt. In einer Höhe von 5—6 m über dem Boden der Gasse findet man außerdem noch einen nach allen Seiten hin abgeschlossenen Steg, der die beiden Teile des Palastes verbindet, und schließlich stehen die beiden Dächer miteinander durch einen quer über die Gasse gebauten, überdeckten Holzgang in Verbindung, von dem man Aussicht auf Ort und Hafen hat. Die mittlere Abteilung ist fast ebenso scharf von der Umgebung abgegrenzt als die vorhergehende; aber ihre ganze Anlage verrät die größte Unregelmäßigkeit, teils infolge der Lage am Abhang, teils wegen des Anlageplans selbst oder besser gesagt wegen des Mangels eines solchen. Diese mittlere Gebäudemasse hat zwei Eingänge, einen nach der ebengenannten schmalen Gasse und einen nach der breiteren Straße zu, die den Mittelteil von dem Seraj trennt.

Nach dem Seraj selbst führt ein Ausgang nur über eine schmale Holzbrücke, die in 5 m Höhe über die Straße hin diesen mit dem übrigen Teil des Palastes verbindet. Der Seraj ist aus gelben, gebrannten Mauersteinen von einem Baumeister aus Bagdad aufgeführt. Er stellt ein Paar ganz geschickt gefügter zweistöckiger Bauten dar, deren zweite Etage in der Mitte ein Paar Audienzsäle enthält, die von offenen, luftigen Bogengängen umgeben sind. Die Säle sind reichlich mit Fenstern versehen, teilweise auch mit farbigen Rauten. Die Fußböden sind mit persischen Teppichen bedeckt; längs der Wände stehen breite Stühle und Sofas von einer unbestimmt europäisch-orientalischen Stilart. Die Decke ist mit Hilfe von Holzleisten in Felder geteilt, deren jedes einzelne einen bunten Mehrfarbendruck enthält, der eine junge und reizende europäische „Schönheit" darstellt; im ganzen eine umfassende und mit zweifelhaftem Geschmack ausgewählte Sammlung, die sämtliche Schattierungen von Weiblichkeiten vom Nordkap bis zum Kap Matapan enthält, doch immer mit besonderer Betonung des Wohlbeleibten.

Am Morgen, wenn Mobarek seine erste Mahlzeit eingenommen hat, begibt er sich, begleitet von einem Paar besonders vertrauter Diener und einer Wachtmannschaft von zwanzig Mann, über die verschlossene Brücke zum mittelsten Palast und schließlich über einige Dächer und die starkbewachte Holzbrücke in den Seraj. Die Wachthabenden an den verschiedenen Brücken und Türen haben sich mittlerweile dem Gefolge angeschlossen, und der Scheich ist daher in dem Augenblick, wenn er den Bogengang des Seraj erreicht hat, von etwa einem halben hundert wohlbewaffneter Männer umgeben. Wenn das Wetter gut ist — und das ist es für gewöhnlich — nimmt

Mobarek auf einem Stuhl auf der Seite des Bogenganges Platz, die sich gegen den Hafen zuwendet und ist hier eine Stunde mit der Erledigung seiner Korrespondenz beschäftigt, indem er sich Briefe vorlesen läßt oder seinem Sekretär Briefe diktiert.

Ist er damit fertig, so verläßt er den Seraj und begibt sich — indem sich die Leibwache noch dichter um ihn drängt, als das schon innerhalb der Palastmauern der Fall ist — hinab zu seiner schwarzlackierten Kutsche, die, von zwei stattlichen Rappen gezogen, ihn zu einem der Gebäude des Bazars führen muß, wo er sich inmitten der Besucher bewegt und Geschäfte oder Rechtsstreitigkeiten erledigt. Daher steht auch nur besonders vertrauten oder begünstigten Männern der Zugang zum Palast offen.

Vor dem Wagen marschiert eine Leibwache; hinter ihm folgt auf einem Schimmel ein Hüne von Neger in blauer Livree und mit einem blinkenden Mausergewehr, fertig zum Schuß. Der Aufzug bewegt sich durch die längste Bazarstraße des Ortes, wo die Sonnenstrahlen, die durch das undichte Palmendach zerstreut hindurchfallen, das Bild flimmern machen, während aller Handel einen Augenblick stockt, damit jeder den Scheich ehrerbietig grüßen kann.

In der innersten Ecke des großen Marktplatzes, der sich inmitten des Bazarviertels befindet, liegen zwei zweistöckige Häuser, von deren Glasfenstern im zweiten Stock man Aussicht auf den Markt hat. Mobarek erteilt bald in dem einen, bald in dem andern dieser Gebäude Audienz. Sobald er den Wagen verlassen hat und in Sicherheit auf einer äußern Treppe in das Gebäude eingetreten ist, verteilen sich die Wachen, die aufs neue außerordentlich verstärkt worden sind, über den Platz. Und inmitten des Wirrwarrs der handelnden und lebhaft gestikulierenden Araber, der langsam mumpelnden Kamele, der blökenden Ziegen und schmutzigen Kinder, stößt man jeden Augenblick auf eine Gruppe von fünf bis zehn bewaffneten Männern, die in einem Halbkreis auf der Erde sitzen, oder die mit ihren Karabinern in kleinen Gruppen an den nahen Gassenecken des Marktplatzes stehen.

Während der Scheich im Bazar ist, sorgt die im Palast zurückgebliebene Wachtmannschaft aufs beste für ihre Ausbildung im Schießen. Man schießt nach der Scheibe, d. h. natürlich nicht nach einem für diese Zwecke aufgestellten und bestimmten Gegenstand, sondern nach diesem oder jenem zufälligen Ziel, z. B. nach einem Fleck an dem untersten Teil der Serajmauer. Auf dem Dache des mittelsten Palastes liegen währenddessen Beduinen mit ihren Martini- oder

Mausergewehren und feuern quer über die Gasse, und hünenhafte, schweißglänzende Neger strecken sich — soweit sie nur können — über das schmiedeeiserne Geländer der schmalen Holzbrücke, um dem Ziele recht nahe zu kommen und schütten den Inhalt ihrer Revolver gegen die Mauer aus, daß der Kalkputz von der Wand stiebt.

Naht die Zeit, in der der Scheich zurückzukehren pflegt, so verstummt das Schießen, und die Wachen nehmen ihren Platz wieder am Eingang ein, den sie selbstverständlich auch beim heftigsten Schießen nicht ganz verlassen haben. Ist Mobarek mit seinen Verrichtungen im Bazar so zeitig fertig geworden, daß noch Zeit genug ist, bevor das Mittagsmahl eingenommen werden soll, so begibt er sich nochmal zum Seraj, von dessen der Seeseite zugekehrtem Bogengang oder Altan er die Aussicht über die Meeresbucht genießt, die in ihrem Aussehen mannigfach wechselt, bald grasgrün und bald ultramarineblau schimmert, die bald ein sturmgepeitschter Himmel überwölbt oder die bald als spiegelglatte träge Wasserfläche sich zeigt. Auf einem Stuhl ihm zur Seite liegt stets ein diamantbesetztes Etui mit den dezimeterlangen Bagdadzigaretten und ein Fernglas, womit er die weißen lateinischen Segel beobachtet, die sich hier und da über dem Hafen drehen, oder mit dem er nach dem englischen Postdampfer Ausguck hält.

So kommt die Essenszeit heran. Sklaven eilen über den schmalen Hof, über Terrasse und Dach mit großem Metallbecken und dampfenden Schüsseln auf den Köpfen und in den Händen große, runde, bunte Palmblattmatten, auf denen die Mahlzeiten angerichtet werden. Mitten auf die Matten setzt man die mit „Ghee“ gekochtem Reis gefüllten Schüsseln, und um sie herum gruppiert man Haufen von rundem, flachem Brot und kleine Schüsseln mit Schaffleisch oder Fisch. In der halben Stunde, in der hier gespeist wird, liegen Hof und Dach verlassen da; dann kommen wiederum Sklaven und tragen die Speisereste und Brotbrocken in den zusammengefalteten Matten ab.

Nach dem Essen kommt eine stille Mittagsstunde. Und sie ist lang genug, denn sie währt von Mittag bis drei Uhr. Die Sonne brennt, daß die Lehmmauern springen; der staubfarbene Ort und der träge, unbewegte Hafen werfen blendende Lichter zurück; der Scheich schläft, der Palast schläft, und die meisten der Bewohner schlafen auch. Nur die Fliegen summen lauter denn zuvor und bilden in den Augenwinkeln der schlafenden Tiere und Menschen schwarze krabbelnde Klumpen.

Endlich bricht die Mittagsruhe mit einigen vereinzelten zerstreuten klangvollen Seufzern ab, die aber bald einen regelrechten Takt annehmen. Da ist ein großer Sklave, der nach dem Takt irgendeines Heimatgesanges in einem Messingmörser Kaffee stampft. Bei diesem Ton wacht nach und nach der ganze Palast auf; man hört Schleichen über das Dach und im Hofe; Karabinerläufe blinken am Tor und an den Brücken, und bald ist wieder alles bereit, den Scheich vom „Haremet" zum Seraj zu begleiten. Im Seraj nimmt Mobarek auf einem Sofa in der einen Ecke des einen Empfangssalons Platz, während die Gäste des Palastes oder die hervorragendsten Männer des Ortes, die ihm ihren Besuch abstatten wollen, sich auf den Stühlen längs der Wände niedersetzen.

Ein wohlgewachsener schwarzer Sklave kommt mit einer Reihe kleiner Porzellantassen ohne Henkel in der Linken und in der Rechten mit einer in Hasa hergestellten messingnen Kaffeekanne von eigentümlich ostarabischer Form. Allen Anwesenden wird Kaffee gereicht, jedesmal eine viertel Tasse; und Mobarek bietet dazu denen Zigaretten an, die er besonders zu begünstigen wünscht. Gleichzeitig führt er einige wortkarge Gespräche mit dem größten Teil der Anwesenden. Nach einstündigem Verlauf fährt der Scheich auf einem andern Weg wiederum zum Bazar und kehrt erst kurz vor Sonnenuntergang von da zurück, um die Hauptmahlzeit des Tages einzunehmen, die unmittelbar nach dem Gebet aufgetragen wird.

Wenn die Dunkelheit hereingebrochen ist und die Kälte fühlbar wird, entzünden die Wachthabenden kleine Feuer in den Türöffnungen, und in den erwärmten Ecken des Daches trinkt man Kaffee, und im Schein des allmählich hinsterbenden Feuers singen Beduinen im Chor ihre einfachen Melodien bis tief in die Nacht hinein.

So verlaufen im allgemeinen die Tage im Palast Mobareks. Aber den 73jährigen Fürsten, der allmählich seinen früher recht umfangreichen Harem eingeschränkt hat, so daß dieser heute nur noch zwei Frauen umfaßt, drängt es selbstverständlich, von Zeit zu Zeit etwas neue Würzung in das tägliche Einerlei seiner Lebensführung zu bringen. Dann sendet er seinen kleinen Dampfer nach Basra hinüber; und nach wenigen Tagen kehrt das Fahrzeug zurück und bringt einige Musikanten und Tänzerinnen mit, die aus Haleb stammen, und die jenem unbestimmbaren mit griechischem und armenischem Blut stark durchsetzten Völkergemisch angehören, das unter der gemeinschaftlichen Bezeichnung „Levantiner" das unmoralischste und geldgierigste, deshalb aber in staatsbürgerlicher Hinsicht durchaus nicht gefährliche Element des ottomanischen Reiches ausmacht.

So folgt eine Reihe lebhafter Nächte. In einem der Säle werden ein paar Petroleumglühlichtlampen aufgehängt, die alles in ein grelles Licht tauchen. Die Musikanten mit Streichinstrumenten, Trommel und Tamburin nehmen — etwas abseits vom Zuschauer — in einer Ecke des Saales Platz; und alles harrt der Ankunft des Scheichs. Er kommt über das Dach gegangen, wie immer unter Bedeckung; diesmal begleitet von einem Paar Laternenträgern, die ihm den Weg weisen. Er nimmt seinen gewohnten Platz ein, beginnt Zigaretten zu rauchen, indessen sich die Gäste längs der Saalwände niedersetzen und die Leibwache sich in den Türöffnungen zerstreut. Ein paar wohlgebildeter — nichts weniger als verschleierter — Mädchen, deren ganzes Betragen deutlich erkennen läßt, daß sie nicht nur zum Tanzen da sind, treten in die Mitte des Saales. Die Musik stimmt eine rythmische, aber monotone Melodie an, und die Vorstellung beginnt. Allmählich rückt die Zeit vor, die beiden Dirnen tanzen wilder und wilder und krümmen sich auf dem bunten Teppich, daß ihr Silberschmuck rasselt und klirrt.

Da die irdischen Jungfrauen sich nicht durch dieselbe Billigkeit wie die himmlischen auszeichnen, und da es sich als unzureichend erwiesen, daß der Fürst, wie der „Sâdi" rät, sich „des Ehestands Klötze um den Fuß" gelegt hat, so versteht es sich von selbst, daß der Haushalt keineswegs billig ist; zumal, wenn dazukommt, daß die „feste" Bevölkerung des Palastes sich auf nicht weniger als ein halbes hundert Menschen beläuft, die zum größten Teil besoldet werden und mit modernen Feuerwaffen ausgerüstet sind. Die notwendige finanzielle Grundlage wird indessen nicht durch direkte Steuern geschaffen, sondern durch Markt- und Zollabgaben. Und es leuchtet ein, daß diese für die wirtschaftliche Bedeutung des Hafens und Bazars die größte Bedeutung haben.

2. Der Hafen Kuweit.

Die Anlage, die den offenen, sandigen Strand in einen Hafen verwandelt hat, ist nur von bescheidener Ausdehnung; aber sie ist doch so groß, daß sie den Schiffen Schutz genug dadurch bietet, daß sie die Stärke des Wellengangs auf dem Grunde der Bucht bricht, und so ernstliche Zerstörungen vermieden werden. Eine kleine Strecke außerhalb der Ebbelinie liegt — in der ganzen Breite des Ortes —

eine Reihe unregelmäßig verlaufender Wellenbrecher, deren Material durch das Ausbaggern des inneren Hafenbassins gewonnen worden ist.

Während der Strand selbst versandet ist, findet man außerhalb der Flutlinie den Boden wohl auch noch von Sand durchsetzt, aber doch auch eine starke Beimengung von Kalkschalen, die von dem außerordentlich feinen Schlamm dicht zusammengekittet sind, der von dem Schatt el Arab in den Persischen Golf geführt wird und erst hier, an ruhigen Stellen und in beträchtlicher Entfernung von der Flußmündung, Ruhe findet, sich zu setzen. Dieser Stoff ist ganz gewiß recht weich, aber es vergeht doch einige Zeit, bis ein daraus aufgerichteter Wellenbrecher wieder weggewaschen ist; und da eine stete Ausbaggerung notwendig ist, wenn man sein Schiff nicht schließlich auf trockenem Land sitzen haben will, so wird damit die zerstörende Wirkung des Meeres so leidlich in Schach gehalten.

Die große Ausdehnung des Hafens läßt aber durchaus nicht auf eine lebhafte Schiffahrt schließen. Nur einmal in der Woche, wenn der englische Postdampfer einige viertel Meilen außerhalb des Hafens Anker wirft, segeln etwa zehn Boote hinaus, damit der Dampfer gelöscht werden kann. An der Spitze dieser kleinen Flotille segelt dann der Chef von Mobareks Zollwesen, und erst, wenn dieser an Bord des Dampfers geht, kann die Löschung ihren Anfang nehmen. Beim Zurückkehren setzen die Boote ihre Güter am Zollhaus an Land, jenem großen, viereckigen Gebäude dicht neben dem Seraj. Zwischen dem Zollgebäude und dem Meere stehen drei gewaltige Kanonen, die, nach ihrem Aussehen zu urteilen, noch aus jener Zeit stammen könnten, da die Portugiesen Handel und Seeräuberei im persischen Meer trieben. Die drei Geschütze werden bei sehr festlichen Gelegenheiten zum Salutschießen verwandt, z. B. als der Scheich während meines Aufenthaltes einen türkischen Orden erhielt; aber die Schüsse zeichnen sich durch leidenschaftliche Launenhaftigkeit aus, die für die Bedienungsmannschaften und die Bürger in der Nähe nicht ohne Gefahr sein kann.

Obgleich nur etwa zehn Boote notwendig sind, um den Verkehr Kuweits zu bewältigen, ist der Ort doch besonders reich an S e g e l f a h r z e u g e n. Aber fast alle diese Fahrzeuge sind nur für die P e r l f i s c h e r e i bei den Bahrein-Inseln bestimmt und liegen deshalb ein gut Teil des Jahres trocken auf dem Lande, bis die Perlsaison herannaht und die Bootsmannschaft aus dem Innern des Landes ankommt. Ein geringer Teil der Boote geht außerhalb dieser Zeit des Perlfischfangs in Küstenfahrt zu den Plätzen, die von Dampfern nicht angelaufen werden. Die Zahl der Segelfahrzeuge bei Kuweit beläuft sich auf ungefähr 500, und da die Größe der Besatzung auf einem Perlfischerboote durchschnittlich 30 Mann ausmacht, so beträgt der Anteil Kuweits an der Perlfischerei also 10—15000 Mann.

Fig. 12.
Perlfischerboote. Kuweit.

Kuweit selbst ist viel zu klein, um einer solchen Menschenmenge zu einem einzigen Erwerbszweig verhelfen zu können, und die Mannschaft, die die Boote fährt, ist dazu auch von viel zu mannigfaltiger Beschaffenheit. Das Hinterland, aus dem die Perlfischer hier zusammentreffen, erstreckt sich von Zentralarabien durch Mesopotamien bis Persien. Im April, wenn die Zeit des Fischfanges herankommt, rüstet man in den Oasen von Nedjd starke Karawanen von jungen Männern aus, die nach mehrwöchentlicher Reise durch die gefährliche, menschenfeindliche Wüste die Küste erreichen, um sich hier einem keineswegs gefahrlosen und einem ihren heimischen Sitten so entgegenlaufenden Erwerb wie der Perlfischerei zu widmen.

Diese „Saisonarbeiter" ähneln ihren Brüdern in den andern Erdteilen darin, daß sie aus den schlechtesten Elementen der Bevölkerung hervorgehen; und da die ostarabische Kultur im ganzen genommen eine der tiefstehendsten im gesamten semitisch-hamitischen Kulturkreis ist, so versteht es sich wohl von selbst, daß diese Perlfischer, die mehr auf Abenteuer als auf Erwerb ausgehen, die schlimmste Gesellschaft von Raubgesindel und Piraten bilden, die man sich denken kann. Der äußere Schein von Kultur, mit dem sich der Ostaraber umgeben kann, wenn er in einem gewissen Wohlstand lebt und bis zu einem gewissen Grade auf geordnete Zustände Wert legt, fehlt hier ganz. Das Einzige, was ein Perlfischer mit sich führt, ist das Paar zerlumpter Kleidungsstücke, das er am Leibe trägt. Für ein geringes Entgelt segelt der Perlfischer oft unter elender Behandlung in einigen Sommermonaten zwischen den Klippen und Riffen nördlich von Bahrein umher, oft von quälender, fürchterlicher Hitze geplagt oder vom plötzlichen Sturm überrascht. Ist die Saison vorüber, so werden die edlen Wüstenkinder sehr oft von den eben so edlen Besitzern der Boote um ihren Lohn betrogen.

Diese Perlfischerei, an der sich die Bevölkerung der Länder rings um den Persergolf lebhaft beteiligt, ist schon alten Ursprungs; aber sie ist früher nicht mit dem Eifer getrieben worden, wie es heute der Fall ist. Der Aufschwung, den dieser friedliche, aber anstrengende Erwerb in dem letzten Menschenalter genommen hat, steht wahrscheinlich in engem Zusammenhang mit den Einschränkungen des freien Erwerbs, die Englands wachsende Macht im Persischen Golf mit sich geführt hat.

Dieser freie Erwerb bestand bis weit in das neunzehnte Jahrhundert hinein darin, daß man in möglichst größter Ausdehnung und mit aller denkbaren Grausamkeit Seeräuberei trieb. Von Zentralarabien ist dieses Handwerk mit dem größten Eifer gefördert worden; das wahabitische Reich hatte damals durch die Landschaft Hasa Ausgang zum Meere, was dem Aufblühen des Landes in hohem Maße förderlich war; und man dachte in Riâdh keineswegs kleinlich, wenn es sich darum handelte, dieser eigentümlichen Form der Schiffahrt aufzuhelfen oder andererseits das englische Kriegsschiff zu unterstützen, das dann und wann besonders in den Reihen der unternehmenden Seevölker aufräumte.

Unterdes wurde Hasa unter Midhat Paschas mesopotanischer Regierung von den Türken besetzt, was den Wahabiten in hohem Maße den Ausgang zum Meere erschwerte; und die Engländer, deren Interesse im Persischen Golf stetig wuchs, vermehrten nach und nach die Anzahl der Kriegsfahrzeuge, die auf die zweckmäßigste Weise dafür Sorge tragen sollten, daß der Erwerb der Eingeborenen in andere

Bahnen gelenkt würde. Unter diesen Umständen ist die Seeräuberei im Persischen Golf allmählich stark zurückgegangen. Hierzu kommt noch, daß in den letzten Jahren der größte Teil des Schiffsverkehrs von den Dampfern besorgt worden ist, die in nicht unbedeutendem Maße die Segelschiffahrt früherer Zeiten beeinträchtigen.

Doch das althergebrachte Handwerk ist durchaus noch nicht ganz ausgestorben, wenngleich auch Jahre vergehen können, wo es wieder mal auflebt. Den Rückfällen mit den zugehörigen Metzeleien, die dann wohl hier und da eintreten, wird am besten dadurch begegnet, daß man den Küstenort, der die Seeräuber ausgeschickt hat, dem Erdboden gleich macht. Aber auch diese Maßregel hat — so kräftig sie ist — doch nur geringe Wirkung. Die elenden Hütten, die die Wohnungen der Bevölkerung ausmachen, werden in Grund geschossen, die Einwohner selbst fliehen unterdes ein kurzes Stück in die Wüste, und eine mehr oder weniger große Anzahl Zurückgebliebener wird ins Jenseits befördert. Ist das Kriegsschiff verschwunden, so zeigt sich der Ort wie zuvor; die Hütten sind schon von Anfang an zu löcherig, unregelmäßig und baufällig, als daß der Schaden augenfällig wäre, selbst wenn sie ganz in Grund und Boden geschossen sein würden; Möbel finden sich fast nie, und das Hausgerät ist das denkbar primitivste. So kann ein Bombardement am Hause keine bedeutende Zerstörung verursachen. Und durch die Metzeleien wird die Zahl der Eingeborenen, die jährlich eines gewaltsamen Todes in dieser Gegend sterben, nicht wesentlich erhöht.

Kuweit ist indessen längst über die Seeräuberstaaten hinausgewachsen, die heute noch vereinzelt an der arabischen Küste zwischen Hasa und Omân angetroffen werden Die Zeit, da der Vertreter Englands wegen des fanatischen Europäerhasses der Eingeborenen in beständiger Lebensgefahr schwebte, liegt weit zurück, und seit einer Reihe von Jahren besteht eine herzliche, freundschaftliche Verbindung zwischen dem Herrscher von Kuweit und der indischen Regierung.

Die Perlfischerei ist ein friedfertiger Erwerb, solange das damit verbundene Blutvergießen nur auf die eingeborenen Fischer beschränkt bleibt Und dieses Blutvergießen ist selbstverständlich notwendig; ein Boot, das mit schiitischen Persern und eins, das mit wahabitischen Ostarabern bemannt ist, werden schwerlich in großer Nähe nebeneinander liegen können, ohne daß die Besatzung diese oder jene Ursache findet, in Händel zu geraten; und findet man diese Ursache nicht, so kann man sich übrigens auch ohne eine solche vortrefflich behelfen.

Neben dieser Friedensarbeit, die allmählich gewiß noch wirtschaftlichen Wert erlangen kann, hat die englische vorzüglich durchgeführte „friedliche Durchdringung“ dem weiteren Aufblühen eines andern Erwerbszweiges einen empfindlichen Stoß versetzt, nämlich dem Waffenschmuggel, der wegen seiner der Seeräuberei verwandten Eigenschaften, wie großes Wagnis und zweifelhafte Aussicht auf einen nicht zu großen Verdienst, die wärmste Sympathie bei der Bevölkerung fand. Da die britische Regierung einmal einen sehr praktischen und vorbildlichen Weg der Waffeneinfuhr in den arabischen Küstengegenden gefunden hat, die zur englischen Einflußsphäre gehören, und da andrerseits die Waffen und Munition bei den wechselseitigen Stammesstreitigkeiten für die Eingeborenen unentbehrlich sind, so vermag man wohl zu verstehen, daß viel aufs Spiel gesetzt und viel gewagt wird, damit die Einfuhr den Verbrauch zu decken imstande ist.

Von den Ortschaften am Persischen Golf wagen sich die kecken Seeleute selbst zur Zeit der Monsune in ihren zerbrechlichen und oft ganz flachen Fahrzeugen hinaus in den Indischen Ozean und umfahren Arabiens Küste bis Aden, ja selbst bis Djibouti, von wo sie zum überwiegenden Teil die ausrangierten und oft recht unbrauchbaren Militärwaffen holen, die der Beduinen liebstes Spielzeug von Jugend auf bis zum Tode hin sind, der dann so oft durch eignes oder fremdes Verschulden herbeigeführt wird. Bei der Schiffahrt nach Djibouti und von da zurück zum Persischen Golf bilden eine besondere Gefahr die englischen Kreuzer, die die Aufgabe haben, die Waffentransporte aufzuhalten. So manche Waffenladung endet auf dem Grunde des Meeres infolge der energisch durchgeführten Untersuchung aller in Verdacht kommenden Fahrzeuge — und verdächtig mögen sich vor der Hand wohl noch alle arabischen Boote benehmen. Selbstverständlich schlüpft ein Teil der Boote hindurch, und der glückliche Schmuggler kann nun die höchste Bezahlung selbst für die meist wertlosen Waffen fordern und erhält sie auch.

Auch hinsichtlich dieses Waffenhandels bildet Kuweit gegenüber den andern ostarabischen Orten eine Ausnahme. Während in den meisten Orten gerade wegen der Scheichs und Emire unbegrenzte Freiheit und deshalb wiederum vollkommene Gesetzlosigkeit herrscht, liegt die Macht über Kuweit in den Händen eines einzelnen Mannes, und dazu eines Mannes, der willens ist und Kraft genug hat, allen Widerstand zu brechen. In Kuweit herrscht daher Rechtssicherheit — ein für das übrige Ostarabien recht unbekannter Begriff — und daraus folgt weiter, daß die Bewohner des Ortes mit Ausnahme der Leibwache des Scheichs keine Waffen tragen. Deshalb ist auch der Waffenhandel nach hier von ganz untergeordneter Bedeutung, ganz abgesehen davon, daß das freundschaftliche Verhältnis zu England notwendiger Weise einen Dämpfer auf einen allzu offenbaren Waffenschmuggel legen muß.

Trotz der großen Zahl der Segelfahrzeuge in Kuweit zeigt ihr Bau nur geringe und unbedeutende Abweichungen von dem althergebrachten Bootstypus. Die Boote sind solide gebaut, mit niedrigem Bug, je nach der Größe mit oder ohne Deck und mit hohem Achterbau versehen. Die Masten neigen schräg nach vorn. Man führt Lateinsegel. Obgleich diese Boote ganz ähnlich den Fahrzeugen sind, die man am Euphrat und Tigris „M'heileh" nennt, benutzt man in Ostarabien doch andere Namen; so nennt man die kleinen Boote „Hraescheb", die großen dagegen „Bûm".

Der Strand, der nach innen die primitive Hafenanlage begrenzt, hebt sich gleichmäßig aus dem Wasser heraus. Hier findet man zahlreiche Boote, die zur Ausbesserung ans Land gezogen sind, Boote im Bau und wirre Haufen von Brettern überall; da, wo der Platz nicht anderweitig in Gebrauch genommen ist, finden sich vor den meisten Häusern stinkende Misthaufen. Hier und da sieht man am Wasserrande kleine Holzschuppen und Stege, die da hinüberführen; sie gleichen Badekabinen, aber es sind die „eingeborenen W. C.", die bei Ebbe und Flut automatisch wirken.

Der Ort hört nur wenige Meter vor dem Strande auf, und auf diese Weise kommt ein schmaler, aber viel benutzter Weg längs der Bucht zustande.

Am Strande liegen Kuweits wichtigste Gebäude; der Palast des Scheichs ist ausführlich beschrieben; dazu das unmittelbar daneben liegende Zollamt. Nur wenige hundert Meter nordöstlich vom Seraj liegt das britische Konsulat, ein sofort ins Auge fallendes Gebäude, vor welchem an mächtigem Maste die englische Flagge weht. Bei Nacht hißt man hier eine rote Laterne als Wegweiser für die Schiffahrt. England, dessen Vertreter den Titel eines „Political Agent" führt, ist der einzige Staat, der in Kuweit einen Konsul besitzt. Von der Türkei spürt man nichts; da Kuweit offiziell türkisch ist, so können die Türken ja nicht gut einen Konsul hier haben, aber andererseits trifft man auch keinen andern türkischen Beamten, und die Illusion wird nur dadurch gewahrt, daß Mobarek den Titel eines Kaimakam von Kuweit führt, und daß die Regierungsflagge, die am Fahnenmaste des Seraj flattert, auf rotem Grunde den weißen Halbmond und Stern führt.

Aus Englands überwiegendem politischen Einfluß folgt, daß der europäische Handel und die europäische Schiffahrt sich hauptsächlich in englischen Händen befinden. Die Dampfschiffverbindungen werden ausschließlich von der bekannten Schiffahrtsgesellschaft „British India Steam Navigation Company" unterhalten, deren Dampfer wöchentlich Kuweit anlaufen, einmal auf dem Wege nach Basra und dann wieder auf dem Wege nach Bombay. Die Schiffsgesellschaft hat in Kuweit eine Agentur mit indischem Personal.

Kuweits wichtigste Ausfuhrprodukte sind Wolle und getrocknete und gesalzene Häute, hauptsächlich von Schaf und Ziege. Die Einfuhr erstreckt sich besonders auf Korn und Baumwollzeuge. Der weiße Baumwollstoff, woraus der Araber mit Vorliebe seine Hemden fertigt, wird zum größten Teil von einer Firma in Boston hergestellt, die für ihren arabischen Handel Aden als Hafenplatz hat. Dieser Stoff, den die Araber zu ihrem wichtigsten und oft einzigen Kleidungsstück verwerten, wird von da weiter bis zu den verschiedenen Küstenorten gebracht, und von hier aus wieder durch Karawanen in das Innere des Landes geführt. Die farbigen Baumwollwaren sind englischen Ursprungs. Dann müssen noch besonders die Tücher „Keffîyeh" erwähnt werden, die die Kopfbedeckung der Eingeborenen bilden. Während man in Mesopotamien diese Tücher in mancherlei Farben trägt, blauweiß, bunt oder ganz gelb, ist der Geschmack in Ostarabien ein anderer und läßt solchen starken Wechsel nicht zu. Hier sind fast alle Tücher rotweiß gemustert.

Neben diesen Einfuhrartikeln europäisch-amerikanischen Ursprungs kommt ein Teil orientalischer Erzeugnisse, hauptsächlich Hausgeräte aus verzinntem Kupfer aus Bagdad und Basrah, Teppiche aus Persien und Kaffee aus Java. Als Einfuhrgegenstände von geringerem Wert können noch Zündhölzer, Holzkohle, Butter, Obst, Zucker und Tee genannt werden.

Zündhölzer kamen bis ganz vor kurzem fast ausschließlich von Österreich, was damit zusammenhängt, daß man österreichische Zündhölzer überall in der asiatischen Türkei findet. Seitdem die Hamburg-Amerika-Linie vor wenigen Jahren eine monatliche Dampferverbindung zwischen Hamburg und den wichtigsten Häten des Persischen Golfes eröffnet hat, beginnen aber schwedische Streichhölzer ihren Weg hierher zu finden und verdrängen die österreichischen Streichhölzer nach und nach vom Markt. Während der Eingeborene bezüglich der Kleidertracht und der Stoffe und Muster, die er dazu gebraucht, von unüberwindlicher Starrheit ist, verhält er sich den europäischen Gebrauchsgegenständen neueren Datums gegenüber anders. Da ist noch keine bestimmte Überlieferung eingetreten, und so läuft der Eingeborene dem nach, der ihm diese Waren in geschicktester Weise anpreist.

Außer der „B.J.S.N.Co" und der Hamburg-Amerika-Linie unterhalten noch ein paar englische Gesellschaften regelmäßige Schiffahrtsverbindungen zum Persischen Golf, und schließlich mag noch eine russische Gesellschaft erwähnt werden, die seit einigen Jahren eine monatliche Verbindung zwischen Odessa und Basrah eingerichtet hat. Dies letztere Unternehmen kann fast als Versuch eines handelspolitischen Gegenzuges gegen das englisch-russische Übereinkommen angesehen werden, das Südpersien zur englischen Interessensphäre macht.

Wie schon gesagt: es laufen nur Schiffe British-Indiens Kuweit an, und da Mobarek wegen seiner englischen Sympathien nicht wünscht, daß ein Schiff irgendeiner andern Nation die Reede von Kuweit anläuft, so erfuhren die im geheimen geführten Verhandlungen einer türkischen Gesellschaft zwecks Errichtung einer Agentur in Kuweit eine entschiedene Ablehnung.

Die politische Stellung ist durch dauernde Unsicherheit gekennzeichnet und ist voll von Widerspruch. Das außerordentlich herzliche Verhältnis, das zwischen Mobarek und der indischen Regierung besteht, steht in Widerspruch zu der Stellung des Scheichs als türkischer Untertan und Beamter (Kaimakam); und das antigermanische Empfinden des Scheichs steht gleichfalls im Gegensatz zu den Sympathien der Türkei. Die außerordentliche Bedeutung, die Kuweit für ein harmonisches Zusammenklingen der englischen und türkischen Interessen im nahen Orient haben würde, verdankt es dem Umstande, daß es den Schlüssel Mesopotamiens bildet.

Die Beschaffenheit seiner Bucht würde Kuweit zum idealen Endpunkt für die hauptsächlich von deutschem Geld angelegte Bagdadbahn machen; aber wegen der politischen Sonderstellung Kuweit's kann die Bagdadbahngesellschaft die Bahn nicht bis hierhin ohne die Unterstützung und Mitwirkung Englands ausführen. Wenn man die Aufgabe dadurch zu lösen versucht, daß man die Bahn in Fão am Ausfluß des Schatt-el-Arab enden läßt, so kommt man damit um diese Schwierigkeit nicht herum. Zwar könnte man die Bahn dann vielleicht ohne Englands Einmischung ausführen; aber sie würde dann zugleich damit ihre hochpolitische Bedeutung verlieren. Die Großmacht nämlich, die im Besitz von Kuweit ist, wird immer die Mündung des Schatt-el-Arab beherrschen, und außerdem würde eine wertvolle Hafenanlage bei Fão wegen der starken Deltamündung des Schatt-el-Arab mit großen technischen Schwierigkeiten verbunden sein.

Die Verhandlungen, die um den innersten Teil des Persischen Golfes geführt werden, datieren vom Jahre 1901, nachdem der Besuch des deutschen Kaisers in der Türkei den deutsch-ottomanischen Bahnplan neu belebt hatte. In dem damaligen zentralarabischen Krieg zwischen Riâdh und Haîl nahm Mobarek Partei für Riâdh, während die Türkei Haîl unterstützte. Die Türkei versuchte die Gelegenheit zu benutzen und Kuweit als regelrechte Provinz dem ottomanischen Reich einzuverleiben. Aber England unterstützte Mobarek aufs kräftigste durch eine gegen die Türken gerichtete Flottendemonstration. Mobarek besaß damals und besitzt noch heute große Dattelplantagen bei Fão und möchte deshalb wohl, daß sich das Territorium von Kuweit bis zum Schatt-el-Arab erstrecke. Als Gegengewicht hat die Türkei in Fão einen Kaimakam eingesetzt.

3. Staat und Stadt Kuweit.

Übrigens ist die Ausdehnung des Staates Kuweit unbestimmt, und seine Grenzen stehen nicht ganz fest, da es im Innern des Landes ja fast ganz an Siedlungen fehlt. Mit Ausnahme der Bewohner von Kuweit und Djihâra findet man in diesem Teil Ostarabiens weit und breit keine seßhafte Bevölkerung. Die Grenze müßte die Nomadenstämme umschließen, die Mobareks Oberhoheit anerkennen. Geht man von dieser Annahme aus, so kann man die Grenze Kuweits von der Gegend nördlich von Djihâra dem Laufe des Wadi Rummah folgend bis zum Brunnen Hafar ziehen. Von Hafar aus verläuft sie nach SO zum Brunnen Al-Sâfah, von wo sie weiter bis zum hundertsten Brunnen von Wubrah (1865 von Lewis Pelly besucht) und schließlich bis zum Persischen Golf geht, den sie in der Gegend des Ras Tanadjîb erreicht.

An Befestigungswerken besitzt Mobarek zwei Lehmforts, eins in Djihâra und ein zweites wenige km östlich von Kuweit.

Die Nomaden Kuweits halten sich im Winter in den Steppen gegen Süden bis Wubrah auf und gehen im Sommer nordwärts bis in die Gegend südlich und westlich von Basrah. Im Sommer findet man innerhalb des Territoriums von Kuweit fremde Nomaden im Süden, und zwar die Adjmân bei Wubrah und seinen umliegenden Brunnen, die Mteir etwas nördlicher davon und im Westen von Djihâra Nomaden, die die Oberhoheit von Ibn Raschîd (Haïl) anerkennen.

Die Bewohner des Ortes Kuweit bestehen außer den Kuweit-Arabern, die die Hauptmasse ausmachen, aus einem zentralarabischen und einem persischen Element. Die Perser stammen besonders aus Buschîre und Umgegend und unterscheiden sich von der arabischen Einwohnerschaft durch ihre meist tiefblauen Kleider und ihre hohen Filzmützen. Während aber die Perser keine weitere Bedeutung für das Gepräge des Ortes haben, ist das anders mit den Zentralarabern. Das zentralarabische Bevölkerungselement verleiht dem Ort einen stark wahabitischen Eindruck. Man merkt das besonders im Bazar in den Kaffeehäusern, wo nur wenig Tabak geraucht und fast garnicht gespielt wird.

Das zentralarabische Element Kuweits zerfällt in drei Gruppen; erstens in die, die ihren Aufenthalt ständig in Kuweit genommen haben und hier ihren Unterhalt finden, zweitens in die Perlfischer, die jedes Jahr aus Zentralarabien kommen und sich nur eine Zeit vor und ein Zeit nach der Perlsaison hier aufhalten, und schließlich drittens die Araber, die ihren Erwerb in dem ausgedehnten Karawanenhandel finden, der zwischen Kuweit und Zentralarabien sich abspielt. Kuweit ist zweifelslos der wichtigste Handelsort an der arabischen Ostküste. Auch Maskat macht davon keine Ausnahme; ist doch — was den Waffenhandel anbetrifft — dessen eigentliches Hinterland auf Omân beschränkt, und die südarabischen Wüsten isolieren dies wiederum gänzlich und nehmen ihm jede Verbindung mit dem übrigen Arabien.

Über Kuweit geht der Hauptanteil des Handels mit dem Innern Arabiens, und Kuweit ist nicht allein der Schlüssel Mesopotamiens, sondern auch der Zentralarabiens. Fürs erste ist Kuweit der einzige Ort zwischen Schatt-el-Arab und Kap Musandam,[1]) der eine gute Reede hat. Übersee-Dampfer können hier in geringem Abstand

[1]) An der Straße von Hormus.

von der Küste Anker werfen, und die Bucht von Kuweit bietet zugleich ein Fahrwasser, das auch bei Wind und Wetter wohl zu befahren ist. Außerhalb Kuweits und südwärts trifft man dagegen ganz anere Verhältnisse an der ostarabischen Küste. Von Kuweit bis zur

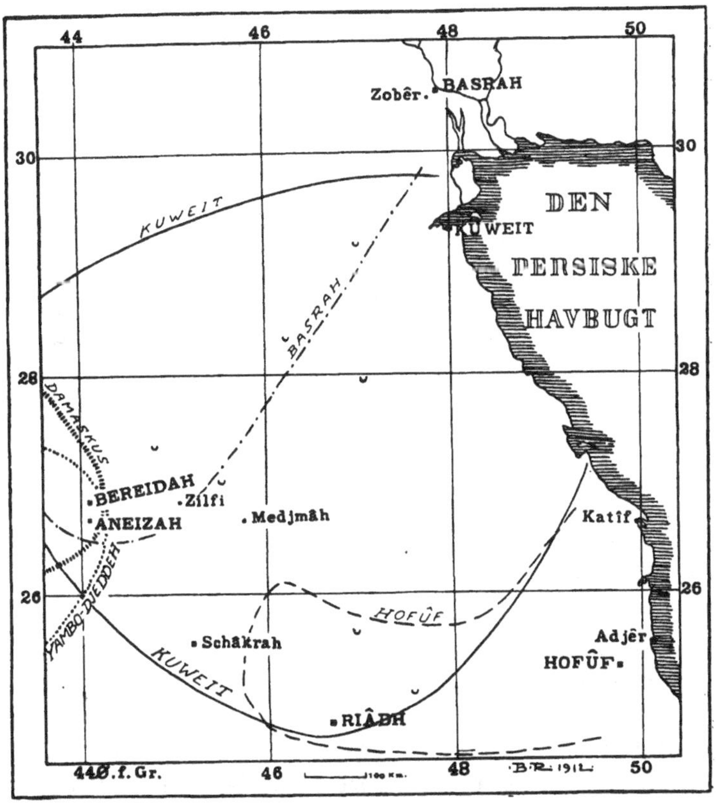

Fig. 13.
Grenzen für den Handelsbereich einiger arabischer Orte.

Piratenküste sind die Tiefenverhältnisse so, daß selbst die kleinen Segelfahrzeuge der Eingeborenen es an mancher Stelle schwer haben, vorwärtszukommen. Und dasselbe gilt auch von dem Fahrwasser um Bahrein. An der Piratenküste liegen die Dinge hier und da etwas besser, so bei Debaï, der einzigen Stelle zwischen Kuweit und Maskat, die von Dampfschiffen angelaufen wird. Bei nördlichen Winden herrscht längs der ungeschützten Küste eine gewaltige Brandung, und so ist Debaï wegen dieser Natur- und Bevölkerungsverhältnisse an der Piratenküste ohne Bedeutung für den Inlandshandel.

Der Umstand, daß Kuweit von allen ostarabischen Küstenorten den stärksten Anteil am Handel nach Zentralarabien hat, läßt noch nicht den ganzen Wert des Ortes ermessen. Man könnte wohl annehmen, daß einige der Küstenplätze am Roten Meere mit ihm rivalisieren könnten und dabei vor allem an Djeddeh und Yambo denken.

Der Handel Djeddehs sowohl als Yambos ist weit größer als der Kuweits; aber der Inlandshandel der westarabischen Küste ist in ganz überwiegendem Maße Lokalhandel, der in Hedjaz in enger Abhängigkeit von der großen und wechselnden Einwohnerschaft der heiligen Städte, und in Jemen von seiner für arabische Verhältnisse recht beständigen Bevölkerung steht. Die Handelsverbindungen im Inneren Arabiens vom Roten Meere aus sind aber von keiner großen Bedeutung, weil die Karawanenwege zwischen Medinah und Nordnedjd und zwischen Mekka und Süd-Nedjd durch Wüstenstrecken gehen, die wegen ihres Wassermangels und der feindlichen Araberstämme gefährlich zu durchschreiten sind, ferner auch wegen der hohen Zölle, die in den türkischen Häfen im Gegensatz zu Kuweit bezahlt werden müssen.

Auch andere Verhältnisse tragen noch dazu bei, Kuweits Handel das Übergewicht über andere arabische Häfen zu geben; dabei darf die Bedeutung der politischen Stellung Kuweits nicht unterschätzt werden. Da Kuweit — praktisch gesprochen — selbstverständlich als arabischer Staat aufgefaßt werden muß, so ist es der einzige Ort, wo das „unabhängige Zentralarabien" Ausgang zur Bucht hat, denn südwärts in Ostarabien, in Hasa, ist das Land ja dem Namen nach türkisch und noch weiter südlich verhindern die südarabischen Wüsten jeden Handelsverkehr; im Westen und Norden aber ist das Land wiederum türkisch. Der aufrichtige Haß, den die Araber gegen die Türken empfinden, wirkt alles andere als fördernd auf den Durchgangshandel zwischen dem türkischen Gebiet; und verschiedene Schritte der ottomanischen Regierung konnten nicht dazu beitragen, die Verhältnisse zu bessern. Die Verschiedenheit in den Zolltarifen sind bereits erwähnt worden, und die Türkei vermag in dieser Gegend darin keine Änderung vorzunehmen, da das Zollwesen vom Einspruch fremder Mächte abhängig ist.

Ein anderer Grund, weshalb der Zentralaraber das türkische Gebiet meidet, besteht in dem im türkischen Reich bestehenden Verbot der Schießwaffen, die nicht unter den Begriff der Jagdwaffen fallen. Wegen der Unsicherheit, die nun in dem Wüstengürtel herrscht, der die Küstengegend und Nedjd trennt, ist es notwendig, daß die Karawanen bewaffnet werden, um einen Überfall seitens der Nomaden abzuschlagen; aber wenn die bewaffneten Kaufleute auf türkisches Gebiet kommen, sind sie der Gefahr ausgesetzt, ihre Waffen von den türkischen Behörden konfisziert und sich auf verschiedene Art und Weise geschädigt zu sehen, weil das strenge Waffenverbot übertreten worden ist. Diese Bestimmung und noch manche andere hat gezeigt, daß es der türkischen Verwaltung sowohl an Weitblick als an Stetigkeit fehlt.

Von türkischer Seite wird das ganze innere Arabien als zum türkischen Reiche gehörig angesehen; aber daraus folgte auch die Verpflichtung, alle Gesetzlosigkeit — wenn nötig mit militärischer Macht — auszurotten. Von derartigen Bestrebungen findet man indessen keine Andeutung, wohingegen die Türken nach bestem Vermögen die Eingeborenen der Mittel berauben, womit diese ihren friedlichen Erwerb zu beschützen suchen. Der Eifer der Türken im Konfiszieren der Schießwaffen ist an und für sich verständlich genug, wenn man daran denkt, wie mancher türkische Soldat dort durch eine arabische Kugel sein Leben hat lassen müssen; aber man mag die Sache von der einen oder der andern Seite ansehen, so scheint der Türke den Aufgaben nicht gewachsen zu sein, die ihm als Herr Arabiens zukämen.

Kuweit aber ist ein Ort, zu dem die Araber aus dem Innern unangetastet kommen können, ohne daß jemand ihre Bewaffnung mit scheelen Augen ansieht, und man braucht andrerseits hier nicht zu befürchten, daß die Waffen mißbraucht werden, wie das ab und zu auf türkischem Boden geschieht; so groß ist Macht und Ansehen des Scheichs.

Der Markt in Kuweit liegt in dem Teile des Ortes, der dem Lande zugekehrt ist, das heißt: an dem südlichen Außenrande. Ein unbebauter Streifen Landes streckt sich gleich einer Bucht in den Ort hinein, und rings um diese Bucht herum führt ein Netz von Bazargassen, aus denen heraus des Ortes Hauptverkehrsader nach Norden führt, vorüber an Mobareks Palast und hinab zum Zollgebäude. Der unbebaute Platz im Bazar dient als Marktplatz, als Viehmarkt und als Ausgangspunkt der Karawanen.

In architektonischer Hinsicht ist der Bazar ohne Interesse; es gibt keine Bogengänge, wie man sie in den meisten großen Bazaren von Marokko bis Persien findet, ja die Gassen sind zum großen Teil gar nicht überdeckt.

Nur die Hauptstraße ist von einem Dache überdeckt, das aus quergelegten Tamariskenzweigen hergestellt ist, über die wiederum Palmenblätter gebreitet sind. Dieses Dach bietet selbstverständlich keinen Schutz gegen den Regen, und auch gegen die Sonne ist es von geringem Nutzen, da es möglichst luftig und recht nachlässig angefertigt ist. In dieser Hauptgasse spielt sich hauptsächlich der Handel mit Tuchen ab, und hier haben die großen Kaufleute auch ihre Warenlager. In dem Teile des Bazars, der nördlich vom Marktplatze liegt, geht der Handel mit Hausgeräten und mit Fleisch vor sich; dicht an der Einmündung der Hauptgasse in den Marktplatz findet man den einzigen großen Tabakladen Kuweits sowie die Bibelauslage der Amerikanischen Mission, und östlich des Platzes liegen schließlich einige kleine Gassen, wo mit Reiseausrüstungsgegenständen, wie Sätteln, Waffen, Sandalen und Kaffeekannen gehandelt wird. Die wichtigsten Handelsartikel sind schon früher genannt und ihr Ursprungsort gleichfalls; aber einige verdienen noch besonderer Aufmerksamkeit und darunter wieder besonders die, die zu Luxusartikeln und Waffen zu rechnen sind.

Als Luxusartikel müssen zuerst die Kaffeekannen genannt werden, die nicht in Kuweit hergestellt, sondern aus Bagdad und Hofûf eingeführt werden. Die Kaffeekanne des Bagdadtyp besteht aus verzinntem Kupfer, die Kaffeekanne von Hasa dagegen ist aus Messing oder Bronze hergestellt und hat eine etwas andere Form. Die Hasakannen sind oft ziseliert und dann sehr kostbar. Wegen des wahabitischen Einflusses sind die beim Genießen des Tabaks verwandten Gegenstände von denkbar einfachster Gestaltung. Diejenigen unter den Bewohnern Kuweits, die sich dem Tabakrauchen hingeben, rauchen entweder eine Nargileh, deren Wasserbehälter oft aus einer einfachen Kokosnußschale besteht und wozu der Tabak aus Persien eingeführt wird, oder auch die sogenannte „Bagdadzigarette“, die hauptsächlich in Mosul aus einem grünlich-gelben Häcksel gemacht wird, dem allerdings auch etwas Tabak untermischt ist. Außerdem führt man nach Kuweit Lehmpfeifen ein, die fast ausschließlich an Beduinen verkauft werden. Diese Pfeifen stammen ebenfalls aus Mosul.

Während die Nahrungsmittel vorwiegend aus Mesopotamien und Persien sind, verhält sich das mit den Waffen ganz anders. Die Feuerwaffen sollen hier nicht zum Gegenstand ausführlicher Schilderung gemacht werden; sind diese, soweit man sie im Bazar Kuweits findet, doch fast alle „Martin-Henry-Karabiner“, die so aussehen, als ob sie geradewegs aus England eingeführt wären. Allerdings erleiden diese Feuerwaffen, wenn sie in den Besitz der Beduinen übergehen, eine Reihe von Veränderungen in ihrer äußern Form, so daß sie schließlich zu Waffen von arabischem Typus werden.

Während diese für den Kriegsgebrauch berechneten Feuerwaffen besonders im Innern des Landes Verwendung finden, trifft man in der Küstengegend eine Nahkampfwaffe, einen Dolch, dessen Verbreitungsgebiet sich aus der eigentümlichen Form der Waffe bestimmen läßt. Die nähere Untersuchung hat erwiesen, daß wir hier einer Waffe gegenüberstehen, die gleichsam charakteristisch ist für die Länder rings um den Indischen Ozean, wie es der Dolch vom Typus des Kris für den ostindischen Archipel ist. Die praktischste Bezeichnung für diese asiatisch-afrikanische Waffengruppe würde nach ihrer verbreitetsten und vielleicht auch ursprünglichen Form „Djembîyeh"-Gruppe sein. Die charakteristischen Kennzeichen des Typus liegen zum Teil in der Klinge selbst, zum Teil aber auch in der Scheide, was ausdrücklich bemerkt werden muß, da das die Scheiden besonders Charakterisierende durchaus keine notwendige Folge der Form der Klingen zu sein braucht.

Die Dolche von der Djembîyeh-Form sind fast immer doppelseitig geschliffen. Die recht breite Klinge hat in der Nähe der Spitze eine scharfe Krümmung. Der Griff, der häufig aus Horn gefertigt ist, hat im allgemeinen die Form einer langgestreckten Sanduhr. Die besseren Dolche sind am Griffe mit Metallbeschlag (oft von Silber) geziert, mit einer Filigranornamentik als Muster, die bald nach arabischem, bald nach indischem, bald nach ostafrikanischem Geschmack geprägt ist. Die Scheide hat wie die Klinge eine scharfe Krümmung an der entsprechenden Stelle; aber die Scheide geht wie ein kürzerer oder längerer Schnabel noch über den Punkt hinaus, bis zu dem die Klinge reicht; so findet man sogar gänzlich U-förmig gestaltete Scheiden.

Die bezeichnendste Art, in der die Waffe getragen wird, ist die, daß seine Scheide an zwei Stellen des Gürtels befestigt wird. Noch bemerkenswerter dabei ist die Art der Befestigung. Der Befestigungspunkt liegt nämlich unterhalb des Schwerpunktes der Waffe. Bei der arabischen Form ist die Scheide oft unlösbar mit dem Gürtel verbunden. Die Länge der Waffe schwankt etwas, liegt aber innerhalb der Grenzen von 25 und 40 cm bei einer gewöhnlichen Länge von 30-35 cm. Die Breite der Klinge mißt gewöhnlich 4,5-5,5 cm.

Die Dolche vom Djembîyeh-Typus findet man vom Dekkan

Vorderindiens (Haiderabab) längst der Malabaküste bis Sind ausgebreitet; sie sind ferner gebräuchlich längs der Makrânküste, der Küste des Persischen Golfes, in Omân, Südarabien, Somaliland und an der Küste von Ostafrika südwärts bis Sansibar. Während sich der Kreis der Verbreitung dieses Typus leicht bestimmen läßt, verhält sich das anders mit der Frage, wo er ursprünglich entstanden ist. Daß ein Typ, der sich durch so ausgeprägte Charaktermerkmale wie der der Djembîyeh auszeichnet, in drei in physischer wie ethnographischer Hinsicht so verschiedenartigen Gegenden wie Vorderindien, Südarabien und Ostarabien entstanden sein soll, muß von vornherein als unwahrscheinlich angesehen werden. Anglo-indische Ethnographen halten die Waffe für arabischen Ursprungs[1]), während der Arabienforscher Graf Landberg der Ansicht zuneigt, daß sich bei der Entwicklung der Djembîyeh indischer Einfluß geltend gemacht hat[2]).

Man könnte endlich eine dritte Hypothese vorbringen, nämlich die, daß die Djembîyeh ursprünglich eine ostafrikanische (Somali) Waffe ist. Man kann diese Annahme auf die Tatsache stützen, daß man in diesen Teilen Afrikas den Dolch in der einfachsten Form und ohne irgendeine Vorrichtung findet, um die Scheide an zwei Stellen am Gürtel zu befestigen. Die Waffe kam dann bei der namentlich in früherer Zeit lebhaften Verbindung zwischen Ostafrika und Südarabien[3]) nach letzterem und hat dort ihre kompliziertere Form erhalten. Von da haben sich die Djembîyeh's schließlich bis nach Indien hin ausgebreitet, was in Anbetracht der lebhaften Verbindung, die seit den ältesten Zeiten zwischen Arabien und dem fernen Osten bestanden hat, nicht verwunderlich erscheint. Daß die Verbreitung nicht den entgegengesetzten Weg genommen hat, kann man daraus schließen, daß man in Indien nicht selten Djembîyeh's arabischen Ursprungs findet, wohingegen das Umgekehrte nicht der Fall ist, und — was noch weit wichtiger zu beachten ist — daß wenn auch die in Indien hergestellten Djembîyeh's nicht so am Gürtel befestigt werden können, wie die arabischen — man doch als Rudiment eines Gürtels ein schräg über die Scheide laufendes bandförmiges Ornament findet.

Daß eine Verwandtschaft zwischen den Djembîyeh's und den

---

[1]) Egerton: Handbook of Indian Arms. Ebenfalls nach Etikettierung der Sammlung im British Museum und im Victoria-Albert-Museum.

[2]) Landberg: Etudes sur les dialectes de l'Arabie Méridionale.

[3]) Glaser: Die Abyssinier in Arabien und Afrika.

Formen der Wurfmesser und Säbelklingen besteht, die man bei den Stämmen am oberen Nil und dessen östlichen Nebenflüssen findet, läßt sich wegen der Dürftigkeit der ethnographischen Sammlungen, die bisher auf diesem Gebiet gemacht sind, schwer entscheiden. Untersuchungen über diese oder jene Verhältnisse würden daher von großem Interesse sein.

Der Dolch ist überall auf Erden eine persönliche Waffe, die in ihrer Anwendung und ihrer Verwertung ganz verschieden von der eigentlichen Kriegswaffe ist; denn während die Kriegswaffen durch die feindlichen Überfälle, die recht oft von nur oberflächlicher kultureller Bedeutung sind, von Land zu Land verbreitet werden, und während sich diese Waffen schnell verändern und sich den Verhältnissen anpassen, unter denen sie benutzt werden, ist der Dolch eine Waffe, womit jedermann und sogar der bewaffnet ist, der sich nicht mit Kriegsführung abgibt. Die Verbreitung dieser Dolche wird deshalb in enger Beziehung stehen zu dem steten friedlichen Verkehr zwischen den Völkern, und die Form der Waffe wird — da sie jedermanns Besitz — an eine weit festere Überlieferung gebunden sein als die der Kriegswaffen, die an Zahl geringer sind und sich außerdem dem Objekt anpassen können, gegen das sie angewendet werden.

Die Djembîyeh's, die man im Bazar von Kuweit findet, stammen besonders aus Maskat, wo diese Waffen in bedeutendem Umfange hergestellt werden.

Der Bazarhandel in Kuweit ist im übrigen ein Handel mit den einfachsten Bedürfnisartikeln, wie Holzkohle, Nahrungsmitteln und Hausgeräten. Der Handel mit Holzkohle findet im innersten Teil des Marktplatzes, da wo die Hauptgasse ausmündet, statt. Dieser Holzkohlenmarkt — Sûk-el-Fahm — ist angefüllt von Eseln, die auf ihrem Rücken aus Palmblättern geflochtene Körbe tragen. So transportiert man die Kohle vom Hafen hierher. Die Holzkohle, die man in Kuweit braucht, stammt von Persien.

Auf dem großen Marktplatz spielt sich auch der Handel mit Tieren ab, mit Kamelen, Eseln, Schafen und Ziegen, und hier findet sich auch ein recht lebhafter Handel mit Eßwaren unter schmalen Strohschirmen, die gegen die Sonne Schutz gewähren. Das Vieh, das auf den Markt gebracht wird, gehört teils den Bewohnern von Kuweit, die ihre Herden in der Umgebung des Ortes haben, teils ostarabischen Nomaden. Auf dem Marktplatz hält der Scheich einen Mann, dessen Aufgabe es ist, eine Abgabe für jedes Stück Vieh, das verkauft wird, zu erheben. Für jedes Schaf (auch für die Ziege) bezahlt man eine Abgabe von $4^1/_2$ Anna, für den Esel bezahlt man 1—2 oder 4 Rupien, je nachdem das Tier von gewöhnlicher Größe ist oder der großen mesopotamischen Rasse angehört, und für ein Kamel, dessen Wert von ungefähr 5 £ für ein einfaches Lastkamel bis ungefähr 25 £ für ein gutes Reitkamel schwankt, beträgt die Abgabe 10% dieses Wertes.

An der Nordseite des Marktplatzes werden jeden Morgen zahlreiche Schirme von Strohmatten, Palmblättern und über Holzrahmen ausgespannte Sackleinwand aufgestellt, Einrichtungen, die man übrigens auch zum Schutz gegen die Sonne finden kann. Diese Halbdächer stellt man oft zusammen, so daß sie kleine Hütten bilden, die wie Kartenhäuser an jedem Ende offen sind. In ihrem Schatten nehmen die Kaufleute Platz und breiten ihre Waren vor sich aus. Man sieht hier nicht nur Männer Handel treiben, sondern gewahrt auch Frauen, zusammengekrochene, vermummte Gestalten, auf deren schwarzen Kleidern hier und da eine karmesinrote Kante leuchtet.

Da wird mit allem Möglichen gehandelt: mit verzuckerten Datteln, von denen die Kaufleute unter fruchtlosen Anstrengungen versuchen, die Fliegen abzuhalten; mit wollenen Mäntel, „Aba'er", die die Oberkleidung der Araber ausmachen; mit unappetitlichen Fleischstücken, die in bläulicher Farbe schillern; mit getrockneten „Leben", Trüffeln, die man aus den naheliegenden Steppen bringt; mit glänzenden Ziegenfellen, mit „Ghee" und manchen andern Dingen gefüllt; mit Kleidungsstücken und Hausgeräten von schlechter Qualität und so manchen mehr eigentümlich als schmackhaft aussehenden Eßwaren, deren Zusammensetzung sich durch bloßen Augenschein nicht bestimmen läßt.

Wie ich schon vorhin sagte, bildet der Marktplatz nicht nur den Ort, wo der Handel sich abspielt, sondern auch den, von dem aus die Karawanen ausgehen. Sind die Karawanen marschbereit, so sammeln sich langsam die Kamelbesitzer mit ihren Kamelen auf dem südlichen Teile des Marktplatzes, und die Kaufleute bringen ihre Ware hierher. „Südlicher Teil" des Marktplatzes ist eigentlich eine unglückliche Ortsbezeichnung, da der Platz nach Süden unmittelbar in die Wüste übergeht. Die Grenze könnte da gezogen werden, wo der Verkehr die Vegetation nicht mehr aufkommen läßt.

Der Handel im Bazar geht genau wie alles andere, was der Araber unternimmt, unter vielem Rufen und Lärmen vor sich, wodurch ein starkes Bedürfnis nach frischem Trunke entsteht, um die ausgetrockneten Kehlen zu laben. Deshalb liegen denn sowohl auf dem Marktplatz als auch in einzelnen der Bazarstraßen Kaffeehäuser, in denen Kaffee und Tee geboten wird, und wo wohlhabende Gäste eine Nargileh zum Gebrauch für sich mieten. Es gibt sogar ein Kaffeehaus außerhalb des Marktes, das stark besucht ist, wo sich Kuweits „Highlife“ einfindet, d.h. die großen Kaufleute, Karawanenhändler und Mitglieder des Hausstandes des Scheich.

Am Marktplatz finden sich die beiden Gebäude, in denen der Scheich Audienz erteilt.

Da von Kuweit sowohl ausgedehnter Karawanenhandel ins Innere getrieben wird, als auch zugleich viele umwohnende Nomaden nach dem Orte hinkommen, um hier zu handeln, so erhält der Bazar

Fig. 14.
Straße in Kuweit.

ein recht lebhaftes Gepräge. Das bunte Treiben wird dadurch noch vermehrt, daß die von auswärts angekommenen Eingeborenen sich zum größten Teil auf dem Marktplatz selbst und in den anstoßenden Gassen lagern. Längs der Außenseite des Marktplatzes findet man ohne jegliche Ordnung und ohne irgend einen Plan dunkelbraune Zelte aufgeschlagen, in denen tagsüber Schafe, Frauen, Zicklein und Kinder in kleinen, schläfrigen, zerlumpten Haufen liegen und sich in der Sonne aalen.

Die Gassen, die auf den Platz ausmünden — doch die eigentlichen Bazargassen ausgenommen, — sind am Abend nicht zu betreten, da man unfehlbar über Zeltstricke und Tüderpflöcke straucheln würde und zwischen den niedrigen, nur bis $1^1/_2$ Meter hohen Zelten herumirren würde.

Wenn man vom Kohlenmarkt aus die Hauptgasse hinaufgeht, so trifft man bald rechter Hand die Bibelauslage der amerikanischen Mission. Am Ende eines Tisches, der mit arabischen Ausgaben der christlicher Schrift bedeckt ist, sitzt Tag für Tag ein Mann, der wahrlich im Besitz einer fast übermenschlichen Geduld sein muß. Außen flutet die bunte, summende Menschenmenge handelnd, schachernd und betrügend vorbei; aber über die Türschwelle der Mission tritt nur selten ein Araber; und geschieht das, so ist dies letztere beinahe noch schlimmer als das erste. Denn eine religiöse Zwiesprache zwischen einem christlichen Missionar und einem fanatischen Wahabiten wird kaum zu irgendeinem positiven Ergebnis führen.

An der linken Seite der Hauptstraße trifft man, vom Bazar kommend, halbwegs zwischen Marktplatz und dem Seraj die größte Moschee Kuweits. Sie umfaßt einen rechtwinkligen Hof. Der Haupteingang liegt auf der Nordseite. Die Einrichtung des Gebäudes ist mir unbekannt. Über dem Haupteingang findet sich eine Art Torturm der als Minaret dient. Außer der großen Moschee findet man über den ganzen Ort verteilt noch mehrere kleine, die sich alle durch eine äußerst bescheidene Architektur auszeichnen. Auf die Minarets, die sonst eine so große Rolle in der Physiognomie der orientalischen Gebäude spielen, gibt man in Kuweit fast gar nichts. Sie finden sich — wenn auch in geringer Anzahl — ja wohl auch; aber ihre Höhe ist so unbedeutend, daß sie nur ganz wenig über die umliegenden Gebäude emporragen. Diese kleinen Minarets von Kuweit sind vierkantig, ihre Wände verjüngen sich nach oben, und vier Gucklöcher umgeben eine überdeckte Plattform. Diese Bauwerke sind alle aus an der Sonne getrocknetem Lehm aufgeführt.

Die Hauptstraße führt — wie schon gesagt — an Mobareks Palast vorbei bis zum Zollamt. Bevor man zur Wohnung des Scheichs kommt, biegt eine Gasse rechts ab, die gleichfalls nach der Bucht führt. In dieser Gasse liegt die Agentur der englischen Dampfschifffahrtsgesellschaft und das Gebäude der amerikanischen Mission. Die Missionare haben sich einen wohlbebauten Hof eingerichtet, der früher von Mobarek bewohnt worden war, bevor er sich die Macht und den Reichtum verschafft hatte, den er heute besitzt.

Von dem übrigen Teil des Ortes Kuweit ist nicht viel zu berichten. Die Häuser haben zum größten Teil nur ein Stockwerk und sind alle aus an der Sonne getrocknetem Lehm aufgerichtet. Die Fensteröffnungen oder die Luft- und Rauchlöcher in der Mauer führen fast alle nach der Straße hinaus, und die Türen, von denen man nur eine spärliche Menge findet, sind immer verriegelt. Der Lehm, aus denen die Häuser aufgeführt sind, stammt aus der nächsten Umgebung, hauptsächlich aus der Gegend unmittelbar östlich und südöstlich des Ortes. Sobald man außerhalb des bebauten Geländes kommt, findet man die Oberfläche der Erde ganz uneben und von Löchern durchwühlt. Hier gräbt man den Lehm, wo man gerade Lust dazu hat oder wo der Esel gerade stehen bleibt. So sieht man hier und da über der Landschaft hin eine Frau mit einem Esel. Der Esel hat einen Doppelkorb auf dem Rücken, und wenn der Korb gefüllt ist, so treibt die dunkle, verhüllte Gestalt das Tier zurück in den Ort, wo der Lehm mit Wasser aufgeweicht und dann mit Stroh oder kleinen Zweigen bis zu einer gut zusammenhängenden Masse geknetet wird, womit dann die unregelmäßigen Wände abgeputzt werden.

Die Häuser haben alle flache Dächer, von denen Abflußrohre in bestimmten Abständen in die Luft hinausragen. Wenn es dann mal regnet, so tropft das Wasser von dieser Rinne unmittelbar in die Gasse, was neben dem Verkehr dazu beiträgt, daß die Gasse gerade in der Mitte am schlechtesten wird. Die Gassen Kuweits zeichnen sich sonst übrigens durch verhältnismäßig große Reinlichkeit aus, und nur selten trifft man Gäßchen, die Misthaufen gleichsehen. Die Breite der Straßen wechselt von zwei bis sechs Meter, selten mehr; sie sind, entsprechend den orientalischen Verhältnissen, wenig gekrümmt.

Die Hauptrichtung der Gassen verläuft senkrecht zur Küste, und die meisten derselben gehen von der Nordseite des Ortes ganz hindurch bis zur Südseite. Die Gassen sind hin und wieder — doch ohne bestimmte Ordnung — durch kleine, kaum befahrbare Quergassen miteinander verbunden.

Kuweit ist ein ausgeprägter Steppenort ohne irgendwelche Acker- oder Gartenwirtschaft in seiner Nähe; Korn, Gemüsefelder oder Datteln kommen in Fão und an anderen Orten vor; hier aber sieht man nicht einmal eine Schatten- oder Zierpflanze. Es ist charakteristisch, daß man nicht einen einzigen Baum sieht, eine Gruppe verkrüppelter Tamarisken vielleicht ausgenommen. Möglicherweise ist dies der jedem Pflanzenbau so abgeneigten Bevölkerungszusammensetzung aus Seeleuten und Nomaden zuzuschreiben. Kuweit gleicht einer Lehmwüste mitten zwischen Steppe und Golf.

Krieg und Erdkunde
unter besonderer Berücksichtigung des erdkundlichen Unterrichtes.

Vortrag, am 1. Februar 1917 in der Geographischen Gesellschaft zu Hamburg gehalten von

Rektor R. Barmm.

Krieg und Erdkunde gehören unlöslich zusammen. **Ohne erdkundliche Kenntnisse ist kein Verständnis des Krieges möglich.** Beantworten wir uns im Geiste nur folgende Fragen: Weshalb liegt in manchen Teilen der ungeheuren Kampflinie die kriegerische Tätigkeit zeitweise vollkommen still und muß still liegen? Warum sind die untere Donau und viele polnische und russische Flüsse solch gewaltige Kriegshindernisse gewesen? Aus welchen Gründen ist die österreichische Grenze gegen Italien mit einer verhältnismäßig kleinen Macht zu verteidigen? Welche Mittel besitzt England, um einen Druck auf seine Verbündeten auszuüben? Weshalb ist Rußland in solch bedrängter Lage und weshalb können ihm seine Verbündeten nur wenig helfen?

Wie verschieden werden die Antworten ausfallen je nach dem Stande der erdkundlichen Bildung. Oft genügt schon eine Name, um vielseitige Verknüpfungen zwischen Erdkunde und Krieg in uns rege zu machen. Ich nenne Konstantinopel, Bagdad, Suezkanal, Tannenberg, Rumänien. Man vergißt fast, daß man im Krieg auch ein geschichtliches Ereignis vor sich hat. Vor dem Kriege waren wir es kaum gewohnt, zwischen Erdkunde und Krieg einen engeren Zusammenhang und gar einen ursächlichen Zusammenhang zu suchen. Für uns gehörte der Krieg in das Gebiet der Geschichte. Vom Krieg hörten wir und hören unsere Kinder noch heute in der Geschichtsstunde. Die Lösung geschichtlicher und auch politischer Probleme erwartete der Gebildete vom Geschichtsschreiber, vom Volkswirtschaftler, vom Diplomaten, aber kaum vom Geographen. Die Geographen haben sich nur in geringer Zahl mit der Geschichte des Tages befaßt. Und doch berühren sich Geschichte und Erdkunde auf das Innigste in der Tagesgeschichte, in der Geschichte der Gegenwart. Als Wissenschaft hat die Geschichte die Aufgabe, das Werden und Sichentwickeln der Menschenwelt zu erforschen; sie lehrt uns die Vergangenheit verstehen aus der Erkenntnis der Gegenwart heraus; sie wendet ihren Blick meist in die Vergangenheit. Die Erdkunde versetzt uns dagegen in manchen Teilen ihres umfassenden Arbeitsgebietes mitten hinein in das volle Leben der

Gegenwart; sie will uns die Menschen von heute in ihrer Abhängigkeit von der sie umgebenden Natur kennen lehren; sie ist die Fortsetzung der Geschichte bis in die Gegenwart hinein. Die Geschichte des Tages wird für uns Laien zur Hauptsache solange Erdkunde bleiben, wie wir sie nur in Verbindung mit der örtlichen Grundlage verstehen können. Sind wir dann aber später imstande, die inneren Zusammenhänge der Ereignisse zu durchschauen, so treten die erdkundlichen Tatsachen immer mehr zurück; wir sind im Gebiet der Geschichte.

Denken wir an den Krieg. Zwei und ein halbes Jahr haben wir ihn mitfühlend, mithoffend erlebt. Im Wirrsal der Ereignisse fanden wir nur eine Rettung: wir haben die Geschehnisse örtlich festgelegt. Wir trieben Erdkunde, um die Geschichte zu verstehen. Die erdkundlichen Grundlagen sollten uns das Verständnis der Handlungen der Menschen erschließen. Und wir waren auf dem rechten Wege. Haben doch unsere Heerführer und unsere Diplomaten ihre Maßnahmen zum großen Teil getroffen auf Grund ihrer Kenntnisse von Land und Leuten, also auf Grund ihrer erdkundlichen Kenntnisse. Es ist daher kein Wunder, daß die Erdkunde im Kriege solch eingehende Pflege in allen Kreisen der Bevölkerung gefunden hat. Hat es je eine Zeit gegeben, wo die Karte so hoch in Ehren gestanden hat, wo arm und reich, Gebildete und Ungebildete so eifrig sich in das Kartenbild vertieft haben? Andere suchten sich durch das Lesen von Büchern und Zeitschriften und durch das Anhören von Vorträgen genauer bekannt zu machen mit den Verhältnissen in den Kampfgebieten oder mit Land und Leuten in den eroberten Landesteilen oder in den verbündeten und feindlichen Staaten. Um diesen Bedürfnissen zu genügen, sind während des Krieges viele erdkundliche Schriften veröffentlicht und viele erdkundliche Vorträge gehalten worden. Auch die Tagespresse hat in ihren Spalten der Erdkunde einen weiten Platz eingeräumt. Vielseitige Anregungen hat der Krieg der Erdkunde gebracht; erdkundliche Kenntnisse, erdkundliche Belehrungen und erdkundliches Denken sind durch ihn in unserem Volke verbreitet.

Eine unmittelbare Wechselwirkung zwischen Krieg und Erdkunde ist augenscheinlich. Der Krieg hat belebend auf die Erdkunde eingewirkt; die Erdkunde hat sich aber auch als Dienende den Kriegführenden zur Verfügung gestellt. Beide, Krieg und Erdkunde, haben gleicherweise ihre Vorteile aus dieser Zusammenarbeit gezogen. Die Geographen haben in dieser schweren Zeit dem Vaterlande durch ihre Kenntnisse ausgezeichnete Dienste leisten können. Und der Krieg, an den Boden gekettet, von der Natur und den Menschen abhängig, mußte sich nicht nur die erdkundlichen Kenntnisse zu Nutze machen, sondern der Krieg mußte in eigenem Interesse erdkundliche Forschungen und Arbeiten veranlassen, und er wird der erdkundlichen Wissenschaft für die Zeit nach dem Kriege noch manches Problem ungelöst lassen.

Wie vielseitig diese Beziehungen zwischen Krieg und Erdkunde sind, kann im Rahmen des heutigen Vortrages nur angedeutet werden. Wie außerordentlich ist die Kartographie durch den Krieg gefördert! Unter Mitwirkung wissenschaftlich gebildeter Geographen ist mit unendlichem Fleiß eine Unsumme kartographischer Arbeit geleistet worden. Man hat die neuesten wissenschaftlichen Methoden angewendet und hat sie gelegentlich der fortgesetzten Arbeiten noch verbessern können. Luft- und Fliegeraufnahmen haben geholfen. Staunenswertes ist geleistet. Der Generalstab bescherte uns die prächtigen Karten der Kriegsschauplätze im Maßstab von 1:300000. Von den eroberten russischen Gebieten sind schon über 300 Karten im Maßstab von 1:100000 herausgegeben. Die vorhandenen Karten der westlichen besetzten Gebiete sind ständig verbessert. Von den Ländern der Balkanhalbinsel wächst die Zahl der Karten fortgesetzt; das sind Gebiete, von denen wir vor dem Kriege keine oder nur ungenaue Karten besaßen. Was in Asien geleistet ist, werden wir wohl später erfahren; Wege und Eisenbahnen sind angelegt; kartographische Aufnahmen werden damit Hand in Hand gegangen sein. So ist im Dienste des Krieges ein vorzügliches Kartenmaterial geschaffen worden und für weitere Karten sind die Arbeiten in Angriff genommen. Eine Fülle von erdkundlichen Beobachtungen sind in diesen Karten niedergelegt worden. Wir lernen die Oberfläche unserer Erde immer genauer kennen. Im Kampfgebiet selbst lassen sich kartographische Aufnahmen nur unter besonders schwierigen Umständen machen. Dort duldet der Krieg den Menschen nicht auf der Erdoberfläche; der Krieg treibt ihn in die Erde hinein, in den Schützengraben. Tausende und abertausende von Kilometern an Schützengräben und ganzen Netzen von Schützengräben umsäumen Mitteleuropa. 3—5 m sind sie in die Erde eingegraben; die Unterschlüpfe der Soldaten liegen oft 10—12 m tief, und die Minierstollen gehen bisweilen gar 20—30 m unter der Erde dahin. Geologen haben bei der Anlage der Schützengräben ihre Kenntnisse hergegeben. Wieviel gab es da beim Bau und bei der Erhaltung der Gräben und Stollen zu beobachten, zu lernen. Neben dem Geologen kam sicher auch der Morphologe zu seinem Recht, geht doch der Schützengraben unentwegt über Berg und Tal. Ja, selbst das Hochgebirge kennt den Stellungskrieg. In der im Winter sonst menschenleeren Einöde des Hochgebirges und seiner Gletscher halten die Österreicher Wacht gegen die Italiener. Da wird mancher geographisch Geschulte Beobachtungen über die Hochgebirgswelt machen, die später der Wissenschaft zum Nutzen gereichen werden.

So treibt der Krieg die Menschen in die Erde und auf die Höhen der Berge. In der Ebene sucht der Soldat möglichst die Erhebungen des Bodens zu gewinnen, der besseren Verteidigung, der besseren Fernsicht wegen. Aber das genügt ihm noch nicht. Er erhebt sich mit Fesselballon, Luftschiff und Flugzeug weit über den Erdboden, um die Stellung des Feindes zu erkunden, um selbst von oben herab anzugreifen oder dort in der Luft Kämpfe auszuführen. Wer hätte bei Kriegsbeginn sich eine solche Entwicklung unserer Luftwaffe denken können! In allen Jahreszeiten, in den verschiedensten Klimaten, vom Norden Rußlands bis zu den Grenzen Ägyptens und Persiens, über dem Lande wie über dem Wasser steigen unsere Luftfahrzeuge täglich zu Höhen auf, die vor dem Kriege nur hin und wieder durch den Menschen erreicht worden sind. Beim Bau und bei der Führung der Luftfahrzeuge haben unsere Meteorologen helfen und raten können. Dank der Erfahrungen des Krieges hat die Luftschiffahrt eine Sicherheit erreicht, die wir uns vor zwei Jahren nicht hätten träumen lassen. Nach dem Kriege wird die Wissenschaft in den Luftfahrzeugen ein sicheres Mittel haben, die Physik unserer Lufthülle genauer zu erforschen.

Wie der Mensch so die Luft zu seinem Kampfplatz gemacht hat, so geht er auch in die Tiefe des Meeres zum Kampfe und zwar zum Kampfe gegen unseren' erbittertsten Feind, den Engländer. Glänzend bewähren sich unsere U-Boote. Unsere Ozeanographen haben beim Bau und bei der Handhabung dieser Waffe ihre reichen Erfahrungen hergeliehen. Sie haben mithelfen können, daß unsere U-Boote solch bewunderungswerte Leistungen zeigen. Unsere Erdkunde hat sich selbst das Werkzeug mit geschaffen, dessen sie sich nach dem Kriege bedienen kann, um Meeresforschung zu treiben. Im ganzen Kampfgebiet, im Schützengraben, in der Luft und im Wasser hilft und fördert die Erdkunde zum Besten unserer Kriegführenden und zu ihrem eigenen Nutzen.

Aber auch hinter der Front findet die Erdkunde ein reiches

Feld der Betätigung. Haben wir in Deutschland jemals so vielfach Gelegenheit gehabt, die Völker der Erde zu studieren in ihren Rasseeigentümlichkeiten, ihren Sprachen, ihren Gebräuchen? Fast 3 Millionen Gefangene werden in Mitteleuropa festgehalten. England, Rußland und Frankreich haben sich in gleicher Weise bemüht, uns mit möglichst verschiedenartigem völkerkundlichen Anschauungsmaterial zu versorgen. Unsere Anthropologen haben sich die Gelegenheit zu eingehenden Forschungen nicht entgehen lassen.

Das sind nur einige Beispiele, an denen ich zeigen wollte, wie die Erforschung der Erdoberfläche, der Lufthülle, des Meeres und der Völker der Erde Anregungen empfangen hat durch die kriegerischen Ereignisse. Mit Leichtigkeit ließe sich im einzelnen nachweisen, daß es nur wenige Gebiete der allgemeinen Erdkunde gibt, die vom Kriege nicht mehr oder minder stark berührt werden. Aber noch vertiefter und inniger werden die Beziehungen, sobald wir das Gebiet der Länderkunde betreten. Ist doch die Länderkunde der Zweig der Erdkunde, in dem sich Krieg und Erdkunde ihrem Wesen nach am nächsten stehen. Der Krieg ist und bleibt trotz allem ein geschichtliches Ereignis. Die Geschichte setzt als wissenschaftliches Fach den Menschen voraus; der Mensch ist an den Raum gebunden; jedes Geschehen ist also räumlich verankert. Die Erdkunde wird daher sich dort mit der Geschichte berühren, wo die Erde als Wohnsitz des Menschen betrachtet wird. Und das ist das Gebiet der Länderkunde. Welch außerordentliche Bedeutung ich dem länderkundlichen Studium in Verbindung mit dem Weltkrieg beimesse, kann ich am deutlichsten durch eine etwas kühne Behauptung zeigen: Der Krieg wäre nicht ausgebrochen, wenn in allen beteiligten Staaten, wenn auch nur in den leitenden Kreisen, bessere länderkundliche Kenntnisse verbreitet gewesen wären.

Was haben die da draußen, die Engländer, die Franzosen, die Russen von uns gewußt! Was für ein falsches Bild haben sich unsere Gegner von unseren sittlichen, wirtschaftlichen und politischen Verhältnissen gemacht! Sie schelten uns Hunnen, Barbaren. Sie glaubten, ein großer Teil des deutschen Volkes würde sein Vaterland schmählich im Stiche lassen, Revolutionen würden uns schwächen. Sie glaubten, uns durch Übermacht erdrücken und durch Absperren aushungern zu können. Hätten sie unsere innere Geschlossenheit und Widerstandskraft geahnt, hätten sie die wirtschaftlichen Hilfsquellen unseres Vaterlandes richtig eingeschätzt, — sie hätten den Krieg nicht begonnen. Und welche Wissenschaft hätte ihnen diese Kenntnisse geben können? Zur Hauptsache die Länderkunde. Aber wir dürfen nicht ungerecht sein. Ist es bei uns besser gewesen? Was haben wir von unseren Gegnern gewußt? Haben wir sie besser gekannt, als sie uns kannten?[1]) Sind wir nicht überrascht gewesen über die Organisationsfähigkeit der Russen, über die Tapferkeit und Widerstandsfähigkeit der Franzosen auch nach Niederlagen? Haben wir alle die Engländer richtig eingeschätzt? Eine sorgsame Pflege der Länderkunde hätte uns helfen können, diese Kenntnisse zu erwerben. Ein Volk kann in seinem Charakter und in seiner Leistungsfähigkeit nur verstanden werden aus einer Fülle von Kenntnissen und Beobachtungen heraus. Neben der geschichtlichen Entwicklung eines Volkes müssen wir seine Rasseneigentümlichkeiten kennen; wir müssen die Lage des Landes und sein Klima in Betracht ziehen; wir müssen uns Einblick verschaffen in den geistigen Stand der Bevölkerung und in die wirtschaftliche Lage des Landes. Welch unendlich schwierige Aufgabe aber darin liegt, auf diesem Wege sich ein Bild der Völker und Staaten der Erde zu verschaffen, das sehen wir in unserem Vaterlande.

Wir können nicht behaupten, daß es mit unseren Forschungen auf dem Gebiete der Landeskunde Deutschlands glänzend steht. Und doch wird mit großem Fleiße an der wissenschaftlichen Erforschung Deutchlands gearbeitet. Es hat einfach bisher an der nötigen Zeit gemangelt. Die Erdkunde ist als Wissenschaft in Deutschland noch zu jung. 1870—71 gab es in unserem Vaterlande nur drei Professuren für Erdkunde und zwar in Berlin, Göttingen und

[1]) An dieser Stelle weise ich auf die vorzügliche „Denkschrift über die Förderung der Auslandsstudien" hin. Sie wurde am 25. 1. 1917 dem Preußischen Abgeordnetenhause vom Minister der geistlichen und Unterrichts-Angelegenheiten überreicht, sie gab am 28. 2. und am 1. 3 1917 den Ausgangspunkt zu einer lebhaften Aussprache im Abgeordnetenhaus. Aus der Denkschrift seien hier einige Sätze wiedergegeben: „Der Krieg hat gezeigt, daß unsere Unkenntnis ausländischen Denkens erschreckend gewesen ist. Staatswissenschaftliches Verstehen der Gegenwart tut uns bitter not. Wir müssen Stellung nehmen zu den Problemen der Weltwirtschaft und der Weltpolitik. Die Auslandsstudien müssen ihren organischen Platz im akademischen Studium haben. Die gesamte deutsche Bildung muß außenländisch orientiert werden. Die gesamte Jugend muß mit weltpolitischem Denken erfüllt werden." Beachtenswert sind auch die Ausführungen des Prof. Dr. O. Franke, Hamburg, in der Kölnischen Zeitung vom 19. 2 1917 über die „Auslandsstudien in Deutschland und die Denkschrift des Preußischen Kultusministeriums."

Breslau. 1885 war Berlin die erste deutsche Universität, die eine zweite Professur für Erdkunde einrichtete. Heute sind noch die Hälfte der Geographie-Professuren mit Nicht-Geographen besetzt, das stellte Professor Penck im vergangenen Jahre fest. Trotzdem haben gerade die deutschen Geographen außerordentlich viel für die Wissenschaft geleistet. Noch unendlich umfangreich und mannigfaltig ist aber das, was noch zu bewältigen ist, gerade auf dem Gebiet der Länderkunde. Denn Länderkunde pflegen, heißt die Ergebnisse der Forschungen der allgemeine Erdkunde für ein bestimmtes Gebiet zusammentragen. Die allgemeine Erdkunde beansprucht also selbst bei stärkerer Betonung der Länderkunde nach wie vor dieselbe ernste Arbeit. Die Zukunft bietet der Erdkunde eine solche Fülle von Arbeit, daß an einen Abschluß selbst der wichtigsten Aufgaben in absehbarer Zeit nicht gedacht werden kann. So war es schon vor dem Kriege, und nun hat der Krieg selbst noch störend und anregend zugleich gewirkt. Er hat die Reihen der Geographen gelichtet; manchen hoffnungsvollen Jünger der Erdkunde deckt heute der Rasen, und der Krieg ist noch nicht zu Ende. So raubt der Krieg uns die frischen jungen Kräfte, die dazu berufen waren, die erdkundlichen Probleme mit lösen zu helfen, und zu gleicher Zeit stellt er nicht nur neue Aufgaben, sondern wirft das über den Haufen, was vor dem Kriege war. Wieder ist es das Gebiet der Länderkunde, das am meisten betroffen ist.

Auch in unserem Vaterlande bereiten sich gründliche, umwälzende Änderungen vor. Selbst unser Volkscharakter ist in einer Wandlung begriffen. Der Krieg schweißt uns zusammen mit seiner harten Hand. Umringt von Feinden sind wir mehr als je aufeinander angewiesen. Wer Soldat hat werden müssen, den wirft der Krieg bald hierhin, bald dorthin. Heute ist der Hamburger von Hamburger Jungens umgeben, morgen ist er inmitten von Bayern, Sachsen oder Ostpreußen. Dazwischen lag wohl eine Erholungs- oder Genesungszeit in deutschen Lazaretten, bald im Westen oder im Osten Deutschlands, aber in der Heimat. Zum ersten Male ist wohl für manchen Hamburger der Süden oder Westen unseres Vaterlandes zur Heimat geworden. Zum ersten Male hat wohl mancher einfache und auch mancher gebildete Mann empfunden: Unser Deutschland beginnt dort, wo deutsch gesprochen wird, wo deutsche Ordnung, deutsche Reinlichkeit herrscht. Zwei und ein halbes Jahr solch gewaltsamer Mischung und Zusammenschweißung kann nicht spurlos an unserem Volke und seinem Charakter vorübergehen. Ja, selbst wir, die wir in der Heimat bleiben mußten, wir sind einander näher gebracht durch gemeinsames Erleben und gemeinsames Leiden und Entbehren. Vor dem unerbittlichen Kriege gibt es keinen Unterschied. Alle haben in gleichem Maße ihre Söhne, ihre Väter dem Vaterlande opfern müssen. Alle haben wir in gleicher Weise, mancher von uns vielleicht zum ersten Male, etwas von der grauen Not des Lebens empfunden durch die Sorge: Was werden wir essen? Wie sollen wir satt werden? Wie können wir uns mit oder ohne Bezugsschein kleiden? So ist die Zeit des Krieges für alle Deutschen eine Zeit gemeinsamen Empfindens. Eine Folge wird das sicher haben. Die Zerrissenheit Deutschlands in Stände und Parteien, die sich in kaum einem Lande der Welt so schroff gegenüberstanden wie bei uns, wird durch den Krieg wesentlich gemildert. Die Zersplitterung Deutschlands in Volksstämme mit unterschiedlichen Sitten und Gewohnheiten, ein Rest der einstigen Zersplitterung unseres Vaterlandes, wird durch den Krieg eine beträchtliche Abschwächung erhalten. Der Krieg prägt uns mit zwingender Gewalt wieder und wieder ein: Ihr alle seid in erster Linie Deutsche! Schwarz, weiß, rot stehen über Euren Landesfarben! Auch unser geliebtes Hamburger Wappen muß in den Hintergrund treten. Das deutsche Vaterlandsgefühl ist mächtig erstarkt.

Das ist eine Tatsache, mit der die Erdkunde rechnen muß. Ihre Aufgabe wird es sein, dies Gefühl der Zusammengehörigkeit zwischen den deutschen Stämmen und das Gefühl der Angehörigkeit zum großen deutschen Vaterlande zu kräftigen. Sie muß uns unser Vaterland besser kennen lehren. Da heißt es, alle Kräfte aufbieten, wenn die Wissenschaft ihre Forschungen auf dem Gebiete der Landeskunde Deutschlands zu einem gewissen Abschluß bringen will. Die Arbeit liegt bei der Zentralkommission für wissenschaftliche Landeskunde in guten Händen. Das erste Ziel ist, alle Teile Deutschlands gleichmäßig eingehend zu erforschen. Heimatkunden müssen geschrieben werden, die monographisch für ein abgeschlossenes Gebiet alles Erdkundliche zu einem Bilde zusammenfügen. Von solchen Heimatkunden gibt es noch nicht viele. Auch für Hamburg und Umgebung ist diese Heimatkunde noch nicht geschrieben. Und diese Heimatkunden sind eine Notwendigkeit für eine Erdkunde über Deutschland. So seltsam es für einen Laien klingen mag: Trotz mancher guten Werke über Deutschland fehlt uns das große, das alles umfassende erdkundliche Werk über Deutschland.

Während des Krieges ruhen im allgemeinen die Arbeiten an

der Landeskunde Deutschlands, da dringendere Aufgaben vorliegen. Das Vaterland hat die Geographen gerufen. Die besetzten feindlichen Gebiete müssen erforscht werden. Wir wissen, daß deutsche und österreichische Gelehrte in den besetzten Gebieten Belgiens, Frankreichs, Rußlands und der Balkanhalbinsel tätig sind. Ganz planvoll werden alle Gebiete durchforscht. Ich verweise nur auf den letzten Bericht von Prof. Dr. Friederichsen aus Rußland. Elf Gelehrte, fast alles Geographen, sind im Auftrage des Staates tätig, um das Gebiet des ehemaligen Kongreßpolens erdkundlich zu erforschen[1]. Der Bericht gibt uns einen Einblick in den Umfang der Arbeit. Sie schließt sich zu einer Heimatkunde des erforschten Gebietes zusammen. Die Gelehrten stehen mit ihrer Arbeit nicht nur im Dienste der Militärbehörden, sondern auch der Zivilverwaltung. Für den Staat sind selbstverständlich nicht die rein wissenschaftlichen Ergebnisse das Ziel, sondern die praktischen Schlußfolgerungen, die sich auf die augenblickliche und zukünftige wirtschaftliche Ausnutzung des Gebietes beziehen oder auf Fragen, die für die Friedensverhandlungen von Wichtigkeit sein können. Also neben der Wissenschaft hat auch der Staat, die Allgemeinheit unmittelbar Vorteil von der Arbeit. Nicht immer hat die Erdkunde in dieser nutzbringenden Weise gearbeitet. Es hat eine Zeit gegeben, wo wir Deutschen das Studium fremder Länder aus idealen Gründen pflegten. Wir hatten in der Fremde nur geringe Interessen; uns führte im allgemeinen der Forschungs- und Wissensdrang dorthin. Im Laufe der Zeit ist es anders geworden, besonders als wir vor einigen Jahrzehnten unsere Schutzgebiete erwarben. Dort gab es bestimmte Aufgaben, die gelöst werden mußten, falls die Schutzgebiete sich entwickeln sollten. Unsere Erdkunde war mit an erster Stelle bei der wirtschaftlichen Erschließung unserer Kolonien. Praktische Arbeit wurde geleistet. Dieser Zug zu praktischer Betätigung hat sich in der Erdkunde immer mehr verstärkt unter dem Zwange der Verhältnisse. Deutschland ist unmerklich hineingezogen in den Kreis der wirtschaftlichen Kräfte, die die Welt umspannen; Deutschland ist eingetreten in die Weltwirtschaft. Heute gibt es für uns Deutsche kein Land auf der Erde, das uns fern steht. Heute haben wir überall unsere Interessen. Das hat belebend und richtunggebend auf die Erdkunde als Wissenschaft eingewirkt. Denn jede Wissenschaft muß, wenn

[1] Diese Kommission hat inzwischen, seit Januar 1917, eine wesentliche Veränderung erfahren; s. Zeitschrift der Ges. f. Erdkunde. Berlin 1917. S. 126. Die Schriftleitung.

sie die Berührung mit dem Leben nicht verlieren will, den Bedürfnissen der Zeit Rechnung tragen.

Die Zeit forderte von uns, daß wir die Länder wirtschaftlich einschätzen lernten, mit denen wir im regen Austausch wirtschaftlicher Güter stehen, aus denen wir das zum Leben Notwendige erhalten und an die wir den Überschuß unseres Landes an Bodenschätzen und an Erzeugnissen der Industrie abgeben. Da mußte die Wirtschaftsgeographie auf den Plan treten. Sie pochte als besonderer Zweig der Erdkunde an die Pforten der Schulen und auch der Universitäten. Sie verlangte die Berücksichtigung, die ihrer Bedeutung entsprach. Nicht überall wurde die Wirtschaftsgeographie mit offenen Armen aufgenommen. Kein Wunder, denn es fehlte an Hochschullehrern für diesen so plötzlich zu kräftigem Leben erwachenden Zweig der Erdkunde. Gab es doch in Deutschland vor einigen Jahren noch keine einzige Professur für Wirtschaftsgeographie. In Berlin wurde 1911 die erste Professur eingerichtet, und noch heute gibt es an den deutschen Hochschulen nur diese Berliner Professur und auch nur als Extraordinarium. Die Wirtschaftsgeographie muß sich ihre Stellung an den deutschen Hochschulen erst erarbeiten. Sie kommt nicht allein; sie bringt eine Schwester mit: Die politische Geographie. Wirtschaftliche Beziehungen können wohl von einzelnen Menschen angeknüpft und gepflegt werden. Aber hinter den Einzelpersonen steht der Staat. Durch Zölle, gesetzliche Vorschriften, durch Erhebung von höheren oder niedrigeren Abgaben für Verkehrs- und Betriebseinrichtungen und durch andere Maßnahmen hat der Staat es in der Hand, den Handel und Verkehr zu hemmen oder zu fördern. Neben dem Kaufmann spielt also der Staatsmann, der Politiker, eine Rolle. Der Staat muß daher bei wirtschaftlichen Fragen mit in Rechnung gezogen werden. Da der Staat an den Raum und dessen Verhältnisse gebunden ist, kann bei der Lösung dieser politischen Fragen auch die Erdkunde mitsprechen. Man bezeichnet diesen Zweig der Erdkunde als politische Geographie. Ein volles Verständnis der wirtschaftlichen Verhältnisse kann nur dann angebahnt werden, wenn sich zur Wirtschaftsgeographie die politische Geographie gesellt. Hat die Erdkunde als Wissenschaft vor dem Kriege in der Pflege dieser beiden Forschungsgebiete genug getan? Ich will einen anerkannten Fachmann sprechen lassen, den Professor Hettner. In der Geographischen Zeitschrift schrieb er im November 1914:

„Nicht zu leugnen ist, daß die politische und die Wirtschaftsgeographie von den deutschen Geographen zu wenig gepflegt worden ist." „Die geographische Aufklärung des Volkes ist unbefriedigend."

Auch auf der Heidelberger Tagung der deutschen Hochschulgeographen im April 1916 zeigte sich in den Beschlüssen dieselbe Erkenntnis. Einstimmig wurde dort folgender Satz angenommen:

„Unter Festhaltung ihrer rein wissenschaftlichen Aufgabe einer Natur und Menschen umfassenden Erforschung und Darstellung der Erdoberfläche muß die Geographie bestrebt sein, an den politischen und wirtschaftspolitischen Aufgaben unseres Volkes mitzuarbeiten."

Im Anschluß an diese Forderung wird für jede Universität eine zweite etatsmäßige Professur verlangt zur Bewältigung der großen Aufgaben, die der Erdkunde gestellt werden, wie Wirtschaftsgeographie, politische Geographie, Auslandskunde u. a. m. Vor allen Dingen ist es aber dringend geboten, daß an jeder Universität und an jeder technischen oder Handelshochschule eine volle Professur der Geographie besteht oder begründet wird.

Wir sehen, wie die Erdkunde als Wissenschaft durch den Krieg neue Kraft empfängt, um der Erdkunde an der Universität die Stellung zu erkämpfen, die ihr zukommt. Und die berufenen Vertreter der wissenschaftlichen Erdkunde folgen nicht nur den Bedürfnissen der letzten Jahrzehnte, sondern auch den Forderungen des Krieges, wenn sie die Wirtschaftsgeographie und die politische Geographie besonderer Beachtung empfehlen.

Wir Hamburger können die Betonung dieser beiden Zweige der erdkundlichen Wissenschaft mit besonderer Freude begrüßen. Die Erdkunde arbeitet auf diesen Gebieten im Dienste des wirtschaftlichen Wohlergehens unseres Vaterlandes. Da kann Hamburg nicht gleichgültig beiseite stehen. Da sind wir sogar die Nächstbeteiligten. Denn unser Wohlergehen ist aufs engste verbunden mit dem wirtschaftlichen Wohl und Wehe Deutschlands. Hamburg ist das größte Eingangs- und Ausgangstor Deutschlands. Das hat Hamburg zu einem der ersten Brennpunkte der Weltwirtschaft gemacht. Von Hamburg geht das Netz der Schiffahrtslinien nach allen Teilen der Erde; es gibt kaum einen bedeutenden Hafen der Welt, der nicht von Hamburg in regelmäßiger Fahrt zu erreichen war. Was hat der Krieg aus Hamburg gemacht? Eine tote Stadt dort, wo vor dem Kriege das wirtschaftliche Leben Hamburgs am frischesten und eigenartigsten pulsierte. Unser Hafen und unsere Elbe sind Zeugen. Wann suchte im Frieden ein Hamburger seinen Hafen nicht auf? Am Sonntag. Und jetzt herrscht Tag für Tag im Hafen die Ruhe des Sonntags. Wie gerne ging der Hamburger hinaus auf das hohe Elbufer von Altona bis Blankenese, um die kommenden und gehenden Schiffe zu bewundern. Heute meidet mancher die schöne Gegend. Das ist nicht unsere Elbe, wie wir sie von Kindheit an kennen. Unsere Elbe und das geringe Leben und Treiben darauf gehören nicht zusammen. Doch laßt nur die Zeit des Friedens kommen. Wie ein Dornröschen wird Hamburg aus langem Schlafe erwachen. Neues Leben wird sich im Hafen und auf der Elbe regen. Hamburg wird wieder Fühlung nehmen mit der Welt. Aber wie wird die Welt aussehen? Sehr viel von dem, was uns die erdkundlichen Werke über Welthandel und Weltverkehr erzählen, wird gewesen sein. Neu muß der Bau der Weltwirtschaft wieder aufgerichtet werden. Ich bin kein Schwarzseher. Aber das ist meiner Meinung nach gewiß. Nie hat es für Hamburgs Handel und Verkehr so schwere Zeiten gegeben, wie sie uns nach dem Kriege bevorstehen. Ich will Sie nicht mit Zahlen behelligen; aber eine Zahl muß ich geben: 43% des Hamburger Seehandels, also fast die Hälfte, ging im Jahre 1913 im Austausch mit unseren Feinden von heute vor sich[1]). Wie wird sich nach dem Kriege der Handel mit unseren Feinden entwickeln? Vernichten lassen sich die Handelsbeziehungen zwischen Kulturvölkern nicht. Der Handel mit unseren heutigen Feinden wird aber erschwert und eingeschränkt werden durch das gegenseitige Bestreben, den Handelsverkehr zu meiden. Es wäre auch unnatürlich, wenn nicht jeder wenigstens versuchen würde, anderweitig seine Bedürfnisse zu decken. Es kommt hinzu: zwei bis drei Jahre wirtschaftlicher Trennung gehen nicht spurlos an den Staaten vorüber. Industrien konnten sich entwickeln, da der auswärtige Wettbewerb erschwert oder gar ausgeschaltet war. Das trifft auch für die neutralen Staaten zu. Der Handel mit Industriewaren wird daher auf dem Weltmarkte manchen Weg versperrt finden. Auch der Verkehr kann nicht einfach die alten Bahnen wieder einschlagen. Manche Länder werden uns den Zugang erschweren, vielleicht für eine Zeit gar unmöglich machen. Auf den anderen Wegen des Weltverkehrs werden wir auf die im Schutze des Krieges erstarkte Handelsflotte der Neutralen treffen. Also Schwierigkeiten, wohin wir blicken. Eine weitere Erschwerung unseres künftigen Verkehrs mit den anderen Weltvölkern dürfen wir hier nicht vergessen. Wir sind von den meisten Völkern der

[1]) Unter Hinzurechnung der Vereinigten Staaten erhöht sich der Anteil des feindlichen Handels auf 56%.

Erde für die Dauer des Krieges getrennt. Unsere Feinde, besonders die Engländer, haben uns unermüdlich und unverfroren in der ganzen Welt verleumdet. Man muß es den Engländern lassen, ihr Lügenfeldzug geht in so lückenloser Weise vor sich, daß es für einen Neutralen oder gar für einen Feind, der nur auf englische Quellen angewiesen ist, schwer hält, sich ein richtiges Bild von den Verhältnissen zu machen. Wir haben in diesem Saale von Professor Gürich gehört, wie er sich in Südafrika aus den feindlichen Berichten mit Hilfe der Karte ein einigermaßen richtiges Bild der Kriegslage hat machen können. Das setzt aber den Willen und die Fähigkeit voraus, die richtige Sachlage zu erkennen, und das wird man bei der großen Masse der feindlichen und neutralen Völker kaum erwarten dürfen. Professor Penck weilte bei Ausbruch des Krieges als Gast einer Gesellschaft zur Förderung der Wissenschaften in Australien. Er erzählt in seinem Buch „Von England festgehalten" über den Eindruck der ersten Nachrichten über den Krieg: „Wie ein Akt grenzenlosen Mutwillens und freventlichen Übermutes erschien nach den australischen Nachrichten das deutsche Vorgehen. Man mußte felsenfest von Deutschlands Aufrichtigkeit überzeugt sein, wenn man dieser Auffassung nicht beipflichten wollte." So tobt der Kampf der Entstellung und Verleumdung des deutschen Wesens über $2^1/_2$ Jahre. Wir müssen künftig der Welt beweisen, daß wir besser sind als unser Ruf.

Auf alle Fälle wird nach dem Kriege — er mag enden, wie er wolle — auf dem Weltmarkte ein wirtschaftliches Ringen sondergleichen entbrennen. Da gilt es für uns Hamburger, den alten Hanseatengeist zu zeigen, das heißt den kühnen Wagemut, der sich stützt auf reiche Lebenserfahrung, eine gute Menschenkenntnis und einen gesunden Blick für das im geeigneten Augenblick Notwendige. Die Hamburger Kaufleute und die Hamburger Reeder werden schon auf ihrem Posten sein. Es gilt aber auch heute, den Blick in die weitere Zukunft zu richten. Das Schicksal Deutschlands und Hamburgs auf dem Weltmarkt wird nicht im nächsten Jahrzehnt entschieden. Da heißt es vorsorgen. Dem Hamburger Nachwuchs muß das beste Rüstzeug gegeben werden, das ihm gegeben werden kann. Wie machte es bisher der künftige Hamburger Kaufmann, wenn er es zu etwas bringen wollte? Der junge Mann erhielt seine erste Ausbildung im Geschäft. Dann ging er nach drüben. Dort war er vielleicht zuerst unter Führung eines überseeischen Geschäftsfreundes und dann möglichst bald selbständig im Geschäftsleben tätig. Das war der sichere Weg der Praxis; der hat den Hamburger Handel auf die Höhe gebracht. Aber was einst ausreichte und gute Erfolge zeitigte, genügt den gesteigerten Ansprüchen von heute und von morgen durchaus nicht immer. Gewiß, mancher wird auch künftig auf diesem Wege zum Erfolge gelangen können. Aber die Zeit verlangt auch Kaufleute, die sich in eingehenderer Weise für den Kampf im wirtschaftlichen Leben vorbereiten. Wo sind die alten Zeiten, als unsere Hamburger Kaufleute als Bahnbrecher der Kultur den Grund zu unserem Handel in den neu erschlossenen Gebieten der Südsee und in Afrika legen konnten? Nach dem Kriege wird es kein Gebiet der Erde geben, wo der Kaufmann nicht Wettbewerber in größerer Zahl finden wird. Es sind auch nicht mehr wie einst einzelne Personen, denen er im Wettkampf gegenübersteht. Es sind oft Gesellschaften, die sich mit gewaltigen Kapitalien in dem umstrittenen Gebiet festzusetzen versuchen. Mehr und mehr pflegen auch die Staaten durch geeignete Maßnahmen oder Abmachungen die Bestrebungen ihrer Untertanen in fremden Ländern zu fördern. Das hat vor dem Kriege schon seinen Anfang genommen, das wird sich nach dem Kriege in verstärktem Maße dem Kaufmann bemerkbar machen. Da heißt es sich rüsten.

Eine gute geschäftliche Ausbildung ist selbstverständlich für jeden Kaufmann die Grundbedingung. Aber will der Kaufmann sich nicht nur im Weltgetriebe behaupten, sondern will er sich auch einen maßgebenden Einfluß verschaffen, dann muß er seinen Blick schärfen und weiten für die wirtschaftlichen und politischen Verhältnisse seines Wirkungskreises. Das vermag er meist nicht allein aus eigener Kraft, da muß ihm die Wissenschaft helfen. Der Kaufmann soll wahrlich kein Gelehrter werden; aber die Wissenschaft muß ihm zu der kaufmännischen Bildung soviel von den Ergebnissen ihrer Forschung übermitteln, wie ihm für den Kampf auf dem Weltmarkt nötig ist. Die Wissenschaft hat Deutschland hochgebracht. Dank der Hilfe der Wissenschaft haben wir Englands Industrie auf den meisten Gebieten geschlagen; dank der Wissenschaft können wir wirtschaftlich und militärisch den Krieg durchhalten; dank der Wissenschaft werden wir letzten Endes den Krieg gewinnen. Die Zeit, in der die Praxis, die Erfahrung allein helfen konnte, ist dahin. Das ist eine der wichtigsten Lehren des Krieges. Selbst England, das Land der Erfahrung, bekehrt sich unter dem Zwange des Krieges zu einer Anerkennung der Bedeutung der Wissenschaft für die Industrie und zieht die Wissenschaft in immer stärkerem Maße heran. Das Land wird in Zukunft am höchsten dastehen, das möglichst weite Kreise seines Volkes teilhaben läßt an den Ergebnissen der Wissenschaft. Möge der Kaufmann immer mehr durch die Tat zeigen, daß er die Bedeutung der Wissenschaft für seine Entwicklung richtig einschätzt. Die deutsche Kaufmannschaft ist schon auf dem Wege. Ich erinnere an die Handelshochschulen und für Hamburg an das Kolonial-Institut, unser Vorlesungswesen und andere Einrichtungen. Das sind Pflegestätten der Wissenschaften, die auch dem Kaufmanne offen stehen. Ganz naturgemäß hebt sich aus der Reihe der Wissenschaften für den Kaufmann die Erdkunde als eines der wichtigsten Studiengebiete heraus. Möge die Erdkunde daher in Hamburg ihre ganz besondere Pflege finden. Die Erdkunde ist in Hamburg nie vernachlässigt worden. Sie hat aber auch hier, wie überall darunter gelitten, daß sie besonders an den höheren Schulen als selbständiges Fach nicht besonders gewürdigt worden ist. Hoffentlich wird der Krieg den letzten Rest der Mißachtung der Erdkunde beseitigen. Soll es von Grund auf besser werden, müssen die Schulen der Erdkunde die richtige Stellung geben in ihrem Lehrplan. Damit kommen wir in die Kämpfe hinein, die die Geographielehrer der deutschen Schulen seit Jahren um die genügende Anerkennung und Berücksichtigung der Erdkunde führen.

Die Entwickelung der Erdkunde als Wissenschaft spiegelt sich wieder in der Entwickelung des erdkundlichen Unterrichts an den höheren Schulen. Am klarsten tritt dies in den Verhandlungen über Schulgeographie auf den deutschen Geographentagen hervor.

1909 hat sich der Geographentag in Lübeck sehr eingehend mit schulgeographischen Fragen beschäftigt. Die Vertreter der Schule wollten die Lehrpläne in neuzeitlichem Geiste ausbauen. Die Arbeit wurde aber dadurch noch gehindert, daß die Erdkunde selbst im Kreise ihrer Vertreter noch den Kampf um ihre selbständige Stellung zu kämpfen hatte.

1912 wurde auf dem Geographentag in Innsbruck eingehend die Frage der Beziehungen zwischen den naturwissenschaftlichen Fächern, der Biologie und der Geologie einerseits und der Erdkunde andererseits erörtert.

1914 wurde auf dem Geographentag in Straßburg ein Lehrplan für den erdkundlichen Unterricht an höheren Schulen vorgelegt. Der Lehrplan entsprach den Bedürfnissen der Zeit. Der Krieg, auch aus der Zeit geboren, hat auf die Erdkunde nicht umstürzend, sondern belebend gewirkt. Dadurch erklärt es sich, daß der Straßburger Lehrplan noch heute im allgemeinen das trifft, was gefordert werden muß. Nur dieses und jenes ist durch den Krieg schärfer hervorgehoben. Im folgenden möchte ich die wichtigsten dieser Forderungen herausheben. Soll die Erdkunde in der Schule ihre durch den Krieg noch gesteigerten Aufgaben erfüllen können, so müssen ihr die genügende Zeit und die geeigneten Lehrkräfte gegeben werden. Daraus ergeben sich für die höheren Schulen die beiden bekannten Forderungen:

1. Die Erdkunde muß als selbständiges Unterrichtsfach mit zwei Wochenstunden bis in die erste Klasse durchgeführt werden.

2. Der erdkundliche Unterricht, muß wie jeder andere von fachmännisch vorgebildeten Lehrern erteilt werden.

Diesen beiden Forderungen füge ich im Anschluß an meine Ausführungen für alle Schulen folgende hinzu:

3. Die Länderkunde bedarf besonderer Pflege. Deutschland steht dabei an erster Stelle; die übrigen Länder finden Berücksichtigung je nach ihrer Bedeutung für uns.

Da es wirtschaftliche und politische Fäden sind, die uns mit der Welt verbinden, ergibt sich daraus:

4. Wirtschaftsgeographie und politische Geographie müssen zu ihrem Recht kommen.

Bei den Gebieten, die mit einander in Berührung stehen, handelt es sich oftmals nicht um geographisch abgeschlossene Gebilde, sondern um Staaten. Gerade der Krieg hat uns gezeigt, wie staatliche Zusammengehörigkeit das zusammenhalten kann, was seinen erdkundlichen Bedingungen nach nichts mit einander zu tun hat. Umgekehrt zerreißen die Staatengrenzen bisweilen erdkundliche Einheiten. Wir müssen auch in der Schule mehr mit Staaten rechnen, als es vielleicht mancher erdkundlich geschulte Lehrer getan hat. Daher müssen wir fordern:

5. Die Staatenkunde darf nicht vernachlässigt werden.

Der Krieg fordert in verstärktem Maße, daß wir unser Vaterland und die wichtigsten fremden Länder möglichst gut kennen lernen. Daraus ergibt sich für den erdkundlichen Unterricht die Forderung: Die Heimatkunde muß besonders gepflegt werden. Denn hier in der Heimat müssen die Grundbegriffe für die richtige Erkenntnis der fernliegenden Gebiete gewonnen werden. Die Aufgabe der Heimatkunde ist es, für eine genügende Zahl klarer Vorstellungen zu sorgen. Diese Vorstellungen müssen möglichst durch eigne Anschauung erworben werden. Also muß die Heimatkunde zur Hauptsache im Freien betrieben werden. Da die Zahl der notwendigen erdkundlichen Vorstellungen außerordentlich groß ist und sehr vieles erst von größeren Schülern verstanden werden kann, muß die Heimatkunde auf allen Stufen betrieben werden. Da ferner auch die weitere Umgebung zum Ausbau der erdkundlichen Anschauung ausgenutzt werden muß, sind außer den Unterrichtsgängen auch Ausflüge und bei größeren Schülern selbst Reisen lehrplanmäßig zu fordern. Daraus ergibt sich:

6. Die Heimatkunde muß auf allen Stufen den Ausgangspunkt für die erdkundliche Erkenntnis bilden. Soviel wie möglich muß die Heimatkunde im Freien betrieben werden. Unterrichtsgänge, Ausflüge und bei größeren Schülern auch Reisen sind lehrplanmäßig zu fordern.

Eine sorgsame Pflege der Heimatkunde wird auch noch in anderer Hinsicht gute Folgen haben. Der Krieg hat gezeigt, wie wenig unsre Jugend im Verständnis und im Gebrauch der Karten geübt ist. Heimatkunde, richtig betrieben, muß diesem Mangel abhelfen. Ohne Karte ist heimatkundliches Wandern undenkbar. Höhenschichtenkarten im Maßstab 1 : 50000 sind für 10 Pf. das Stück im Handel zu haben. Meßtischblätter 1 : 25000 und Generalstabskarten 1 : 100000 sind als Umdruckblätter zu einem billigen Preise aus Berlin zu beziehen. Es kann also eine Klasse leicht mit dem nötigen Kartenmaterial ausgestattet werden. Dann lernen die Kinder das, was sie im Freien vor sich haben, auf der Karte wiederfinden. Die Karte wird mit Leben erfüllt. Die Karte spricht zu den Kindern. Die Handkarte und dann der Atlas müssen für die Kinder ein Lesebuch werden, und zwar mit Hilfe der Anschauung im Freien. Dann werden die Schüler befähigt, sich auch in unbekannter Gegend nach der Karte zurechtzufinden. Damit haben wir die allgemeine Bildung gefördert und gleichzeitig den jungen Leuten, die ins Heer eintreten, eine gute Vorbildung gegeben. Daher stellt der Krieg an die Schule die Forderung:

7. Das Kartenlesen muß durch die Schule eifrig geübt werden.

Soll aber diese Forderung erfüllt werden, so muß jedes Kind Karten in die Hand bekommen und zwar Karten in den verschiedensten

Maßstäben, wie der Atlas sie bietet. Gewiß, Wandkarten sind unentbehrlich und ausgezeichnet für den Klassenunterricht. Kein Lehrer wird sie entbehren wollen. Aber daneben muß ein Atlas in der Hand des Kindes sein. Was es auf der großen Wandkarte beobachtet und gelernt hat, muß es auf den Karten des Atlasses mit den ganz andern Maßstäben wiedersuchen. Es muß im Hause nach dem Atlas wiederholen können. Für Hamburg ist die Forderung, daß jedes Kind seinen eigenen Atlas haben muß, erfüllt. Unsere Volkschule besitzt in dem Hamburger Atlas ein erdkundliches Lese- und Lernbuch, wie wir es uns besser kaum denken können. Und doch haben wir vor dem Kriege an einen Ausbau dieses Lernmittels gedacht. Wir wollten danach streben, einen zweiten Atlas für unsere Volksschule zu erlangen, und die Oberschulbehörde war nicht abgeneigt, in die Vorbesprechung einzutreten. Dann sollte unser jetziger Atlas für die Klassen 2 bis Selekta benutzt werden; daneben sollte ein einfach gehaltener Atlas für die Klassen 5—3 geschaffen werden. Jeder Atlas würde auf diese Weise 3 Jahre in der Hand des Schülers sein. Das ist wohl die höchste Lebensdauer für einen Atlas, wenn er in gebührendem Umfange im erdkundlichen Unterricht benutzt wird.

Wie steht es nun in andern Teilen unseres Vaterlandes? Dort findet der Atlas im allgemeinen nicht die genügende Beachtung. In Preußen darf nach den heute noch gültigen allgemeinen Bestimmungen vom Jahre 1872 „den Schülern der mehrklassigen Volksschulen die Anschaffung eines Handatlasses zugemutet werden“. Das war 1872 die Meinung des preußischen Kultusministers. Und heute ist man in Preußen nicht einmal auf diesem Standpunkt stehen geblieben. Selbst in den meisten preußischen Städten mutet man den Kindern nicht zu, daß sie sich einen Handatlas anschaffen. Es ist erstaunlich, wie gering in vielen Schulen die Zahl der vorhandenen Atlanten ist. Schon in unsern Nachbarstädten Altona, Harburg und Wandsbek gehören die Atlanten in den Volksschulen zu den Seltenheiten. Und in den meisten andern Teilen unseres Vaterlandes liegen die Verhältnisse nicht viel besser. Woran liegt das? Am Kostenpunkt sicher nicht, kann man doch schon für 50 ₰ bis 2 M. einen brauchbaren Schulatlas kaufen. Es liegt an der mangelnden Wertschätzung des Atlasses als Unterrichtshilfe. Der Staat hat ein Interesse daran, daß hier eine Änderung eintritt. Er will Rekruten haben, die Karten lesen können; er will Staatsbürger und Staatsbürgerinnen haben, die gewohnt sind, die Ereignisse des Tages innerhalb und außerhalb unseres Vaterlandes auf der Karte zu verfolgen. Wandkarten kann man ihnen nicht mit ins Leben hinausgeben, wohl aber einen Atlas. Der Krieg gibt der Forderung, die sich aus dem Vorstehenden ergibt, besonderen Nachdruck:

8. Jedes deutsche Schulkind muß seinen eigenen Handatlas haben.

Zum Schluß möchte ich noch auf die Bedeutung einer richtigen Verwendung der Statistik in der Schule hinweisen. Die Statistik arbeitet mit der Zahl. Die meisten Menschen müssen schon ein persönliches Interesse haben, wenn sie Zahlen, gesprochen oder gedruckt, in größeren Mengen vertragen sollen. Doch bleibt das Wort Goethes wahr: „Man sagt oft, Zahlen regieren die Welt. Das ist aber gewiß: Zahlen zeigen, wie sie regiert wird." Bezeichnend ist die Tatsache, daß wir diesen Goetheschen Satz im deutschen Wortlaut als Leitwort in dem bekanntesten englischen statistischen Werk in „The Statesman's Yearbook" finden. Selbst in der Kriegsausgabe im Jahre 1916 ist er nicht verschwunden. Zahlen zeigen, wie die Welt regiert wird, das hat uns der Krieg gelehrt. Wir alle, die wir den Krieg erlebt haben, wissen die Bedeutung der Zahl zu schätzen. Mit Zahlen messen wir die Stärke der Kämpfenden und unsere Kriegserfolge; mit Zahlen wird uns unser täglich Brot zugeteilt. Zahlen haben uns sogar den Krieg gebracht. Als die Engländer den Wettbewerb des Auslandes immer mehr verspürten, da haben die Zahlen der Statistik ihnen die Gewißheit gegeben, daß wir Deutschen ihre gefährlichsten Wettbewerber waren. Zahlen spielen in der Erdkunde eine ausschlaggebende Rolle. Sie geben uns erst ein abgeschlossenes erdkundliches Bild von der Größe, dem Klima, den Bodenverhältnissen, den wirtschaftlichen Zuständen eines Landes. Die Zahlen dürfen in der Schule nicht um ihrer selbst willen gegeben werden. Zahlen läßt man nicht einprägen; durch Vergleich macht man sie verständlich und gibt ihnen Leben. Was auf den Gebieten der Chemie und der Physik die Versuche sind, das sind in der Erdkunde die Zahlen. Sie sind der Ausgangspunkt für Schlußfolgerungen. Wie die physikalischen und chemischen Versuche in der Schule im allgemeinen keinen Anspruch erheben können auf wissenschaftliche Genauigkeit, so geht es in der Erdkunde mit den Zahlen. Grob abgerundet tun sie in der Schule noch gute Dienste. Die Kinder müssen lernen, sich ein Bild zu machen von dem, was die Zahl uns sagen will. Ich gebe den Kindern 2 Zahlen über die Landwirtschaft in Deutschland und in Rußland. Im Jahre 1911 wurden auf den Hektar geerntet in Deutschland 21 und in Rußland 5 Doppelzentner Weizen, also in Deutschland viermal soviel. Was für Schlußfolgerungen lassen sich ziehen über den Stand der geistigen Bildung, über den Stand der Landwirtschaft in beiden Ländern! Die meisten Erwachsenen sind gar nicht gewöhnt, größere Zahlen zu erfassen. Ich vergesse nicht den Herbst 1914. Antwerpen war gefallen. Amtlich wurde uns mitgeteilt: Wir haben in Antwerpen 4 Millionen kg Getreide gefunden. Ganz naiv meinte eine Zeitung: „Nun hat alle Not in Deutschland ein Ende.“ Leicht läßt sich ausrechnen, Hamburg würde heute zurzeit der Brotkarten mit diesen 4 Millionen kg Getreide gut 14 Tage ausreichen und für Deutschland ist die 4 bis 5fache Menge nötig, um nur einen einzigen Tag auszukommen. In den Zahlen steckt das frisch pulsierende Leben. Es zeigt sich aber nur dem, der sich liebevoll und voller Geduld in die Zahlen vertieft. Das muß die Schule den Schüler lehren. Ich fasse meine Forderungen in folgender Form zusammen:

9. Den Zahlen der Statistik muß im erdkundlichen Unterricht die gebührende Stellung eingeräumt werden. Die Hauptaufgabe der Schule muß es sein, Zahlen mit Verständnis lesen zu lehren.

Ich will jetzt schließen mit den allgemeinen Forderungen für den erdkundlichen Unterricht; ich muß aber bekennen, daß ich noch nicht am Ende bin. Ich habe nur eine Auswahl geboten und die Forderungen gestellt, die mir zurzeit die wichtigsten zu sein scheinen.

Wie steht es nun in Hamburg mit dem erdkundlichen Unterricht in den verschiedenen Schulgattungen?

Wir in der Volksschule sind mit unserem erdkundlichen Lehrplan im allgemeinen gut beraten. Was die Zeit fordert, können wir im Rahmen desselben wohl ausführen. Hamburg und Deutschland werden auf allen Stufen in den Mittelpunkt des Unterrichts gestellt. Hamburgs und Deutschlands Stellung in der Weltwirtschaft, das ist eine der Hauptaufgaben. Unser Lehrplan leidet nur an Überfülle des Stoffes. Es soll das gesamte Gebiet der Erdkunde möglichst lückenlos mit den Kindern durchgearbeitet werden. Das Ziel ist wegen Zeitmangels beim besten Willen nicht zu erreichen. Es müßte die Möglichkeit gegeben werden, daß das, was durchgenommen wird, auch gründlich verarbeitet werden kann. Bei der Länderkunde könnte z. B. vorgeschrieben werden, daß nur die wichtigsten fremden Länder eingehend durchgenommen werden sollen und die übrigen nur in Form einer Übersicht. Dann kann wenigstens bei einigen fremden Ländern gezeigt werden, wie man ein Land erdkundlich betrachten soll. Die Schule kann doch niemals alles nehmen; sie kann die Kinder aber anregen zu selbständiger Weiterarbeit.

Bei den höheren Schulen kann ich mich als Außenstehender nur an das halten, was die Lehrpläne vorschreiben. Nur die Realschulen haben bis zur Oberstufe 2 Wochenstunden für Erdkunde. Alle Zweige der Erdkunde sind bedacht. Aber die Wirtschaftsgeographie findet im Lehrplan nur Raum an einer Stelle. In der 2. Klasse heißt es: Die wichtigsten Verkehrs- und Handelswege der Gegenwart. Das ist nur Verkehrsgeographie. Gewiß können die wirtschaftsgeographischen und wirtschaftspolitischen Erörterungen bei der Länderkunde genommen werden. Sie müßten aber auch lehrplangemäß gefordert werden. Es wäre auch zu wünschen, daß die erdkundlichen Betrachtungen auf allen Stufen auf heimatliche Anschauung gestützt werden müßten und nicht nur in den Klassen 6 und 1. Auch auf den Nutzen von Unterrichtsgängen und Schulreisen müßte hingewiesen werden.

Und nun die neunstufigen höheren Schulen! Ich habe nie die ständigen Klagen der Geographielehrer der höheren Schulen in Zeitschriften und auf den Geographentagen so sehr als berechtigt anerkannt, als beim Lesen der Hamburger erdkundlichen Lehrpläne für unsere neunstufigen Schulen. Schon beim Lehrplan für die Oberrealschulen war ich bitter enttäuscht. In den drei oberen Klassen ist es zu Ende mit dem selbständigen erdkundlichen Unterricht. Nur für die allgemeine physische Erdkunde und die Wirtschaftsgeographie sind im ganzen 2—3 Stunden festgesetzt. Der Rest der Erdkunde ist aufgeteilt. Die Mathematik erhält die mathematische Erdkunde und die Astronomie; die Physik die Meteorologie; der Biologie ist die Tier- und Pflanzengeographie und die Anthropologie zugewiesen, und die politische Erdkunde der Geschichte und dem fremdsprachlichen Unterricht. Die Erdkunde muß von der Gnade anderer Fächer leben. Die Erdkunde ist eine zusammenfassende Wissenschaft, die die Einzelerscheinungen aus den verschiedensten Wissenschaften zu einem Gesamtbild zusammenfügt. Und nach dem Lehrplan der hiesigen Oberrealschule baut man in 6 Jahren einen Bau auf, um ihn in den letzten 3 Jahren nicht in seiner Gesamtheit, sondern nur in seinen Teilen zu betrachten, und zwar nicht mit den Augen eines Geographen. Das geschieht auf den Oberrealschulen, die doch, wie der Name andeutet, ganz besonders den Bedürfnissen des praktischen Lebens dienen sollen.

Auf den Realgymnasien und den Gymnasien liegen die Verhältnisse noch ungünstiger. Hier gibt es nur in den 3 untersten Klassen 2 Geographiestunden, dann folgt je eine Geographiestunde, die auf den 3 oder 2 Oberstufen mit der Geschichte verbunden ist. Von einer erdkundlichen Schulung kann unter diesen Umständen überhaupt nicht gesprochen werden. Das mag einst nicht von erheblicher Bedeutung gewesen sein. Heute muß es aber als ein Mangel an allgemeiner Bildung bezeichnet werden. Die Schule soll ihre Zöglinge für das Leben vorbereiten. Die Forderungen, die das Leben an die Menschen stellt, sind Wandlungen unterworfen. Die Schule muß diesen Wandlungen Rechnung tragen. Kein Mensch wird von ihr erwarten, daß sie allem Neuen sofort die Tore öffnet. Es muß Ruhe und Gleichmaß in der Schularbeit gesichert sein. Wenn sich aber draußen im Leben umwälzende Änderungen durchgesetzt haben, wenn die Zeit ganz andere Anforderungen an die Menschen stellt, dann darf auch die Schule nicht zurückbleiben. Und heute leben wir in einer solchen Zeit. Schon vor dem Kriege verlangten die Verhältnisse gebieterisch, daß wir mehr der Gegenwart leben müssen als bisher. Und der Krieg hat diese Forderungen in verschärftem Maße gestellt. Nach dem Kriege müssen wir ein Geschlecht haben, daß die Erfordernisse der Gegenwart versteht. Nur dann werden wir im Kampfe der Völker bestehen können. Denn wir stehen nicht allein in der Welt; tausende von Fäden verknüpfen uns wirtschaftlich und politisch mit allen Teilen der Erde. Ein eingehendes Studium der Erdkunde ist gerade für diese Schüler eine Lebensnotwendigkeit. Das gesamte deutsche Volk kann nicht gleichgültig dem Kampf der Geographielehrer für eine bessere Bewertung der Erdkunde an diesen höheren Schulen zuschauen. Hängt doch unser aller Wohl und Wehe mit ab von der Art des Unterrichts an den höheren Schulen. Liefern diese Schulen uns doch die Studenten für unsere Universitäten. Gehen aus ihren Kreisen doch meist die Männer hervor, in deren Händen dereinst die Geschicke unseres Vaterlandes liegen werden. Solche Männer müssen von Jugend auf gewöhnt werden, sich in der Gegenwart und ihrem tausendfach verschlungenen Leben zurechtzufinden. Unsere Gymnasien und Realgymnasien leben mit unseren Schülern zu sehr in der Vergangenheit; es fehlt daher dem Unterricht die Lebensnähe[1]). Selbst in den Kreisen

[1]) Siehe die Anmerkung auf Seite 8 über die „Denkschrift zur Förderung der Auslandsstudien". Aus der Rede, die der Kultusminister von Trott zu Solz am 28. 2. 1917 im Abgeordnetenhause hielt, sei hier

der Altphilologen regte sich diese Erkenntnis; unter dem Drucke der Ereignisse des Krieges trat sie in verstärktem Maße hervor. Unsere Schule muß mehr deutsch werden. Deutsch, Geschichte, Erdkunde müssen bis in die Oberstufe hinein stärkere Berücksichtigung finden, das sind die Forderungen. Auch bei den deutschen Regierungen zeigt sich die Bereitwilligkeit, etwas zu tun. Der erste Schritt vorwärts ist in Baden gemacht. Laut Verordnung vom 7. Juli 1916 des Ministeriums für Kultus und Unterricht wird der Lehrplan der höheren Schulen für Deutsch, Geschichte und Erdkunde abgeändert. In allen Schulen soll die Erdkunde bis zur ersten Klasse mit einer Wochenstunde als selbständiges Fach durchgeführt werden. Diese ausgesparten besonderen Erdkundestunden müssen gewissenhaft eingehalten werden. In allen Klassen sind die Leistungen der Schüler mit besonderer Notengebung zu bewerten. Bis Ostern 1919 soll diese Verordnung erprobt werden. Die Zeit wird schon lehren, daß auch die 2. Wochenstunde bis in die Oberklassen der höheren Schulen nötig ist.

Im Anschluß an die höheren Schulen möchte ich vom Seminar, der einzigen höheren Schule Hamburgs, die unseren Volksschulen organisch angegliedert ist, sprechen. Der Lehrplan für Erdkunde ist gut. Er zieht alle Gebiete in genügender Weise in den Kreis seiner Betrachtungen. Aber das Seminar ist eine höhere Schule, also ist die Erdkunde nicht wichtig genug, um bis in die Oberstufe durchgeführt zu werden. In der 2. Klasse hört die Erdkunde auf. Der Grund liegt darin, daß auf der Oberstufe Raum sein muß für die unterrichtlichen Übungen der Seminaristen. Weshalb muß aber die Erdkunde das leidende Fach sein? Ich hoffe, auch im Seminar wird der Krieg dazu helfen, dem Fach auch in der ersten Klasse 2 Wochenstunden zu verschaffen. Aus dem Geschichtsplan des Seminars möchte ich eins erwähnen. In der zweiten Klasse sollen die Grundzüge der Volkswirtschaft durchgenommen werden. Das ist sicher ein nachahmenswertes Beispiel. Wieviele Begriffe,

ein Satz wiedergegeben: „Ein Weltvolk, wie wir es jetzt geworden sind, bedarf der Auslandskenntnisse als Rüstzeug nicht nur für seine Auslandsbeamten und seine Auslandsinteressenten, sondern als einen Bestandteil seiner nationalen Bildung überhaupt.“ Durch eine Änderung der Lehrpläne unserer höheren Schulen könnte diese nationale Bildung der künftigen führenden Kreise unseres Volkes in ganz anderem Maße gewährleistet werden. Und damit wäre auch die Grundlage gewonnen für eine bessere „außenländische Orientierung“ dieser Kreise, für ein Verständnis der weltpolitischen Aufgaben Deutschlands.

mit denen die Wirtschaftsgeographie arbeiten muß, können dort geklärt werden.

Mit einigen Worten muß ich auch noch über den erdkundlichen Unterricht an den höheren Schulen für das weibliche Geschlecht sprechen. In unseren Lyzeen wird dem Lehrplan nach großes Gewicht auf die wirtschaftsgeographischen Verhältnisse gelegt. Eigenartig ist aber die Verquickung der Erdkunde und der Biologie in den Klassen 8, 7 und 2. Da wird es vom Lehrer abhängen, ob es mehr biologischen oder erdkundlichen Unterricht gibt. In Klasse 1 ist selbstverständlich nur eine Geographiestunde und ebenso in der sich anschließenden 3 stufigen Studienanstalt. Es ist schon ein Gewinn, daß an diesen Anstalten der erdkundliche Unterricht bis oben hin als selbständiges Unterrichtsfach durchgeführt wird. Aber die 2. Wochenstunde muß auch hier gefordert werden. Der Stoff des Lehrplans bedürfte keiner Erweiterung; er reicht auch für die doppelte Unterrichtszeit aus.

Zum Schluß müssen wir noch einen Blick in unser Fortbildungsschulwesen werfen. In Hamburg gibt es kaufmännische Fortbildungsschulen für beide Geschlechter. Bei den jungen Leuten wird in allen Fächern unterrichtet, die für den zukünftigen Kaufmann nötig sind; nur die Erdkunde sucht man im Stundenplan vergebens. Mit kleinen Abweichungen kehrt derselbe Stundenplan bei den weiblichen Handlungsbeflissenen wieder, wenigstens in den Abendkursen. Daneben finden wir aber für die Ausbildung der weiblichen kaufmännischen Jugend eine andere Einrichtung und zwar einen Handelskurs mit geschlossenem Lehrplan. Hier, wo es gilt eine abgerundete Ausbildung zu geben, tritt auch die Erdkunde als Unterrichtsfach und zwar als Verkehrsgeographie auf. Der Handelskurs dauert 3 halbe Jahre. Nur im letzten Halbjahr tritt die Erdkunde mit 2 Unterrichtsstunden wöchentlich auf. Das ist zu wenig. Aber es ist doch immerhin Gelegenheit, Erdkunde mit den jungen Mädchen zu treiben. Wenn der Lehrer allerdings nach dem Wortlaut des Lehrplanes geht, würde nicht viel bei dem Unterricht herauskommen. Verkehrsgeographie ist ein Gerippe. Verkehr ohne Warenhandel ist undenkbar. Die Geographie des Warenhandels muß als das wichtigere vorangestellt werden; die Verkehrsgeographie schließt sich von selbst an. Gewiß kann durch die Einrichtung von Verkehrsmöglichkeiten der Warenhandel gehoben werden; aber wenn die Waren fehlen, kann der Verkehr sich nicht entwickeln. Es müßte demnach im Lehrplan Wirtschaftsgeographie und nicht Verkehrsgeographie gefordert werden.

Das Fehlen des erdkundlichen Unterrichts im Lehrplan für die männliche kaufmännische Jugend ist auch seitens der Behörden als Lücke empfunden. Seit einigen Jahren finden für die Schüler der kaufmännischen Fortbildungsschulen Vorträge künstlerischen und wissenschaftlichen Inhalts statt; auch die Erdkunde hat hier ihre Beachtung gefunden. Gewiß ein Fortschritt. Aber Vorträge können niemals den Klassenunterricht ersetzen. Bei Vorträgen sind die Schüler nur aufnehmend, beim Unterricht aber auch gebend. Gerade der Unterricht wird der lebendigste sein, bei dem Lehrer und Schüler gemeinsam an der Bewältigung des Stoffes arbeiten, und dazu ist die Wirtschaftsgeographie vorzüglich geeignet wegen ihrer innigen Verknüpfung mit dem täglichen Leben. Wenn schon die jungen Mädchen, besonders soweit sie in den kaufmännischen Beruf eintreten wollen, in den Geographiestunden so lebhaft bei der Sache sind, um wieviel mehr muß das bei den jungen Leuten sein, deren Interesse für derartige Fragen im allgemeinen wohl noch tiefer und nachhaltiger zu sein pflegt. Also Wirtschaftsgeographie gehört als selbständiges Fach auch in unsere kaufmännischen Hamburger Fortbildungsschulen für das männliche Geschlecht. In Preußen hat man die Bedeutung der Wirtschaftsgeographie für die kaufmännischen Fortbildungsschulen lange erkannt. Schon im Jahre 1909 berichtete die Kommission für den erdkundlichen Unterricht auf dem Lübecker Geographentag, daß in Preußen die Wirtschaftsgeographie als besonderes Fach in den meisten kaufmännischen Fortbildungsschulen aufgenommen sei, und zwar wird von den 6 zur Verfügung stehenden Stunden in der Regel *eine* darauf verwandt, also ein Sechstel der Zeit. Das heißt der Bedeutung der Erdkunde für den Kaufmannsstand gerecht werden. Wichtig ist, daß besonderer Wert darauf gelegt werden soll, daß der Zusammenhang zwischen den gegenwärtigen wirtschaftlichen Verhältnissen uud ihren geographischen Bedingungen herausgearbeitet werden soll. Weiter wird berichtet: *In den gewerblichen Fortbildungsschulen* fehlt die Zeit, besondere Stunden für Wirtschaftsgeographie einzurichten. Gelegentlich soll der Lehrer auf die wirtschaftsgeographischen Beziehungen hinweisen und soll bei jeder sich bietenden Gelegenheit die Karte benutzen. Also wenn man nur die Zeit hätte, möchte man die Wirtschaftsgeographie als selbständiges Unterrichtsfach einführen. Vielleicht wird auch hier der Krieg helfen und wird der Erdkunde und im besonderen der Wirtschaftsgeographie in allen Fortbildungsschulen einen Platz erobern. Für

Hamburg, als einen der ersten wirtschaftlichen Mittelpunkte der Welt gilt die Forderung der Berücksichtigung der Wirtschaftsgeographie in allen Fortbildungsschulen im erhöhten Maße. Es muß dann aber auch für eine Ausbildung der Lehrer an den Fortbildungsschulen in der Wirtschaftsgeographie Sorge getragen werden.

Wenn ich von Hamburger Bildungsstätten spreche, darf ich unser Kolonialinstitut und unser Vorlesungswesen nicht vergessen. Unser Kolonialinstitut ist schon lange über den Rahmen, den sein Name andeutet, hinausgewachsen. Auch das Vorlesungswesen zeigt ein stetes Fortschreiten. Wohin die Entwickelung beider Einrichtungen drängen wird, ob sich eine Auslandshochschule, eine Handelshochschule für Weltwirtschaft und Weltwirtschaftspolitik oder eine allgemeine Universität daraus entwickeln wird, das zu erörtern gehört nicht zu meinem Thema. Wie aber auch das Kolonialinstitut und das Vorlesungswesen ausgebaut werden mag, eines wird unverändert bleiben: Sie werden ihre Tätigkeit in den Dienst unserer Vaterstadt und unseres Vaterlandes stellen. Als Hamburger Einrichtungen werden sie den wirtschaftlichen Verhältnissen besondere Beachtung schenken. Dann wird auch die Erdkunde im allgemeinen und die Wirtschaftsgeographie im besonderen zu ihrem Rechte kommen. Das ist meine Hoffnung, die sich auf den bisherigen Aufbau der beiden Einrichtungen gründet. Sie gehen durch den Krieg mit angeregt in der angedeuteten Richtung vorwärts. Ich weise auf die „Hamburger Forschungen“ hin mit ihrem ersten Band über Arabien und auf den „Wirtschaftsdienst“; er nennt sich zwar im Untertitel „Kriegswirtschaftliche Berichte über das Ausland“. Ich hoffe aber, der „Wirtschaftsdienst“ wird auch nach Schluß des Krieges fortgeführt werden, um die reichen Schätze des wirtschaftlichen Archivs der Öffentlichkeit zugänglich zu machen. Für den Kaufmann, den Industriellen bietet er eine Umschau über die wirtschaftliche Lage des Weltmarktes; für die Vertreter der erdkundlichen Wissenschaft ist er eine Quellensammlung für wirtschaftsgeographische Arbeiten. Auch im Vorlesungswesen spiegelt sich die Zeit wieder. Trotzdem einige Hamburger Vertreter der erdkundlichen Wissenschaft den feldgrauen Rock haben anziehen müssen, tritt die Erdkunde unter den Vorträgen hervor. Ich hoffe, daß nach dem Kriege die Erdkunde eine noch verstärkte Pflege finden möge. Gibt es doch unter den Wissenschaften keine, die in Hamburg eines weitgehenderen Interesses sicher ist. Die Tatsache, daß unsere Geographische Gesellschaft blüht und gedeiht, ist der beste Beweis dafür.

Die Geographische Gesellschaft ist eine wissenschaftliche Gesellschaft, die nach ihren Satzungen „die geographische Wissenschaft fördern und das Interesse für dieselbe beleben will". Sie hat auch während des Krieges getreulich diese Aufgabe erfüllt. Selbstverständlich spiegelte sich auch in ihrer Tätigkeit der Einfluß des Krieges auf die Erdkunde wieder. Wir haben hier von unseren Kriegsschauplätzen gehört; wir haben die Länder unserer Verbündeten und unserer Feinde kennen gelernt. Es hat sich ganz von selbst ergeben, daß die Länderkunde mehr in den Vordergrund getreten ist, und daß die wirtschaftsgeographischen Tatsachen stärker betont worden sind. Auch politisch-geographische Fragen haben uns hier beschäftigt. So hat in dieser Zeit ganz unmerklich das hier seine Pflegestätte gefunden, was die erdkundliche Wissenschaft in dieser Kriegszeit besonders interessieren mußte. Diese Einwirkung des Krieges auf unsere Geographische Gesellschaft hätte auch nicht ausbleiben dürfen, da unser Verein wie die Wissenschaft mit dem Leben und seinen Bedürfnissen in Berührung bleiben muß. Und die Gegenwart wird so vollkommen durch die kriegerischen Ereignisse beherrscht, daß die Erdkunde als Wissenschaft und damit auch unsere Gesellschaft die durch den Krieg angeregten Fragen besonders pflegen mußte.

Wie wird es aber nach dem Kriege um unsere Geographische Gesellschaft bestellt sein? Ich glaube, unsere Gesellschaft muß sich schon heute ernstlich die Frage vorlegen: Wie können wir unsere Vereinseinrichtungen ausbauen, um den nach dem Kriege gesteigerten Ansprüchen der Vereinsmitglieder und der Allgemeinheit zu genügen?

Schon meine heutigen Ausführungen weisen auf eine Möglichkeit des Ausbaues unserer Versammlungen hin. Ich habe heute mancherlei Fragen angeregt, manche Behauptung aufgestellt. Ich weiß, daß Sie nicht mit allem einverstanden sind, was ich hier gesagt habe. Eine Aussprache kann nach den Satzungen stattfinden. Für heute abend hat der Vorstand überdies den besonderen Wunsch ausgesprochen: „Eine Erörterung im Anschluß an den Vortrag durch Teilnehmer der Versammlung ist erwünscht." Ich nehme daher an, daß dieser oder jener aus der Versammlung das Wort ergreifen wird. Aber zu einer eigentlichen Aussprache dürfte es kaum kommen; denn diese müßte eine gründliche sein. Und das ist wiederum für heute Abend nicht möglich — um $10^1/_2$ haben wir Polizeistunde. Es wäre auch nicht wünschenswert; denn es würde die Versammlung ermüden. Eine Aussprache und zwar eine sehr gründliche wäre aber doch sehr dringend z. B. für die schulgeographischen Fragen zu wünschen. Der gegebene Ausweg ist die Einrichtung auch von Arbeitsversammlungen. In diesen Versammlungen würden sich dann die Mitglieder vereinigen, die durch ein besonderes Thema zusammengeführt werden; im kleineren Kreise können sie im regen Gedankenaustausch erdkundliche Fragen gründlich erörtern. Das hätte für alle Mitglieder noch den Vorteil, daß sich die Kreise genauer kennen lernen, deren Interessen gleiche Richtungen zeigen.

Ein zweiter Wunsch betrifft die Veröffentlichungen unserer Gesellschaft. Ich möchte anregen, die Form einer Zeitschrift zu wählen. Das heißt, es würden künftig nicht wie bisher 1—2 stärkere Bände, sondern 6—8 weniger starke Hefte erscheinen. Eine Folge wäre, daß die Gesellschaft statt einiger umfangreicherer Arbeiten eine größere Anzahl kleinerer Aufsätze den Mitgliedern bieten könnte. Ein Vorteil wäre, daß in kürzerer Zeit möglichst alle Gebiete der erdkundlichen Wissenschaft bedacht werden könnten. Ferner wäre Raum für kleine Mitteilungen und für Bücherbesprechungen. Ich weiß, ich rege damit eine Neuerung an, die reiflich überlegt sein will.

Das wären meine Vorschläge bezüglich der inneren Vereinstätigkeit. Nach den Satzungen ist aber die Arbeit nicht auf den Kreis der Mitglieder beschränkt. Die Geographische Gesellschaft will auch für die Allgemeinheit arbeiten und hat dies durch Unterstützung von Forschungsreisen und durch andere Maßnahmen schon oft bewiesen. Ich möchte heute Abend dem Wunsche Ausdruck geben, daß unsere Geographische Gesellschaft eine besondere Aufgabe darin sehen möchte, erdkundliche Bildung in den weitesten Kreisen des Volkes zu verbreiten. Wir würden dann mit unserer Arbeit auf dem Wege sein, den die deutschen Hochschullehrer für Geographie in Heidelberg im April 1916 kennzeichneten durch folgenden einhellig gefaßten Beschluß:

„Ein fernerer Mangel, den der Krieg offenbart hat, ist das unsichere politische Urteil im deutschen Volke. Neben der mangelhaften politischen Erziehung beruht es auf unzulänglichen erdkundlichen Kenntnissen. Als Mittel zur Abhilfe empfiehlt sich neben besserem erdkundlichen Unterricht die Verbreitung erdkundlichen Wissens und Verstehens durch Wort und Schrift, die von geographischen Gesellschaften oder ähnlichen geographischen Organisationen ausgehen könnte."

Ein Weg, der uns in Hamburg in dieser Richtung vorwärts

bringen könnte, ist leicht zu finden. Es bedürfte nur einer Zusammenarbeit mit der „Patriotischen Gesellschaft", in deren Haus wir hier Gastfreundschaft genießen. Sie wissen alle, mit weich außerordentlich günstigem Erfolge die Patriotische Gesellschaft durch Klassiker- und Opernaufführungen und durch Konzerte für Erwachsene und Kinder zur Hebung des künstlerischen Empfindens unserer Hamburger Bevölkerung beigetragen hat. In derselben Richtung geht die Arbeit des Hamburger Jugendschriftenausschusses mit seinen Sonntagsunterhaltungen und die Arbeit der Vereinigung für Volkskonzerte. Alle diese Darbietungen sind nicht umsonst — aber doch ist „ausverkauft" die Regel. Dort wird von unseren besten Künstlern die edelste Kost unserem Volke geboten. Wir haben oft von den Künstlern die Andacht und die Aufnahmefähigkeit ihrer Zuhörer rühmen hören. Jahre sind dahingegangen, und heute können wir behaupten, daß weite Kreise des Volkes zu künstlerischem Genießen erzogen worden sind. Sollte sich nicht auf wissenschaftlichem Gebiete ähnliches erreichen lassen?

Die „Patriotische Gesellschaft" und das „Volksheim" haben die Abhaltung von volkstümlichen Vorlesungen aus allen Gebieten der Wissenschaft veranlaßt. Berufene Dozenten sind gewonnen; die Namen der Professoren, die uns aus dem Hamburger Vorlesungswesen bekannt sind, fehlen nicht unter ihnen. Die Vorlesungen werden meist nicht an den bekannten Stellen abgehalten; man geht damit in die Vororte. Man will die Ergebnisse der Wissenschaft dem Volke bieten. Es kann aus der Fülle des wissenschaftlichen Stoffes nur eine gewisse Auswahl in Betracht kommen. Da entsteht eine Gefahr. Die Wissenschaft könnte am besten bedacht werden, die zufälligerweise den lebhaftesten Befürworter hat. Da müßte die Geographische Gesellschaft Fühlung mit den Leitungen der Vorlesungen nehmen und müßte ihnen mit Rat und Tat zur Seite stehen. Unsere Erdkunde wird dann sich den Platz in der Reihe der Vorlesungen sichern können, der ihr wegen ihrer hohen Bedeutung für die allgemeine Bildung gebührt. Erdkundliche Vorlesungen werden auch sicher sein, ihre Zuhörer zu finden. Den besten Beweis bietet die hiesige Öffentliche Bücherhalle, auch eine Schöpfung der Patriotischen Gesellschaft. In den Bücherhallen gibt es eine wissenschaftliche Abteilung. Unter allen Wissenschaften zeigt die Erdkunde die höchste Zahl der entliehenen Bände. Mit Befriedigung stellte mir gegenüber der Leiter der Bücherhalle fest, wie lebhaft auch in unseren ärmeren Stadtteilen das Interesse für wissenschaftlichen und besonders für erdkundlichen Lesestoff ist. Aus den Bücherverzeichnissen ersieht man, daß in den Bücherhallen ansehnliche, mit gutem Verständnis ausgesuchte Sammlungen von erdkundlichen Werken vorhanden sind. Es fehlen natürlich noch viele gute Bücher. Manche mögen bei der Auswahl übersehen sein; andere hat man aus Geldmangel nicht mehr anschaffen können. Wie da unsere Geographische Gesellschaft helfen könnte, ergibt sich aus der Sachlage: mit Rat und mit Geld. Und wenn sie es selbst nicht hergeben kann, wird sie vielleicht im Kreise ihrer Mitglieder anregend wirken können. Vielleicht finden sich auf diesem Wege Gönner, die hier eine Gelegenheit sehen, der erdkundlichen Wissenschaft zu dienen.

Ich wüßte noch eine Aufgabe unserer Geographischen Gesellschaft, die das Bedürfnis nach erdkundlichem Lesestoff befriedigen könnte. Es müßten ganz billige Ausgaben wissenschaftlichen Inhalts in volkstümlicher Form geschaffen werden. Mir schweben die bekannten blauen 50 Pf.-Hefte des Berliner Instituts für Meereskunde vor Augen. Es sind „volkstümliche Vorträge zum Verständnis der nationalen Bedeutung von Meer und Seewesen". Sollte nicht die Reihe dieser Veröffentlichungen aus dem engbegrenzten Gebiet ausgedehnt werden können auf das ganze Gebiet der Erdkunde? Sollte das nicht eine Aufgabe unserer Geographischen Gesellschaft sein können? Welch reiche Quellen erdkundlichen Wissens könnte hier für einen billigen Preis unserem Volke geboten werden. Ob es auszuführen ist von unserer immerhin kleinen „Geographischen Gesellschaft"? Ob sie sich vielleicht auch hier auf eine Anregung und eine kräftige Unterstützung beschränken müßte? Das sind Fragen, die ich zum Glück heute Abend nicht zu beantworten brauche. Ich möchte nur anregen, nur Wünsche aussprechen. Ich glaube, ich spreche in einer günstigen Stunde. Unsere Geographische Gesellschaft kann voller Hoffnungen und Erwartungen in die nächste Zukunft schauen. Im Jahre 1873, also kurz nach dem Kriege von 1870/71 ist sie gegründet. Aus den Bedürfnissen der Zeit heraus ist sie entstanden. Der Weltkrieg als Erwecker und Stärker erdkundlichen Denkens und Empfindens im deutschen Volke wird auch unserer Geographischen Gesellschaft neue Kraft verleihen. Mit volleren Segeln geht sie einer aussichtsreichen Zukunft entgegen. Aus dem Gefühl der steigenden Kraft heraus wird unsere liebe Geographische Gesellschaft mehr als schon bisher mithelfen wollen und können an der erdkundlichen Bildung unseres Volkes.

Erdkundliche Bildung ist ein umfangreicher Begriff. Man kann von keinem Menschen erwarten, daß er allseitige Kenntnisse auf dem Gebiete der Erdkunde habe. Es gibt aber ein gewisses Maß erdkundlichen Wissens, das möglichst allen Deutschen eigen sein sollte. Das sind die wichtigsten erdkundlichen Kenntnisse, die zum Verständnis der Gegenwart nötig sind. Denn sie gehören zu der politischen Schulung des deutschen Volkes; sie machen den Einzelnen erst vollwertig als Staatsbürger und als Staatsbürgerin.

Möge es daher bei jedem gebildeten Menschen, sei er männlichen oder weiblichen Geschlechtes, als ein Mangel empfunden werden, wenn er dieses Maß erdkundlichen Wissens nicht besitzt!

Möge der Krieg der Erdkunde also nicht nur in der Wissenschaft und in der Schule, sondern auch in der allgemeinen Bildung des deutschen Volkes den Platz geben, der ihr wegen seiner vielseitigen Bedeutung für die künftige Entwickelung unseres Vaterlandes zukommt.

Möge es unserer Geographischen Gesellschaft vergönnt sein, auch ihrerseits bei der Lösung dieser hohen Aufgabe mithelfen zu können.